TRAITÉ

COMPLET

THÉORIQUE ET PRATIQUE

SUR

LES ABEILLES.

SE TROUVE

A Paris, chez Madame HUZARD, Imprimeur-Libraire, rue de l'Éperon, N°. 7.

A Versailles, chez l'Auteur, dans le petit Parc, avenue Saint-Antoine, grille du Dragon.

TRAITÉ
COMPLET
THÉORIQUE ET PRATIQUE
SUR
LES ABEILLES;

PAR M. FEBURIER,

De la Société d'Agriculture de Seine-et-Oise, Correspondant de celle de Paris, et l'un des Collaborateurs du Cours complet d'Agriculture théorique et pratique de *Déterville*.

Cet Ouvrage, approuvé dans la Séance de l'Institut de France, du 22 janvier 1810, contient l'Histoire naturelle des Abeilles, la Culture de ces Insectes applicable à toutes les espèces de Ruches et à toutes les Températures de la France, la comparaison des Méthodes et des Ruches adoptées jusqu'à ce jour avec celles proposées par l'Auteur, enfin l'état des connoissances des Grecs et des Romains et celles des peuples modernes dans le XVIIe. siècle sur les Abeilles.

Et plus on les connoît,
Plus on veut les connoître!
Utile dulci.

PARIS,

DE L'IMPRIMERIE DE MADAME HUZARD.

1810.

AVIS AU PUBLIC.

Lorsque je soumis cet Ouvrage au jugement de l'Institut, j'avois l'intention de faire imprimer le Rapport auquel il donneroit lieu; mais Messieurs les Commissaires m'ont mis dans l'impossibilité d'exécuter ce projet par les éloges flatteurs dont ils m'ont comblé, et qu'il ne m'appartient pas de transcrire. Je me contenterai d'insérer ici les conclusions de ce Rapport.

Messieurs les Commissaires, après avoir déclaré que, malgré des écrits sans nombre, il s'en falloit de beaucoup qu'on eût les connoissances nécessaires sur les mœurs des abeilles et le meilleur mode de culture, après avoir donné leur opinion sur les principes établis dans cet Ouvrage pour la culture des abeilles, et sur la ruche que l'auteur propose, ruche qu'ils préfèrent à toutes celles connues jusqu'à ce jour, se résument ainsi :

« Il résulte de cet exposé des matières » qui ont fait l'objet des considérations de » M. *Feburier*, que c'est moins un *Essai* » qu'un *Traité complet, mais abrégé, sur* » *les Abeilles* qu'il a soumis au jugement » de la Classe (de l'Institut) ; par-tout la » théorie s'y trouve appuyée sur une pra- » tique éclairée, et la pratique établie sur » une théorie aujourd'hui admise par les » meilleurs observateurs. Très-peu des opi- » nions de cet agriculteur nous ont paru » susceptibles de critique, et il nous a offert » fréquemment des explications ingénieuses » et nouvelles, et des conséquences non » encore aperçues. Son style est simple, » clair et méthodique.

» Nous assurons la Classe que cet Ou- » vrage mis entre les mains des propriétaires » d'abeilles doit les guider sûrement dans la

» conduite de leurs ruches, etc. » (*Suit l'approbation de l'Institut.*)

J'ai copié tout le résumé à raison de cette phrase, *très-peu des opinions de ce cultivateur nous ont paru susceptibles de critique.* Comme Messieurs les Commissaires n'avoient pas fait connoître ces opinions à raison de la concision de leur rapport, je les ai priés de me donner leurs notes critiques, qu'ils ont bien voulu me communiquer. J'en ai profité pour faire trois légères modifications sur trois points d'histoire naturelle qui avoient besoin d'être mieux développés, ou qui, par la manière dont ils étoient présentés, donnoient lieu à de fausses conséquences. Il n'est resté de leurs notes qu'une objection contre mon opinion sur la conservation des mâles, que j'ai placée avec la réponse dans l'Ouvrage; et le reproche fondé de n'avoir pas abrégé l'article des accidens que les abeilles font éprouver aux bestiaux et des soins qu'ils exigent pour leur guérison : j'ai également fourni les raisons qui m'avoient empêché d'analyser l'instruction de M. *Chabert*, au lieu de la transcrire en entier.

Les cultivateurs seront à même de juger qu'en prenant toutes ces mesures, j'ai eu en vue de leur présenter le mode de culture le moins imparfait et le plus conforme à leurs intérêts.

TRAITÉ COMPLET THÉORIQUE ET PRATIQUE SUR LES ABEILLES.

OBSERVATIONS PRÉLIMINAIRES.

Les abeilles fixent depuis long-temps l'attention des naturalistes et des cultivateurs. Les premiers ont essayé de découvrir des secrets qui paroissoient impénétrables. Les autres ont recherché les moyens les plus propres à multiplier ces insectes intéressans et à en tirer le parti le plus avantageux.

Les naturalistes, après des expériences nombreuses, se sont facilement accordés, et leurs découvertes, constatées en différens lieux par des résultats toujours les mêmes, ont fourni les moyens de donner l'histoire presque complète des abeilles, histoire qui ne pourra dorénavant varier que sur quelques points dépendans de la différence de température et d'une nourriture plus ou moins abondante.

Mais les cultivateurs n'ont pu se concilier sur les principes à établir pour la culture des abeilles, parce que l'influence du climat et l'abondance de nourriture ont été et seront toujours un obstacle insurmontable pour suivre exactement dans un canton le genre de culture approprié à un autre.

Il en est de cette culture comme de celle des plantes. On peut bien établir des principes généraux, mais on est forcé de les modifier et d'adopter des règles particulières suivant les climats et les qualités des terres. Ces règles et ces modifications doivent être subordonnées aux lois générales, et telles qu'elles n'en soient que des conséquences.

Nos meilleurs agronomes s'occupent maintenant avec succès de la recherche de ces lois et de leur application à la culture : mais jusqu'à ce jour, peu d'auteurs se sont occupés des abeilles sous ce rapport ; la plupart se sont contentés d'établir des règles de culture propres au canton qu'ils habitoient, sans songer que la chaleur plus ou moins grande, la température plus ou moins sèche, et la nourriture plus ou moins commune pendant toute l'année ou une partie de l'année, mettroient les cultivateurs d'abeilles dans l'impossibilité de se conformer dans tous les climats à leurs principes, qui n'étoient que des règles particulières utiles pour un canton et dangereuses pour un autre. De là vient la diversité d'opinions de la plupart des auteurs qui ont écrit sur les abeilles et de celle des cultivateurs qui s'en occupent. Il n'est pas un point qui n'ait été débattu, et de cinquante ouvrages écrits sur les abeilles, pas un qui ait pu être généralement adopté. Je n'en connois qu'un dont les principes soient applicables par-tout. Mais sa division des travaux mois par mois n'est propre qu'à quelques départemens.

Il seroit à désirer que les savans et les Sociétés qui s'occupent d'abeilles suivissent la marche des agronomes, en nous donnant un ouvrage où, après avoir fait connoître les découvertes du siècle dernier sur ces insectes, ils en déduiroient des principes qu'ils appliqueroient à la culture. Un pareil ouvrage pourroit servir dans tous les climats du globe.

J'ai fait cet essai dans cette intention. Son titre (j'ai changé le titre d'après le rapport de l'Institut) annonce que je le crois bien éloigné d'être ce qu'il pourroit devenir entre les mains d'un homme à talent et riche, qui, en multipliant les expériences et les sacrifices, démontreroit d'une manière sûre tout ce qui est relatif à la théorie et à la pratique.

Je dis les sacrifices, parce que celui qui veut découvrir quelques vérités est presque toujours obligé d'en faire, et ils sont souvent infructueux. Les expériences sur les abeilles ne peuvent avoir lieu sans s'exposer à perdre les essaims sur lesquels on opère, et ce n'est que par de grands sacrifices en ce genre que les *Réaumur*, les *Schirach*, les *Huber*, sont parvenus à lever le voile dont la nature couvroit ses opérations.

Qu'il me soit permis de témoigner ici ma reconnoissance à tous ces naturalistes dont le temps et la fortune ont été employés à nous enrichir de découvertes utiles. Leur vie entière employée à des travaux qui demandent tant de patience et de sagacité, et dont ils jouissent rarement, les rendent bien dignes de nos hommages.

Les cultivateurs qui nous ont aussi fait connoître leurs procédés et nous ont donné des préceptes sur la culture des abeilles ont aussi des droits à notre reconnoissance. En abrégeant nos recherches par la publication de leurs procédés, ils nous ont rendu des services inappréciables. On distingue parmi ces derniers MM. *Chabouillé*, *Éloi*, *Ducarne*, *Delalauze*, *Tessier*, *Beville*, *Serain*, *Lombard*, et M. *Bosc* qui, joignant la théorie à la pratique et en confirmant les expériences de *Huber* qu'il a vérifiées, vient de rédiger l'article *Abeille* dans le *Cours complet d'Agriculture théorique et pratique*, en treize volumes.

C'est en lisant avec attention tous ces auteurs et particulièrement le dernier, c'est en profitant de leurs conseils et en y joignant ma propre expérience, que j'ai préparé cet essai. Si je présente de nouvelles vues sur la culture des abeilles, elles ne seront que des conséquences des principes qu'ils ont établis.

Je commencerai ce travail par l'histoire des abeilles : je parlerai ensuite de leur culture ; et, comme les trois quarts des cultivateurs françois n'ont pas la moindre idée de l'histoire naturelle des abeilles, comme on ne pourra leur faire connoître la vérité qu'en la leur démontrant par des faits ; comme les expériences utiles sont également très-amusantes, et que les abeilles peuvent être considérées comme une récréation innocente, instructive et lucrative tout-à-la-fois, principalement pour les pères de famille qui abandonnent le séjour des villes pour se retirer à la campagne (1) ; comme il n'appartient qu'aux pro-

(1) O combien dans les champs l'étude des abeilles...
Peut faire découvrir d'attachantes merveilles ! *La B.*

priétaires aisés, qui ont reçu de l'éducation, de détruire par leurs exemples les préjugés qui règnent encore dans les campagnes, je leur ferai connoître les ruches les plus propres aux expériences.

Le moment où je termine cet essai me paroît très-favorable pour sa publication. Un administrateur, qui s'est déjà occupé d'agriculture et qui a présidé une Société distinguée par ses travaux (celle de Seine-et-Oise), vient d'être nommé au Ministère de l'intérieur. Nous devons espérer de ses talens et de son zèle que le perfectionnement de l'agriculture recevra une nouvelle impulsion.

Cet espoir est d'autant plus fondé que sa nomination a lieu au moment où l'Autriche vient d'accepter les conditions de la paix qu'il a plu à l'Empereur de lui imposer, et où les savans les plus instruits dans l'art de l'agriculture viennent de donner aux cultivateurs le fruit de leurs travaux et de leurs veilles par la publication du *Cours complet d'Agriculture* précité.

Puisse cet espoir n'être point déçu, et tous les départemens de la France présenter bientôt le même spectacle que ceux des environs de la capitale ou de la Belgique. Déjà l'entrée des mérinos en France y a amélioré l'agriculture par l'établissement des prairies artificielles et la diminution des jachères, et la vente rapide des bons ouvrages d'agriculture prouve que les cultivateurs désirent s'éclairer et savent faire des sacrifices pour acquérir des connoissances.

Quant à moi qui, moins favorisé de la nature que ces savans dont les travaux durables et à l'abri des injures du temps conserveront à la postérité la plus reculée, des noms propres à réveiller les idées brillantes de la gloire et celles plus douces de la reconnoissance, moi qui n'ai eu d'autres titres pour être associé à leurs travaux que mon désir d'être utile à mes concitoyens, je n'ai entrepris cet essai que dans l'intention de coopérer de tous mes efforts au grand œuvre de la restauration de l'agriculture en France, en fournissant aux cultivateurs quelques moyens d'augmenter leur aisance.

Ce fut par ce motif que je proposai en l'an VII l'établissement des fermes expérimentales, un nouvel emploi d'une partie des jardins botaniques des départemens et un almanach à l'usage des laboureurs qui ne connoissent que celui de *Mathieu Lansberg*, almanach dans lequel on remplaceroit ses prophéties ridicules, ses remèdes souvent dangereux et ses préceptes la plupart du temps pernicieux, par des instructions sages et utiles.

Les observations que j'ai présentées au commencement de 1807 au Ministre de l'intérieur, sur les pépinières du Gouvernement, ont été rédigées dans les mêmes vues. Heureux si j'ai atteint le but que je me suis proposé, et si quelques-unes des idées que j'ai émises, en contribuant au bien général de la France, m'acquittent envers la patrie et envers les Sociétés qui ont bien voulu m'admettre au nombre de leurs membres. Alors je pourrai dire avec *Lambert* :

L'abeille au fond des fleurs goûte moins de délices
A pomper le nectar qu'enferment leurs calices.

PREMIÈRE PARTIE.

Histoire naturelle des Abeilles.

On cultive depuis un temps immémorial des abeilles, mais ce n'est que dans le dernier siècle que *Swammerdam*, *Maraldi*, *Réaumur*, *Riems*, *Schirach* et enfin *Huber* sont parvenus à nous les faire connoître (1).

Aristote, *Columelle* et *Varron* ne nous avoient rien appris sur les abeilles. L'abeille romaine, *Virgile* si digne de ce nom par la douceur de son style, s'étoit contenté de nous donner quelques préceptes dont plusieurs méritent d'être suivis. Mais quand il voulut expliquer les mystères de la nature, ce ne fut que

(1) Comme cet essai est plus instructif qu'amusant, et qu'il peut être utile de délasser de temps en temps le lecteur par un style plus pur que le mien et des images agréables, j'ai joint en note des morceaux de *Virgile* et de *Vanière*. Ces parties de leurs poëmes donneront au lecteur l'avantage de comparer les connoissances sur les abeilles, à l'époque où ces auteurs écrivoient, à celles que nous avons acquises depuis. Mais tous les cultivateurs n'ayant pas l'usage de la langue latine, j'ai joint à ces morceaux la traduction de *Delille* pour *Virgile*, et celle libre en prose d'un ami qui ne veut pas être nommé pour *Vanière*. J'y ai ajouté quelques vers de *la Bergerie*, etc.

par des fables ingénieuses qu'il termina cet ouvrage charmant (les *Géorgiques*), que le talent de *Delille* a pu à peine égaler.

Il est étonnant que les anciens n'eussent pas étendu leurs connoissances plus loin. Un philosophe grec passa sa vie à observer les abeilles, et plusieurs autres les étudièrent; mais soit qu'ils n'aient point écrit, soit que leurs ouvrages n'aient point fixé l'attention des contemporains, soit que les anciens, uniquement livrés à la culture, n'aient pas daigné s'occuper de la théorie, soit enfin que la découverte du verre nécessaire pour examiner les travaux des abeilles dans leurs ruches, et plus utile encore pour la confection du microscope qui nous fait apercevoir des objets imperceptibles à l'œil nu, fût indispensable pour étendre nos connoissances en histoire naturelle; il est certain qu'il n'est parvenu jusqu'à nous aucun ouvrage qui nous ait donné des renseignemens utiles. La fable d'*Aristée* ne se lit avec plaisir que par le charme des vers, et ce n'est que dans le dernier siècle que les naturalistes sont parvenus à nous faire connoître cet insecte utile (1).

(1) Je ne copierai pas cet épisode à raison de sa longueur, et parce que plus bas je donnerai la méthode de *Virgile* pour multiplier les abeilles, qui n'est que plus amplement expliquée dans cet épisode. Je me contenterai de dire avec *la Bergerie*:

Insectes précieux oserai-je vous chanter,
Vous que dans l'univers on se plut à vanter!
Vous, auguste famille, et par les Dieux choisie
Pour cueillir sur les fleurs la divine ambroisie,

§. Ier. *Description des Abeilles.*

Il y a trois abeilles différentes dans une ruche : la *mère-abeille* ou *reine*, qui est unique hors le temps des essaims ; les *faux-bourdons* ou *mâles*, qui font un trentième de la population ; et les *abeilles ouvrières* ou *neutres*, qui constituent la population.

Réaumur et ses successeurs, s'étant accordés sur la description des abeilles, et les derniers venus n'ayant fait qu'ajouter aux connoissances de ceux qui les avoient précédés, il ne s'agit que de les analyser avec le plus de précision possible, parce qu'il n'est ici question de l'anatomie de ces insectes et de leur histoire naturelle que pour parvenir plus sûrement à une bonne culture.

M. *Bosc* m'a évité ce travail dans son article précité auquel on ne peut reprocher que deux défauts. Le premier de faire partie d'un ouvrage volumineux et fort cher que le commun des cultivateurs ne peut acheter ; le second d'être d'une précision, à laquelle ce savant a été forcé, telle qu'il est plus propre pour des cultivateurs déjà instruits que pour ceux qui commencent. Voici sa description de l'abeille neutre ou ouvrière, où je n'ai fait que de légers changemens dans l'ordre de sa marche.

Que les premiers humains, de vos dons enivrés,
Honorèrent de lois et de cultes sacrés,
Dont l'instinct merveilleux, l'adorable harmonie,
Ont toujours inspiré les hommes de génie !..

Abeille Neutre ou Ouvrière.

L'abeille, insecte de l'ordre des hémynoptères, (mouches à quatre ailes), d'environ 15 millimètres (6 lignes) de long sur 5 millimètres (2 lignes) de diamètre, est de couleur brune et chargée de longs poils penniformes sur presque toutes les parties ; sa tête est déprimée, presque triangulaire ; elle porte : 1°. deux yeux à réseaux ou à facette, ovales, situés sur ses côtés (qui en contiennent environ mille), et trois petits yeux lisses sur son sommet ; 2°. deux antennes brisées ayant plusieurs articulations ; 3°. une lèvre supérieure très-apparente, deux fortes mandibules, quatre palpes, deux mâchoires et une lèvre inférieure très-longue, qui, réunis, forment une trompe ou langue fléchie en-dessous de deux pièces très-courtes.

Le corcelet est presque globuleux ; il tient à la tête, ainsi que le ventre au corcelet, par des filets très-courts. A sa partie supérieure et postérieure sont insérées de chaque côté deux ailes inégales, transparentes, et à sa partie inférieure sont attachées six pattes en trois parties. La troisième paire de pattes a une petite cavité triangulaire qu'on nomme la palette ; son côté extérieur est uni, luisant, et ses rebords sont garnis de poils très-serrés. C'est une espèce de corbeille destinée à recevoir le pollen des fleurs et le propolis que l'abeille ramasse. Les trois paires de pattes ont des brosses ; mais celles de la première paire sont arrondies et les autres aplaties, comme celles dont nous nous servons ; elle les emploie aux mêmes usages que nous.

Le ventre ou abdomen des abeilles est ovale, alongé et composé de six segmens, ou mieux recouverts de six bandes écailleuses d'inégale largeur et diminuant de diamètre à mesure qu'elles s'éloignent du corcelet. Il renferme à sa partie antérieure deux estomacs; le premier, près du corcelet, ne contient jamais que du miel; le second, qui n'est séparé du premier dont il semble n'être qu'une continuation, que par un tuyau très-court, est cylindrique, très-musculeux : il ne renferme que de la cire. Ces deux estomacs sont susceptibles de contraction et renvoient à la bouche la matière dont ils sont remplis. Cette organisation fournit à l'abeille les moyens de dégorger le miel et la cire.

Sa trompe est l'instrument dont elle se sert pour recueillir le miel qui est au fond du calice des fleurs ou épanché sur leurs feuilles : c'est une vraie langue qui lape ou lèche la liqueur miellée. La langue, en se retirant, fait arriver la liqueur dans un canal qui est entre le dessus de la trompe et les étuis dont elle est recouverte, d'où elle pénètre dans la bouche et ensuite dans le premier estomac. Au-dessous du dernier estomac sont placés les intestins, l'aiguillon, les muscles qui le meuvent et la vessie qui contient le poison qui doit se répandre dans la plaie que fait l'aiguillon. Cette arme est composée de deux branches logées dans un étui comme deux épées dans un même fourreau.

L'étui est de deux pièces écailleuses, assemblées par le moyen d'une languette qui est reçue dans une coulisse ou rainure. A mesure que l'aiguillon est dardé, les pièces qui lui servent de fourreau s'en écartent. Lorsqu'il est entièrement sorti, l'une est à droite, l'autre est à gauche et hors de sa direction. Les deux branches de l'aiguillon sont garnies des deux côtés de dents dont la pointe est dirigée vers la base de ces branches; quand elles sont réunies et hors de leur fourreau, elles ressemblent parfaitement à une flèche qui auroit cinq dentelures de chaque côté; ces dents retiennent l'aiguillon dans la plaie qu'elles ont faites, et souvent l'insecte ne peut le retirer, sur-tout si on le chasse avec précipitation. Dans ce cas, il laisse non seulement son aiguillon, mais encore son intestin rectum, et il périt. L'aiguillon, quoique détaché de l'insecte, a encore, au moyen de ses muscles, un mouvement qui tend à le faire pénétrer plus avant.

J'ai nommé ces abeilles, neutres ou ouvrières, parce qu'elles n'ont aucun sexe et qu'elles font tous les travaux de la ruche. J'ai rejeté l'expression de mulets, parce qu'elles ne proviennent pas de deux espèces différentes et qu'elles ne sont hors d'état de se propager que par la manière dont on les a dirigées dans l'enfance. Ce sont des femelles dans lesquelles les parties fécondantes n'ont pas été développées par la nourriture et la petitesse du berceau, comme je le prouverai plus bas.

Mère-abeille ou Reine.

La mère-abeille ou reine (1) diffère peu de la pré-

(1) *Xénophon* avoit découvert qu'il y avoit une abeille dans la ruche, qui étoit femelle et qui régnoit en souveraine

cédente, sur-tout lorsqu'elle n'est pas pleine ; elle est un peu plus grosse et plus grande, plus rousse en-dessus et un peu jaunâtre en-dessous ; ses mâchoires sont plus courtes et sa trompe plus déliée ; mais ses

---

sur les autres abeilles. Il pensoit qu'elle faisoit travailler les abeilles, qu'elle veilloit à la construction des cellules, à l'éducation des jeunes abeilles, etc.

. . . . *Sed acres*
Inter Amazonidum veluti regina catervas
Imperium exercet, Scythicos dominata per agros ;
Plebeias sic inter apes dux fœmina regnat,
Quam colit et miro vulgus dignatur honore.
Ut major foret imperii reverentia, membris
Majorem natura modum dedit : albida frontem
Distinctam maculis decorans insignia regni ;
Et micat in pennis color aureus : unica toto
De grege nulla gerit diro metuenda veneno
Tela ; laboriferam regat ut sine sanguine gentem ;
Nec terrore sibi, fido sed amore sodales
Subjectas habeat.

VANIÈRE, *Prœd. rust.*

Comme aux plaines de Scythie c'étoit jadis une femme qui commandoit au peuple des Amazones armées d'arcs et de flèches, de même dans l'intérieur des ruches, c'est une femelle qui seule domine sur le peuple des abeilles armées de crochets et de dards. Pour imprimer aux sujets le respect dû à la reine, la nature lui a donné d'autres dimensions qu'aux autres. Sa tête richement maculée est surmontée d'un bandeau étoilé de blanc ; sa taille est svelte. L'or brille sur ses longues ailes ; mais la nature lui a refusé l'aiguillon mortel, comme pour enseigner à elle et aux siens que sa domination ne doit point être assurée par le sang, que son règne doit être un règne d'amour et qu'elle ne sauroit être trop débonnaire.

pattes plus longues n'ont ni brosses ni corbeilles ; point essentiel qui la fait aisément distinguer des ouvrières.

Cette distinction n'a pas assez fixé l'attention des naturalistes, et est cependant bien surprenante. En effet, il est facile de concevoir qu'un insecte resserré dans un alvéole très-petit ne puisse se développer entièrement et reste privé de la faculté de se reproduire ; mais on ne peut comprendre comment celui qui a un logement très-vaste perd quelques-unes des parties qu'il auroit eues dans une case plus petite.

Lorsque la mère-abeille est pleine, son ventre alonge et grossit beaucoup; cet alongement, joint à ses autres proportions qui font paroître ses ailes plus petites, ne permet plus de la confondre avec les ouvrières.

Le ventre contient deux ovaires, dont l'un est à droite et l'autre à gauche. Chaque ovaire est un assemblage de vaisseaux qui sont remplis d'œufs et vont aboutir à un canal commun. Ils se déchargent dans un vaisseau plus grand, qu'on peut considérer comme la matrice. Les œufs rendus dans cette partie s'y enduisent d'une matière visqueuse, s'ils ne l'étoient pas auparavant, et cette matière sert à les coller contre le fond des alvéoles, au moment de la ponte. La mère-abeille a un aiguillon plus fort et plus recourbé que celui des ouvrières.

Le Mâle ou Faux-Bourdon.

Le mâle ou faux-bourdon est plus gros que l'abeille neutre et moins long que la reine ; sa tête est ronde; il est aplati et noirâtre; ses mâchoires et sa trompe sont plus petites; ses pattes sont dépourvues de corbeilles, et il n'est point armé d'aiguillon. Le bruit qu'il fait en volant l'a fait nommer faux-bourdon, et le distingue au vol des ouvrières.

La cavité de son ventre n'est occupée que par des vaisseaux et des réservoirs dont l'usage paroît être de contenir, de préparer la liqueur fécondante et de la déposer dans le corps de l'abeille-mère dans l'accouplement. Lorsqu'on presse son ventre, on en fait sortir facilement le penis et les vésicules séminales qui se retournent par cette pression en sortant, et qui représentent un peu une tête de chèvre avec ses cornes.

Ces trois différens insectes composent la famille de l'abeille dite mouche à miel, pour la distinguer des autres espèces d'abeilles. Elle est indigène aux forêts de l'Ancien Monde, d'où nous l'avons tirée pour profiter de ses travaux.

Les Anglois l'ont apportée en Amérique, où elle est encore connue dans la partie septentrionale sous le nom de *mouches angloises*.

Des Sens des Abeilles.

Ces insectes ont les yeux disposés de manière à voir le jour et la nuit; aussi les travaux de leurs édifices se font-ils dans l'obscurité, et leurs récoltes en plein jour. Le bruit continuel qui a lieu au printemps dans leurs habitations pendant la nuit me fait croire que les travaux ne sont interrompus que quand les nuits sont froides ou que les matières manquent.

Mais pourquoi ne sortent-elles pas la nuit pour ramasser du miel, etc.? Sans entrer dans de longs détails sur cette question, j'observerai seulement que leur instinct les guide sur ce point, puisque leurs courses leur seroient inutiles, la sève ne montant pas pendant la nuit ne pourroit leur fournir le nectar qu'elles recherchent.

Le sens du toucher paroît principalement placé dans les antennes. Dès que deux abeilles se rencontrent, on les voit de suite se toucher par ces parties qui paroissent très-sensibles, et lorsqu'on les coupe, elles ne peuvent plus se diriger. Quant à l'ouïe, on n'a pu juger si elles l'avoient bien fine ni où son siège étoit placé; mais on sait qu'elles n'aiment pas le bruit et que le son qu'elles produisent avec leurs ailes est fréquemment un signe de rappel, de sortie, d'attaque, etc. Le chant ou cri de la mère-abeille réduit les ouvrières à un état d'immobilité.

Leur odorat est très-délicat, puisqu'on les voit en sortant de leurs ruches, attirées par des émanations des fleurs, voler en ligne droite pendant une lieue et contre le vent, pour y chercher les plantes qui leur promettent une abondante récolte.

On prétend que lorsque le vent est trop fort, elles se lestent avec de gros grains de sable qu'elles tiennent entre leurs pattes.

Leur goût diffère du nôtre. Si elles recherchent avec empressement les liqueurs les plus douces et dont l'odeur est la plus suave, on les voit aussi se répandre en grand nombre sur le bord des eaux croupies et autour des mares d'urines. Ces insectes sont très-sensibles au froid, principalement les mères-abeilles et les mâles, qui ne sortent que depuis neuf à dix heures du matin jusqu'à quatre à cinq heures du soir. Dans les beaux jours, si le froid est vif, ils s'engourdissent dans leurs logemens, et ils restent dans cet état jusqu'à ce que le temps soit adouci.

Des Espèces d'Abeilles.

Plusieurs auteurs distinguent (1) plusieurs espèces d'abeilles domestiques. Voici ce qu'en dit M. *Serain.*

Il y en a quatre espèces, savoir :

1°. Les grosses, longues et très-brunes : ces abeilles

---

(1) *Ut binæ regum facies, ita corpora gentis.*
Namque aliæ turpes horrent, ceu pulvere ab alto
Cùm venit et terram sicco spuit ore viator
Aridus : elucent aliæ et fulgore coruscant;
Ardentes auro, et paribus lita corpora guttis.
Hæc potior soboles : hìnc cœli tempore certo
Dulcia mella premes ; nec tantùm dulcia, quantùm
Et liquida, et durum Bacchi domitura saporem.

VIRG. *Géorg.*

Il faut, comme les rois, distinguer les sujets :
Les uns n'offrent aux yeux que d'informes objets ;
Leur couleur est pareille à la poussière humide
Que chasse un voyageur de son gosier aride ;
Les autres sont polis et luisans et dorés,
Et d'un brillant émail richement colorés.
Préfère cette race : elle seule en automne
T'enrichira du suc des fleurs qu'elle moissonne ;
Elle seule au printemps te distille un miel pur
Qui dompte l'âpreté d'un vin fougueux et dur.

DEL.

sont d'un abord difficile ; on ne peut pas les soigner comme on le désireroit, on doit les bannir du rucher ;

2°. Les noires : elles sont moins grosses que les précédentes, laborieuses et traitables ;

3°. Les grises, d'une grosseur moyenne : elles ressemblent à celles de la première espèce, et comme elles, on doit les bannir du rucher ;

4°. Les petites hollandoises ou petites flamandes : elles sont plus petites que les deux premières. Leur couleur est d'un jaune aurore, luisant et poli ; elles ont de la vivacité, de l'ardeur, de l'activité au travail ; elles sont douces et faciles à apprivoiser.

Je ne connois aucune de ces variétés, ou si l'on veut, de ces espèces d'abeilles. Toutes celles que j'ai vues ressembloient à celles que je viens de décrire, et qu'on nomme petites hollandoises ; mais il se peut que la température ainsi que la nourriture influent sur leurs couleurs et leurs dimensions. Au surplus, il existe dans l'Inde, au Sénégal, en Guinée et à Cayenne, d'autres espèces d'abeilles qu'il est inutile de décrire ici, puisque nous ne les possédons que dans les cabinets d'histoire naturelle, et que nous ne connoissons pas leur culture.

§. II. *Occupation de chaque genre d'Abeilles.*

Fonctions de la Mère-Abeille.

Il n'y a, comme je l'ai dit, dans une famille d'abeilles, qu'une mère-abeille, connue autrefois sous la dénomination de roi, et ensuite de reine ; un certain nombre de mâles, depuis deux cents jusqu'à deux mille, suivant la force de la population; et vingt à quarante, et jusqu'à soixante mille abeilles neutres.

Les fonctions de la mère-abeille sont de multiplier l'espèce et de maintenir l'ordre dans la famille. Deux jours au plus après sa sortie de l'alvéole, si le temps est beau, elle sort à l'heure où les mâles s'ébattent devant les ruches. Elle s'arrête un moment sur le plateau, et elle prend son vol; elle se retourne ensuite du côté de la ruche comme pour la reconnoître, puis elle trace quelques cercles en l'air et s'élève enfin à une hauteur qui ne permet plus de suivre ses mouvemens. Si elle ne rencontre pas de mâles, elle revient à la ruche au bout de quelques minutes et sort de nouveau un quart d'heure après; mais si elle est jointe par un mâle et fécondée, son absence est d'environ une demi-heure, et elle rentre dans la ruche avec les signes de la fécondation, c'est-à-dire avec les parties fécondantes du mâle dans la vulve (1).

---

(1) *Illum adeò placuisse apibus mirabere morem,*
Quòd nec concubitu indulgent, nec corpora segnes
In Venerem solvunt, aut fœtus nixibus edunt.
Verùm ipsæ è foliis natos, et suavibus herbis
Ore legunt: ipsæ regem, parvosque quirites
Sufficiunt, aulasque et cerea regna refingunt.

Ses enfans sont nombreux: cependant, ô merveille!
L'hymen est inconnu de la pudique abeille:
Ignorant ses plaisirs ainsi que ses douleurs,
Elle adopte des vers éclos du sein des fleurs,
De jeunes citoyens repeuple son empire,
Et place un roi nouveau dans des palais de cire.

Cette découverte, qui est due à M. *Huber*, et que d'autres naturalistes ont vérifiée par des expériences nombreuses, a fait tomber tous les autres systèmes sur la multiplication des abeilles et la fécondation de la mère-abeille. Il est inutile de détailler ici tous ces systèmes dont la fausseté est prouvée; il suffit de tirer de ce fait toutes les conséquences qui en découlent naturellement.

L'homme laissant la fable et sa fausse lumière,
Au flambeau du génie éclaira sa carrière.
Swammerdam le premier, niant leur chasteté,
A démontré leur sexe et leur fécondité;
Et loin de laisser croire à son amour mystique,
Sur le fait *Réaumur* prit l'abeille impudique.

La B.

L'un lui donne une reine et les autres des rois.
L'instituteur fameux du conquérant du monde
Voulut que sans époux l'abeille fût féconde;
Et de sa chasteté *Réaumur* moins jaloux
Prostitua leur reine à de nombreux époux.
Enfin de leur hymen, savant dépositaire,
L'aveugle *Huber* l'a vu par les regards d'autrui,
Et sur ce grand problème un nouveau jour a lui.
La reine, nous dit-il, au jour de l'hyménée,
Sort, de ses nouveaux feux, inquiète, étonnée,
Aux portes du palais long-temps hésite encor;
Enfin son aile s'ouvre, elle a pris son essor;
Et loin des yeux mortels, mystérieuse amante,
Emporte dans les airs l'amour qui la tourmente.
Son amant l'observoit, et plein des mêmes feux,
Il part, vole, l'atteint et jouit dans les cieux.
Elle s'élança vierge, elle descend féconde.

DELILLE, *les trois Règnes.*

Il en résulte, 1°. que la mère-abeille a besoin d'être fécondée pour pondre des œufs; 2°. qu'il y a copulation; 3°. qu'elle a lieu la première fois dans les airs, comme pour la plupart des insectes à quatre ailes nues, qu'on a été à même d'observer.

La mère-abeille, quarante-six heures après l'accouplement, commence sa ponte. Elle s'en occupe spécialement et uniquement, à moins que quelques désordres ne la forcent de veiller à la tranquillité de la famille et de rétablir l'ordre, ou qu'une rivale ne vienne lui disputer sa place.

Le nombre des mâles contenus dans la ruche avoit dû faire supposer que la femelle devoit être fréquemment fécondée; mais l'expérience a prouvé que la mère-abeille, après l'avoir été une fois, passoit l'année entière sans sortir de la ruche, et qu'à moins de l'être dans l'intérieur de l'habitation, une seule copulation la rendoit féconde pour toute l'année. L'expérience a encore démontré qu'après le massacre général des mâles, la mère-abeille continuoit de pondre jusqu'à l'époque des froids, et qu'elle recommençoit au printemps, sans avoir pu se réunir à un mâle. On a dû en conclure qu'une seule copulation suffisoit pour douze mois. Il reste à vérifier si elle a besoin d'être fécondée plus d'une fois. Les expériences faites jusqu'à ce jour ne sont pas assez concluantes pour rien affirmer sur ce point.

Fonctions des Mâles.

Les mâles ne paroissent chargés que du soin de

féconder la mère-abeille (1). Les naturalistes ne leur donnent pas d'autre destination. Il s'agit de savoir si la nature ne les a pas chargés d'autres soins. Leur nombre le fait présumer, et la conduite des ouvrières à leur égard donne de la force à cette présomption.

En effet, la mère-abeille n'a besoin d'être fécondée qu'une fois dans l'année ou peut-être même pendant sa vie. Que lui sert donc un sérail de mâles qui est, dans les fortes ruches, de près de deux mille? M. *Huber* a répondu à cette objection, en observant que la fécondation ayant lieu dans les airs, et le hasard pouvant seul réunir un mâle et une femelle, il falloit un grand nombre de mâles pour assurer la fécondation de la mère-abeille, dont dépendoit la conservation

---

(1) *Othomanis autem veluti non una tyrannis*
Conjugio stabili sociatur fœmina ; plures
Sic habet in Venerem præceps regina maritos,
Quos fucos dixere : pecus spectabile mole
Corporeâ, sed iners et in otia segnia natum :
Queis mala regnandi veniat ne fortè cupido,
Uxorique viros pudeat servire, quotannis
Invadit furibunda mares plebs omnis inermes.

Comme à la Porte Ottomane, le grand seigneur entretient un sérail de femmes, de même dans une ruche la reine des abeilles a un sérail de mâles; on les nomme bourdons : ils sont remarquables par leur grosseur, mais sans courage, et passant leur vie entière dans l'oisiveté. La crainte que tous ces mâles, quoique désarmés, aient honte d'obéir à leur épouse, et le désir de s'emparer du pouvoir, détermine le peuple à les sacrifier chaque année, quand la reine est fécondée.

de la famille entière; mais cette considération est d'un poids bien léger, quand on sait que la mère-abeille exhale une odeur assez forte pour que les abeilles puissent facilement la suivre à la trace. Plusieurs expériences ne permettent pas de douter de cette vérité.

Les expériences de *Réaumur* ont fourni également un motif assez plausible de la multiplicité des mâles. C'est leur tempérament froid qui force la mère-abeille à faire toutes les avances; elle paroît ne les animer qu'avec peine. Il semble que ces mâles prévoient leur sort après la jouissance, et que la crainte de la mort, qui est pour eux la suite nécessaire de la copulation, puisqu'en se séparant de la mère-abeille ils laissent dans sa vulve les parties constitutives de leur être, leur donne beaucoup de répugnance pour remplir la fin de leur destination; mais c'est pousser trop loin la prévoyance de ces insectes, et l'expérience de *Réaumur* ne me paroît pas assez concluante.

Si les mâles renfermés sous un bocal avec une femelle lui parurent froids, je pense que les circonstances pouvoient leur donner cette apparence. On ignore encore le degré de chaleur qui leur est nécessaire pour les déterminer à rechercher la femelle. On ne sait pas s'il n'est pas essentiel qu'ils se soient donné du mouvement pour être échauffés au point d'être propres à l'acte de la génération, et tant qu'on n'aura pas de données certaines sur ces articles, il sera difficile de trancher la question.

Cette expérience de *Réaumur* m'avoit engagé à

la renouveler cette année en la variant. Je désirois la faire avec des femelles vierges et d'autres fécondées, avec divers degrés de chaleur, en les renfermant sous un bocal et en les lâchant dans un grand appartement. Si la reine déjà fécondée avoit caressé le mâle et recherché ses approches, j'aurois pu en induire qu'elle pouvoit se livrer à la jouissance plus d'une fois, et que plusieurs mâles lui étoient nécessaires ; mais ayant peu de ruches, et mes moyens ne me permettant pas d'en sacrifier un grand nombre, j'ai fait des expériences d'un autre genre ; et, après la perte de quelques essaims, nombre auquel j'avois borné mes sacrifices, j'ai remis mes recherches à l'an prochain.

J'ai dit que la conduite des ouvrières envers les mâles faisoit présumer que la nature les avoit destinés à d'autres soins qu'à féconder la mère-abeille. En effet, elles ne les massacrent pas lorsque les femelles sont fécondées ; elles attendent non seulement le moment où les essaims sont partis, mais encore celui où une partie du couvain est éclos, et où la saison mettra obstacle à la sortie des essaims, enfin l'époque où leur petit nombre leur fera prévoir l'impossibilité d'essaimer ; de sorte que le moment du massacre varie dans les ruches, et qu'il arrive quelquefois que les ouvrières ayant commencé la destruction des mâles, et les ayant séquestrés au bas de la ruche pour les faire mourir de faim, cessent leur carnage et leur permettent de remonter sur les gâteaux et d'y prendre du miel. Cette complaisance de leur part annonce un temps favorable pour une bonne récolte de miel, et donne l'espoir d'un nouvel essaim.

Mais un essaim qui part laisse un grand vide qui ne peut être réparé que par le couvain, et ce couvain a besoin d'un certain degré de chaleur pour éclore. Cette chaleur ne peut être entretenue que par une grande population. C'est une des raisons qui me paroît s'opposer à la destruction des mâles au moment de l'essaimage. Les abeilles ouvrières, forcées de sortir pour fournir de la nourriture au couvain, ne resteroient pas en nombre suffisant dans la ruche pour y conserver la chaleur nécessaire après la sortie des essaims, sur-tout dans les ruches qui en ont fourni plusieurs.

Les mâles leur sont donc utiles sous ce rapport, et il me paroît que c'est une des raisons principales de leur grand nombre dans les ruches. En effet, il est plus proportionné à la grandeur des ruches qu'au nombre des femelles et à leurs besoins. Je pense donc qu'ils sont destinés non seulement à féconder la mère-abeille, mais encore à conserver après l'essaimage la chaleur nécessaire pour faire éclore le couvain; aussi les voit-on en petit nombre dans les essaims : ils restent presque tous auprès du couvain; ce qui leur a fait donner le nom de couveuses en certains lieux (1).

---

(1) Cette opinion sur les mâles pourroit, au premier coup-d'œil, me mettre en contradiction avec moi-même, puisque dans ma discussion avec M. *Lombard*, insérée dans les *Annales de l'Agriculture*, j'ai déclaré que j'avois renoncé à cette explication, parce que le couvain des abeilles neutres

Fonctions des Abeilles neutres.

Les abeilles neutres sont chargées du soin de tous les travaux du dedans et du dehors, d'où leur vient le nom d'abeilles ouvrières. Ce sont elles qui vont

---

étoit éclos au moment où les mâles paroissoient. Mais je raisonnois dans l'hypothèse où la mère-abeille ne pondoit que des œufs de reine après la ponte des mâles jusqu'à l'essaimage : or, cette supposition est fausse, puisqu'il y a toujours du couvain d'abeilles ouvrières au moment du départ des essaims, fait facile à vérifier.

Un de MM. les commissaires de l'Institut m'a objecté qu'il étoit difficile que les mâles, à raison de leur nombre, pussent être utiles sous ce rapport. Je lui ai observé qu'un premier essaim enlevoit environ la moitié des ouvrières d'une ruche, et qu'ensuite il n'en falloit pas moins sortir en très-grand nombre pour approvisionner le couvain nombreux qui existe alors dans la ruche. Il ne peut donc, les premiers jours après l'essaimage, rester dans la ruche que le nombre nécessaire d'ouvrières pour soigner le couvain, et ce nombre ne doit pas être suffisant pour y entretenir la chaleur. Les mâles y sont au nombre de douze cents à deux mille; mais comme ils sont plus gros que les ouvrières, deux mille mâles peuvent remplacer, sous ce rapport, quatre mille ouvrières. Or, comme à cette époque où l'air est déjà réchauffé, il ne faut pas une population aussi nombreuse qu'à l'entrée du printemps pour entretenir la chaleur nécessaire au couvain, il me paroît que les mâles, joints aux ouvrières restées dans la ruche, sont suffisans pour produire cet effet. Aussi j'ai remarqué que les ruches qui avoient donné plusieurs essaims commençoient plus tard le massacre des mâles que celles qui n'en avoient fourni qu'un, et qui, ayant perdu moins d'ouvrières que les autres, réparoient

chercher les provisions pour la famille et les matériaux propres à la construction de leur habitation; elles en sont les architectes, et pendant qu'une partie s'occupe de ce soin, d'autres soignent la nouvelle génération, à qui la prodigieuse fécondité de la mère donne journellement l'existence; d'autres enfin font la garde à la porte de l'établissement et repoussent les ennemis; elles seules les attaquent, quoique la mère-abeille se porte promptement aux parties de la ruche où le bruit annonce des dangers; mais elle ne s'y rend que pour faire rétablir l'ordre et encourager les ouvrières à repousser les ennemis, et elle ne se sert de son arme que contre d'autres mères-abeilles.

§. III. *Travaux des Abeilles.*

Le premier soin des ouvrières, après le choix du lieu de l'habitation, est de le nettoyer. Pendant qu'une partie s'occupe de ce travail, l'autre se répand dans les campagnes pour se procurer les matériaux propres à boucher les petits trous, les fentes de l'habitation

---

plus promptement leur perte. Ce seroit nécessairement le contraire, si le massacre des mâles n'étoit retardé que dans l'espoir de nouveaux essaims, puisque les ruches qui sont épuisées par le jet de trois ou quatre essaims, ne contenant plus qu'un petit nombre d'ouvrières, ne peuvent plus compter sur l'expédition de nouvelles colonies avant la mauvaise saison; pendant que les ruches qui n'ont fourni qu'un essaim sont plus peuplées, peuvent plus promptement réparer le vide occasionné par la sortie de l'essaim, et fournir un excédant d'abeilles pour de nouveaux essaims.

et ceux nécessaises pour établir les fondemens de l'édifice.

Ces fondemens sont en sens inverse des nôtres. Elles les commencent dans la partie supérieure et suspendent les magasins et les nids de leurs petits au moyen de trois matières connues généralement sous le nom de propolis, mais que les anciens comme les modernes avoient su distinguer.

Pline nomme la première matière du *comosin* : c'est une drogue fort amère et fort tenace ;

La seconde se nomme *pissokeros* : *Albert* la croyoit un mélange de cire et de poix ;

La troisième est la *propolis*. Cette dernière matière résineuse a une couleur brune noirâtre ou brun rougeâtre, suivant qu'elle est nouvelle ou ancienne, et les lieux où les abeilles la cueillent. Elle durcit en vieillissant (1).

---

(1) *Analyse de la Propolis par M. Vauquelin.* 1°. Légèrement échauffée, elle se ramollit, devient visqueuse et collante ; 2°. mise sur des charbons allumés, elle fond, boursoufle et exhale des fumées blanches d'une odeur agréable ; 3°. traitée à froid avec de l'alcool, elle se dissout en partie, et communique à la liqueur une teinte rouge, brune, assez belle : lorsque la propolis a été ainsi épuisée par des quantités successives et suffisantes d'alcool, ce qui reste est formé d'une matière blanche assez sèche, et de débris de végétaux et de mouches à miel ; 4°. ce résidu traité avec de l'alcool bouillant ne lui communique plus de couleur, mais lui cède la matière blanche dont je viens de parler, laquelle se précipite pour la plus grande partie, par le refroidissement, sous la forme d'une bouillie ; alors il ne reste

Ces dispositions faites, les ouvrières s'occupent de la fabrication des gâteaux ou rayons qui se com-

---

plus que des fragmens de végétaux et des membres de mouches à miel; 5°. la matière déposée par le refroidissement de l'alcool, mise sur un linge, et pressée pour en séparer le liquide, a présenté, étant seule, toutes les propriétés de la cire. J'ai trouvé que la quantité de cette cire étoit à celle de la matière soluble à froid dans l'alcool, à-peu-près dans le rapport d'un à sept; mais il est probable que cette proportion varie dans les différentes propolis. En faisant évaporer la dissolution alcoolique dont j'ai fait mention, j'ai obtenu une matière d'un rouge brun, luisante, sèche et cassante comme une résine; cette dissolution est précipitée par l'eau en un lait blanc, d'où se dépose, au bout de quelques heures, une substance filante et tenace, mais qui devient fragile par la dessiccation. La liqueur de laquelle cette matière a été précipitée par l'eau, éclaircie par le repos et la filtration, contenoit un acide qui rougit fortement la teinture de tournesol, mais dont la petite quantité n'en a pas permis de reconnoître la nature.

Cette substance se dissout aussi très-aisément dans les huiles grasses et volatiles, ainsi que dans l'éther, et leur communique plus ou moins de consistance. Distillée à une chaleur douce, dans une cornue, elle fournit d'abord une huile légère qui a une odeur très-suave; par les progrès de la distillation elle se colore, et devient de plus en plus épaisse; elle laisse un charbon assez volumineux, et par conséquent léger. D'après ces expériences, il ne paroît pas douteux que la matière de la propolis ne soit une véritable résine, ou si on veut, à cause de son odeur aromatique, une espèce de baume particulier.

Observations. Il paroît, par cette analyse, que la propolis qu'a eue M. *Vauquelin*, étoit malpropre et encore chargée de cire, puisqu'il y a trouvé des débris de mouches et de

posent de la réunion d'un grand nombre d'alvéoles. Leur premier soin est d'aller butiner sur les fleurs et de les dépouiller du nectar ou liqueur miellée qui se trouve dans les nectaires au fond des corolles.

Cueillette du Miel.

C'est une jouissance pour les amis de la nature de

---

végétaux, etc. La propolis dissoute dans l'alcool ou l'huile de térébenthine peut servir à donner une couleur d'or à l'étain et au plomb réduits en lames minces, et même au cuir, au papier, etc.

M. *Cadet*, qui a répété le travail de M. *Vauquelin*, mais plus en grand, a trouvé que cet acide étoit celui benzoïque, et qu'il s'y trouvoit en outre de l'acide gallique.

Il a traité la propolis par des alcalis caustiques, il en a fait des savons bruns très-solubles, faisant bien mousser l'eau, et blanchissant parfaitement le linge.

Il en a fait un onguent, en mettant la même quantité de propolis et d'huile d'olive dans une bassine, en faisant fondre la propolis à un feu doux, en mélangeant exactement avec une spatule, en faisant passer le tout par un torchon neuf, et en coulant l'onguent dans un pot. Cet onguent a été employé avec succès sur de vieux ulcères, et dans un traitement des hémorroïdes.

M. *Réaumur* pense que cette substance dissoute pourroit remplacer le vernis qu'on emploie pour donner une couleur d'or à l'argent ou à l'étain réduit en feuilles; mais je ne conseillerois pas de forcer les abeilles à en ramasser beaucoup, ce qui est facile, parce que ce ne seroit qu'aux dépens de la récolte de miel et de cire.

Ces analyses nous font connoître les élémens qui entrent dans la composition des trois matières réunies, mais non celles qui servent de base à chacune.

suivre la marche de ces insectes pendant qu'ils s'approvisionnent (1) et qu'ils enlèvent aux fleurs une li-

(1) *At roseis ubi vecta rotis aurora laborum*
Admonuit; vetulæ (somni quæ parcior ætas)
Evigilant, et signa canunt plaudentibus alis;
Quo juvenum rumpant pigram stridore quietem.
Emicat, et reliquum pennâ vibrante juventus
Excutiens somnum, se prædæ accingit agresti.
Ac veluti quò bella vocant, canor æris inertes
Extimulat turmas, et in horrida prœlia mittit;
Non aliter strepitu sonitus imitante tubarum
Florigeros se turba rapax hortatus in agros.
Protinùs erumpunt portis; casiamque thymumque
Omnibus ut circùm populentur latius arvis,
In diversa volant, acri quò nare sagaces
Invitant odor et certæ spes blanda rapinæ.
Si cui fortè seges felix et copia florum
Ditior occurrit, reliquas per inane volantes
In partem vocat; et numero recreante laborem,
Acriùs incumbunt, ut ab omni flore legatur
Melleus effluxit calicem qui sudor ad imum.

Au premier crépuscule, dès que l'aurore, soulevant le voile de la nuit, vient annoncer le retour des heures du travail, les vieilles abeilles (la vieillesse dort peu), par le bruit que font leurs ailes fortement agitées, réveillent en sursaut la jeunesse qui dort plus volontiers. Les premières éveillées augmentent le tapage; la rumeur se propage d'un quartier à un autre; le réveil devient général, tout est en mouvement. Les bataillons descendent, ils avancent, ils se serrent, la foule est à la porte, on va partir.

De même que le bruit des tambours et des trompettes, éveillant les soldats endormis, leur annonce que l'heure est venue de quitter le camp et de marcher à l'ennemi, de

queur transudée que la nature paroît avoir destinée à leur nourriture, et que nous les forçons de partager avec nous après qu'elles l'ont préparée. On les voit voler de fleurs en fleurs, s'y plonger et laper la liqueur sucrée avec leur trompe dont la souplesse et la longueur leur permettent d'atteindre par-tout et en tout sens. La trompe chargée, elles la retirent et font entrer la liqueur dans la bouche, d'où elle se rend dans le premier estomac; elle y subit une élaboration qui la perfectionne et en fait ce que nous nommons du miel vierge.

Lorsque les ouvrières sont suffisamment chargées, elles retournent à leur habitation. Les unes fournissent le miel en état à leurs compagnes pour les nourrir pendant le travail; les autres le conservent dans leur estomac où il continue à s'élaborer. Il passe ensuite dans le second estomac, et les diverses élaborations qu'il reçoit le changent en cire (1).

---

même le bourdonnement des abeilles matinales avertit tous les habitans de la ruche que l'heure est venue de la quitter et d'aller aux champs. Soudain elles s'élancent et dirigent subitement leur vol juste vers le lieu où l'odorat les conduit, sûres qu'elles sont d'y trouver un riche butin. Si par hasard l'une d'elles s'égare en un canton plus abondant, elle fait un rappel et attire ainsi celles de ses compagnes qui voltigent encore sans savoir où se fixer. Plus elles sont en nombre, mieux elles s'emploient, comme si l'émulation y entroit pour quelque chose. La concurrence les excite, et c'est alors à qui fourragera le mieux.

(1) M. *Hoffman* a fait l'analyse du nectar et y a trouvé une matière cireuse. M. *Tingry* a découvert cette même

Miel changé en Cire.

Expériences.

Cette métamorphose est si étonnante, qu'il a fallu les expériences les plus constatées pour y ajouter foi; mais elles sont de nature à forcer l'indécision des esprits les plus sceptiques.

En effet on a enfermé un essaim avec du miel et un peu d'eau dans une ruche vide. Il a fait des rayons d'alvéoles de belle cire blanche, et il les a remplis de miel; mais comme on a supposé avec raison que les abeilles pouvoient avoir de la cire dans leur estomac au moment où on les avoit fait entrer dans la ruche, on les a forcées à l'abandonner après y avoir travaillé huit jours; temps plus que suffisant pour employer le peu de cire qu'elles avoient emporté dans cette ruche. On les a fait entrer dans une autre ruche vide où on leur a encore fourni abondamment du miel; elles y ont construit de nouveaux rayons, et ayant passé successivement dans huit ruches, elles y ont fait par-tout des rayons de cire. On a alors tenté l'expérience avec du sucre, de la mélasse, et elles les ont changées en cire et en miel.

La Société d'Agriculture de Seine-et-Oise a re-

---

matière dans les feuilles; il n'est donc pas surprenant que les abeilles en tirent de la cire. Cette liqueur, traitée avec l'acide nitreux, donne du vinaigre, de l'acide tartareux, et même l'acide du sucre en employant l'acide nitreux étendu d'eau : la terre calcaire y paroît liée avec l'acide malique. Voyez *Annales de Chimie* de *Crell.*

nouvelé ces expériences, il y a trois ans, et elles ont réussi. J'avouerai, à ma honte, qu'il m'a fallu voir pour croire, et que ce n'est qu'après avoir répété plusieurs expériences que je me suis convaincu de quelques vérités relatives aux abeilles, et qui sont telles que le meilleur romancier du temps auroit peine à imaginer des faits plus extraordinaires.

Je dois prévenir les amateurs qui voudroient renouveler cette expérience, que les abeilles supportent impatiemment leur captivité dans un moment où il ne s'agit pas seulement de construire des alvéoles, mais encore de multiplier leur espèce, point essentiel pour elles à l'époque où on peut tenter ces expériences. Car si elles ont le talent de faire de la cire avec du miel, elles ne peuvent élever leurs petits avec cette nourriture sans y joindre un mélange de pollen. Elles travaillent donc de tous leurs efforts pour se faire un passage et je les ai vues ronger une plaque très-mince de plomb au point de doubler la largeur des trous qu'on y avoit faits pour leur donner de l'air qui leur est indispensable. Enfin elles finirent par élargir un de ces trous au point d'y passer. Je conseille donc d'employer des plaques de fer-blanc qu'elles ne peuvent entamer et qui donne les moyens de leur procurer plus d'air en faisant les trous plus grands.

§. IV. *Construction des Rayons.*

Revenons aux travaux de nos ouvrières.

Quand elles ont placé la propolis et préparé un peu de matériaux, elles commencent les gâteaux ou rayons d'alvéoles qu'elles appliquent contre la propolis. Elles travaillent plusieurs alvéoles à-la-fois de manière à embrasser la largeur entière de la partie supérieure, si elle est étroite, comme dans les ruches en cône. Ce travail est à peine ébauché qu'on les voit commencer, quatre lignes plus loin, un nouveau rayon d'alvéoles à droite et à gauche du premier.

On ne peut sans émotion considérer ces petits insectes qui travaillent avec une telle ardeur que l'ouvrage n'est pas un moment suspendu (1). Les unes

---

(1) *Neque enim dum junior ætas*
Florea rura metit, veteres ignava sequuntur
Otia : venturæ soboli cunabula ponunt :
Horreaque ædificant ita festinata, favorum
Ut nascente die si fundamenta locarint,
Vespere cellarum quatuor stent millia, quales
Dædalei manus artificis, vix æmula fingat,
Quæque suum sortitur opus ; pars mœnia condit ;
Pars molles subigit ceras ; operumque labores
Pars imperfectos emendatura, revisit
Alveolos, ceras aptans aut ungue revellens ;
Ne tenuis nimiùm paries vel crassior extet,
Angulus aut abnormis : apem comitantur euntem
Per forulos veluti famulæ, quæ fragmina ceræ
Exportant, introve ferunt, ut postulat usus.
Sunt quibus incumbit structas solidare frequenti
Verbere pennarum crates, uteroque polire.

Tandis qu'une partie de la famille s'occupe si utilement aux champs, les plus âgées, qui n'ont pas quitté la maison, n'y restent pas sans rien faire. Là les abeilles construisent les berceaux des enfans communs et les magasins publics, dégorgent la cire par la bouche en forme de bouillie et l'emploient à former les cloisons des alvéoles. D'autres ramassent une partie de la cire qui, après avoir été élaborée dans leur second estomac, sort sous la forme pulvérulente de l'intervalle des derniers anneaux de l'abdomen. Quand elles ont épuisé leurs provisions, elles abandonnent la place à d'autres ouvrières et retournent aux champs, pendant qu'un grand nombre suspendu par les griffes des pattes forme des échelles et des guirlandes, et paroissent dans une inaction qu'on croiroit totale et qui n'est que simulée pour les travaux.

Les abeilles ainsi suspendues sont celles qui re-

---

ces cellules sucrées, alvéoles hexagones, dont l'ensemble compose l'édifice élégant des rayons parallèles.

A cette riche et légère architecture elles mettent tant d'activité, qu'un rayon commencé le matin présente au soir quatre mille et plus d'alvéoles, chacun aussi bien traité et tous ensemble aussi bien compassés que pourroit l'être en son genre le chef-d'œuvre du fameux Dédale. Là chaque abeille a sa fonction propre : l'une prépare la cire ; l'autre l'emploie. Elles sont suivies de contrôleuses qui réforment les constructions vicieuses, ajoutant à un pan trop foible, supprimant une saillie, évidant un angle trop plein. Des aides les accompagnent : l'une porte les matériaux qui peuvent manquer ; l'autre déblaie ceux qui peuvent nuire. Viennent enfin les inspectrices qui visitent chaque alvéole ; elles y entrent en appuyant leur ventre sur les parois, elles redressent les pans courbes s'il y en a, et donnent à tous ce doux et beau luisant qui y brille sur tous les sens.

viennent de la campagne l'estomac chargé de miel. Le temps qu'elles passent dans l'immobilité est sans doute nécessaire pour l'élaboration du miel et son changement en cire. Il est en outre employé à reposer les abeilles de leurs courses, et il sert encore aux ouvrières qui travaillent, en leur procurant par cette réunion autour d'elles la chaleur nécessaire pour l'emploi des matières.

Pendant ce temps d'autres ouvrières s'occupent à polir les murs que les premières n'ont fait que dégrossir. Ce travail leur prend beaucoup de temps. Elles enlèvent avec les mâchoires la cire superflue, en forment des boulettes qu'elles emportent et qu'elles emploient ailleurs.

Malgré la longueur de l'ouvrage, il va plus vite qu'on ne le supposeroit, à raison de la force des ouvrières, de la nécessité d'aller au loin chercher des matériaux et de les élaborer. La diligence des ouvrières et leur grand nombre suppléent aux autres qualités, et elles auroient bientôt achevé et perfectionné un rayon d'alvéoles, si elles s'en occupoient uniquement. Mais à peine l'ont-elles un peu alongé qu'elles en recommencent deux autres et qu'elles continuent ainsi jusqu'à ce qu'elles aient embrassé toute la partie supérieure de l'emplacement.

Je vois trois motifs de cette conduite. Le premier est l'impossibilité de travailler toutes au même rayon; le second de laisser au travail ébauché le temps de prendre de la consistance; le troisième de ne pas isoler un seul rayon, où il leur seroit difficile de conserver dans sa partie inférieure la chaleur suffisante pour le couvain.

Forme et composition des Rayons.

Les rayons commencés dans la partie supérieure de l'habitation descendent verticalement. Ils ont environ 3 centimètres (1 pouce) d'épaisseur. Ils sont éloignés de 10 à 12 millimètres (4 à 5 lignes) et presque toujours parallèles. Cependant il arrive quelquefois qu'ils s'écartent d'un côté ; mais les ouvrières ont bientôt rempli ce vide par une portion de rayon.

Ces rayons ont la largeur de la ruche et souvent toute la hauteur ; la distance qui est entre eux sert de rue aux abeilles et est combinée de manière qu'elles puissent parcourir les deux gâteaux sans se gêner.

La cire dont ils sont composés est très-blanche au moment où les abeilles la mettent en œuvre ; mais elle prend une couleur rousse et même brune par la suite.

Ces rayons ne sont qu'une réunion d'alvéoles dont les abeilles commencent par faire le fond et dont elles alongent les côtés par intervalles. Il y a des alvéoles des deux côtés des rayons.

Proportion des Alvéoles.

Les abeilles emploient dans la construction de ces alvéoles la forme hexagonale et disposent le fond d'un des côtés, de manière que la pyramide trihedre surbaissée qui le compose corresponde à trois des alvéoles du côté opposé, c'est-à-dire que chacun des trois rhombes de ce fond ne soit commun qu'à deux alvéoles, ou mieux que le point central de chaque alvéole soit toujours le point de réunion d'un des trois côtés des trois alvéoles opposés ; de sorte que les alvéoles ont tous leurs parois de la même épaisseur, c'est à dire d'un $\frac{1}{2}$ millimètre. Les alvéoles ne sont point perpendiculaires au plan de leurs rayons. Leurs côtés sont un peu relevés, afin que le miel dont ils doivent être remplis, quelque liquide qu'il soit, ne puisse pas s'écouler.

Grandeur des Alvéoles des Ouvrières et des Mâles.

Il y a des alvéoles de deux grandeurs. La profondeur des petits est ordinairement de 12 millimètres $\frac{1}{2}$ (5 lignes) et leur diamètre d'environ 6 millimètres (2 lignes $\frac{2}{5}$); celle des grands est de 16 à 17 millimètres (6 lignes $\frac{1}{2}$ à 7 lignes) de profondeur sur environ 8 millimètres $\frac{3}{4}$ (3 lignes $\frac{1}{2}$) de large. Les premiers servent de berceau aux ouvrières, les seconds aux mâles, et tous peuvent être employés à ramasser les provisions. Mais ils ne servent pas de lieu de repos aux abeilles qui se tiennent entre les rayons et s'y réunissent, sur-tout lorsque le temps est froid, pour concentrer la chaleur.

Les grands alvéoles ne sont pas aussi nombreux que les premiers. Les quatre rayons du centre sont toujours composés des petits alvéoles. Quelquefois il se trouve à droite et à gauche un rayon de grands alvéoles, ce qui a lieu lorsque l'essaim sort de bonne heure, qu'il est fort, et a l'espoir de donner un autre essaim dans l'année. Le surplus est de petits alvéoles.

Mais si l'essaim ne compte pas fournir un autre essaim dans l'année, il ne fera en commençant que des petits alvéoles, et au printemps suivant il achèvera quelques rayons avec des grands alvéoles; mais il ne les mêle jamais.

J'ai dit que les petits alvéoles avoient ordinairement 12 millimètres de profondeur. Mais ceux des rayons de côté en ont quelquefois une plus grande. Comme ils ne servent ordinairement qu'à placer les provisions, les abeilles leur donnent une profondeur souvent double du côté des parois de l'habitation, pour ménager le terrein, sauf à le réduire ensuite s'ils leur deviennent nécessaires pour le couvain.

Proportions des Alvéoles royaux.

Indépendamment de ces deux espèces d'alvéoles, on trouve dans la saison des essaims, et souvent plus tard, des alvéoles qui n'ont aucun rapport pour la forme, les dimensions, l'épaisseur des cloisons et la position, avec les alvéoles que je viens de décrire, ou plutôt dont j'ai copié la description de l'estimable auteur de l'article précité du *Cours complet d'Agriculture*, y ayant trouvé plus de clarté et de concision que dans celle que j'avois faite.

Ces alvéoles sont ordinairement placés au tiers de l'emplacement sur le bord des rayons dans les parties qui n'adhèrent pas au corps dans lesquels ils sont construits, ou dans les passages formés dans les rayons, ou sur le bord central des rayons qui ne traversent que la moitié de l'habitation. Dans ce dernier cas, ces alvéoles sont au centre de la ruche. Ils remplissent le vide formé par ces demi-rayons.

Ces alvéoles, construits avec un mélange de propolis et de cire, sont presque verticaux. Ils ont 30 millimètres (1 pouce) de long, et 8 millimètres $\frac{1}{4}$ (3 lignes $\frac{1}{2}$) de large en dedans, et leurs parois de 3 millimètres $\frac{3}{4}$ (1 ligne $\frac{1}{2}$) d'épaisseur. La forme ovale oblongue de ces alvéoles très-polis en dedans, qui sont couverts d'ébauches d'alvéoles d'ouvrières, leur donne une apparence de stalactite relevée, et annonce une destination particulière. En effet, la grandeur du berceau, le poli de l'intérieur de l'ouvrage qui rend l'air de la manière la plus complète, la profusion des matériaux qui est telle qu'un de ces alvéoles en pèse cent cinquante ordinaires, tout tend à faire connoître le berceau qui doit servir à l'éducation des êtres les plus précieux de la famille. Ces alvéoles sont en effet destinés aux jeunes reines ou mères-abeilles.

La forme des emplacemens détermine le point de départ des travaux des abeilles. Si l'habitation est arrondie et en cône, elles commenceront par le centre, parce qu'elles paroissent préférer les parties les plus étroites, où elles alongent plus promptement les rayons, les consolident mieux, et où il leur est plus facile de soigner leurs petits et de concentrer la chaleur. Mais si l'emplacement est carré, elles commencent par le fond des rayons parallèles à ce fond, ou par l'angle, en établissant toujours des rayons qui ne s'écartent que très-rarement du parallélisme. Cette marche, qui ne varie qu'autant que l'homme les dirige autrement, est fondée sur les mêmes raisons que celle suivie dans les parties coniques.

A mesure que les ouvrières étendent leurs rayons à droite et à gauche, elles ne manquent jamais d'en attacher les côtés avec du propolis contre les parois de l'emplacement où elles se sont logées. Le poids de ces rayons augmentant par les matières dont elles remplissent les alvéoles, et par les petits qu'elles y élèvent, elles fortifient les rayons dans les parties supérieures. Elles en font autant aux rebords des alvéoles, pour empêcher les dégradations auxquelles le fréquent passage pourroit donner lieu.

Poids des Rayons.

En examinant un nouveau rayon vide, on a peine à concevoir qu'il ait assez de solidité pour soutenir le poids considérable dont les abeilles le chargent en remplissant les alvéoles de miel, de pollen, de couvain, et en s'appuyant de contre par milliers. Un gâteau d'un pied carré peut peser jusqu'à 6 kilogrammes (plus de 12 livres), quoique la cire employée pour le former ne pèse pas plus de 12 à 15 décagrammes (4 à 5 onces); on doit juger du talent des ouvrières qui font un ouvrage aussi solide avec une matière qui n'en paroissoit pas susceptible.

L'activité de ces ouvrières, leur diligence pour se

répandre dans les campagnes, qui est telle qu'elles font une lieue en quinze minutes, leur promptitude à dépouiller les fleurs du nectar et de la poussière fécondante dont elles sont chargées, et leur célérité à mettre en œuvre ces matières, tout devroit faire croire que les travaux vont suivre la même marche, les rayons s'alonger dans la même proportion et l'édifice entier se terminer en peu de temps; cependant bientôt la construction se ralentit, quoique les abeilles montrent la même ardeur et qu'elles apportent des matériaux d'un nouveau genre, visibles pour le spectateur. De nouveaux soins attirent toute leur attention, et souvent à la fin de l'année il reste encore un tiers des édifices à construire.

Réflexions sur les Travaux des Abeilles.

Avant de passer à l'examen des motifs qui tiennent en suspens les constructions, jetons un coup-d'œil sur les travaux déjà faits, considérons ces édifices de cire formés de la manière la plus favorable pour l'emplacement qu'ils occupent, les rues disposées entre chaque rayon et compassées de manière à n'avoir que la largeur nécessaire pour deux abeilles, les passages ménagés de distance en distance pour établir des communications entre ces rues, la construction de ces milliers d'alvéoles d'après les règles les plus justes de la géométrie, et les proportions les plus exactes pour les élèves auxquels ils doivent servir de berceau.

Quel est le géomètre qui, en voyant de foibles insectes résoudre un des plus beaux et des plus difficiles problèmes de la géométrie, n'admire pas ces alvéoles où les ouvrières ont employé la figure la plus propre à ménager l'espace et la matière ! Quels sont les hommes qui, à la vue de ces prodiges qu'ils pourroient à peine égaler, n'accorderont pas aux abeilles un dégré d'intelligence dont elles nous donneront par la suite de nouvelles preuves (1) !

---

(1) *His quidam signis, atque hæc exempla secuti,*
Esse apibus partem divinæ mentis, et haustus
Æthereos dixêre : Deum namque ire per omnes
Terrasque, tractusque maris, cœlumque profundum;
Hinc pecudes, armenta, viros, genus omne ferarum,
Quemque sibi tenues nascentem arcessere vitas.
Scilicet huc reddi deinde, ac resoluta referri
Omnia : nec morti esse locum ; sed viva volare
Sideris in numerum, atque alto succedere cœlo.

Frappés de ces grands traits, des sages ont pensé
Qu'un céleste rayon dans leur sein fut versé.
Dieu remplit, disent-ils, le ciel, la terre et l'onde;
Dieu circule par-tout, et son ame féconde
A tous les animaux prête un souffle léger :
Aucun ne doit périr, mais tous doivent changer;
Et, retournant aux cieux en globe de lumière,
Vont rejoindre leur être à la masse première.

Ces sages étoient dans l'erreur. La sagesse qui a créé ces insectes leur fait faire pour leur conservation des choses qui sont tout aussi bien faites que si elles raisonnoient. Toutes travaillent et pour le profit commun : toutes sont soumises aux lois et aux règlemens de la compagnie. Nul esprit particulier, nulles distinctions que celles que la nature a introduites entre elles. On ne les voit jamais se lasser

En vain le *Pline* françois a-t-il cherché à les dégrader aux yeux de ses contemporains. Les travaux des abeilles démontrent une intelligence, ou, si l'on veut, un instinct supérieur à celui de la plupart des animaux. Cet instinct a sans doute ses bornes et ne peut être comparé aux facultés de l'homme qui tend sans cesse vers la perfection. Mais tel qu'il est, il est digne de fixer notre attention, de devenir pour nous un nouveau motif de méditation et de nous rappeler sans cesse la suprême intelligence qui a empreint du sceau de sa puissance les plus petits insectes comme les plus grands animaux.

§. V. *Continuation des Travaux.*

Couvain.

Les ouvrières n'ont en partie interrompu le cours des constructions que pour s'occuper de soins plus importans. La reine-mère a été fécondée et a commencé sa ponte (1) qu'elle continuera presque sans inter-

de leur condition ni abandonner la ruche, dégoûtées de se voir esclaves ou sans biens. Elles sont libres parce qu'elles ne dépendent que des lois, parce que le concours de leurs différens services produit une abondance qui fait la richesse de chacune d'elles. Comparons à cela nos sociétés humaines. Le besoin, la raison et la philosophie les ont formées sous le louable prétexte de s'entr'aider par des services mutuels; mais l'esprit particulier y ruine tout, et la moitié des hommes, pour se donner le superflu, ôte à l'autre moitié le simple nécessaire.

PLUCHE.

(1) *Sed si quem proles subitò defecerit omnis,*

tion pendant la belle saison, à moins que la sécheresse ne s'oppose à la formation du nectar et de la miellée. Elle est souvent si pressée de le faire, qu'elle n'attend pas toujours que les alvéoles soient achevés pour

---

Nec genus unde novæ stirpis, revocetur, habebit;
Tempus et Arcadii memoranda inventa magistri
Pandere, quoque modo cæsis jam sæpè juvenis
Insincerus apes tulerit cruór: altiùs omnem
Expediam, primâ repetens ab origine, famam.
Nam quâ Pellæi gens fortunata Canopi
Accolit effuso stagnantem flumine Nilum,
Et circum pictis vehitur sua rura phaselis;
Quàque pharetratæ vicinia Persidis urget,
Et viridem Ægyptum nigrâ fecundat arenâ,
Et diversa ruens septem discurrit in ora,
Usque coloratis amnis devexus ab Indis:
Omnis in hâc certam regio jacit arte salutem.
Exiguus primùm, atque ipsos contractus ad usus,
Eligitur locus: hunc angustique imbrice tecti,
Parietibusque premunt arctis, et quatuor addunt,
Quatuor à ventis obliquâ luce fenestras.
Tum vitulus binâ curvans jam cornua fronte
Quæritur: huic geminæ nares et spiritus oris
Multa reluctanti obstruitur: plagisque perempto,
Tunsa per integram solvuntur viscera pellem.
Sic positum in clauso linquunt, et ramea costis
Subjiciunt fragmenta, thymum, casiasque recentes.
Hoc geritur, zephiris primùm impellentibus undas:
Antè novis rubeant quàm prata coloribus, antè
Garrula quàm tignis nidum suspendat hirundo.
Interea teneris tepefactus in ossibus humor
Æstuat, et visenda modis animalia miris,
Trunca pedum primò, mox et stridentia pennis

y déposer ses œufs. Elle en pond communément deux cents par jour et beaucoup plus quand la température et l'abondance des vivres favorisent ces insectes.

Miscentur, tenuemque magis, magis aëra carpunt :
Donec, ut æstivis effusus nubibus imber,
Erupêre : aut ut nervo pulsante sagittæ,
Prima leves ineunt si quandò prœlia Parthi.

V. G.

Mais si de tes essaims tout l'espoir est détruit,
Apprends par quels secrets ce peuple est reproduit;
Je vais de ce grand art éterniser la gloire,
Et dès son origine en rappeler l'histoire.
Le peuple dont le Nil inonde les sillons,
Qui, sur des vaisseaux peints voguant dans ses vallons,
Fend les flots nourriciers du fleuve qu'il adore,
Et de son noir limon voit la verdure éclore;
Les voisins des Persans qu'il baigne de ses eaux,
Les lieux où vers la mer courant par sept canaux,
Il fuit les lieux brûlans témoins de sa naissance,
De cet art précieux attestent la puissance.
Ce mystère d'abord veut des réduits secrets;
Il te faut donc choisir et préparer exprès
Un lieu dont la surface étroitement bornée,
Soit enceinte de murs et de toits couronnée,
Et que des quatre points qui divisent le jour,
Une oblique clarté se glisse en ce séjour :
Là, conduis un taureau dont les cornes naissantes
Commencent à courber leurs têtes menaçantes;
Qu'on l'étouffe malgré ses efforts impuissans,
Et sans les déchirer qu'on meurtrisse ses flancs.
Il expire, on le laisse en cette enceinte obscure,
Embaumé de lavande, entouré de verdure.
Choisis pour l'immoler le temps où des ruisseaux

Une ponte journalière aussi considérable ne doit pas étonner, quand on sait qu'on a compté environ cinq mille œufs dans ses ovaires.

OEufs.

Le premier soin de la mère-abeille est d'examiner l'alvéole où elle veut pondre, pour s'assurer s'il est propre et en état de recevoir un œuf. Ensuite elle se retourne et y enfonce sa partie postérieure. Elle reste quelques secondes dans cette position ; elle se retire après avoir pondu un œuf ovale, un peu courbé, d'un blanc bleuâtre, qu'elle a placé dans l'angle supérieur du fond de l'alvéole et qui y est collé par un des bouts, au moyen de la matière visqueuse dont il est enduit (1).

Déjà les doux zéphirs font frissonner les eaux,
Avant que sous nos toits voltige l'hirondelle ;
Et que des prés fleuris l'émail se renouvelle.
Les humeurs cependant fermentent dans son sein.
O surprise ! ô merveille ! un innombrable essaim
Dans ses flancs échauffés tout-à-coup vient d'éclore ;
Sur ses pieds mal formés l'insecte rampe encore ;
Sur des ailes bientôt il s'élève en tremblant :
Plus vigoureux enfin le bataillon volant
S'élance, aussi pressé que ces gouttes nombreuses
Qu'épanche un ciel brûlant sur les plaines poudreuses,
Ou que ces traits dans l'air élancés à-la-fois,
Quand les Parthes guerriers épuisent leurs carquois.

(1) *Explorans paritura totos regina paratos ;*
Inserit alveolis caput, ut quæ nixibus edet
Unis ova parens deponat singula nidis.
Circumstat stipata cohors, uteroque dolentem

Égards des Abeilles pour la Reine dès qu'elle a été fécondée.

Cette opération terminée, elle passe à un autre alvéole et continue ainsi en prenant de temps en temps du repos. Ce n'est pas qu'elle soit nécessitée à interrompre sa ponte pour satisfaire d'autres besoins. Le moment de la première ponte est l'époque qui lui assure les respects et l'amour de toute la famille. Jusqu'à cet instant on n'avoit eu aucun égard pour elle et on s'opposoit à ses volontés; mais dès qu'elle a donné une première preuve de sa fécon-

---

Reginam mulcet pennis ; et murmure blando
Hortatur duros partûs tolerare labores.
Illa retrò gradiens averso corpore nidos
Ingreditur : parientem abdit sexangula cera ;
Turba ministra tamen pennas ad limina tensas
Explicat, obducens fœtæ quasi vela parenti :
Virginibus tantùm pudor atque modestia cordi est.

La reine fécondée par les bourdons, et au moment de pondre, commence par inspecter un alvéole. Elle y insère un peu la tête pour voir s'il est propre et de taille à résister aux efforts qu'elle va faire. A ses côtés sont des abeilles qui lui frottent le ventre comme pour calmer les douleurs, et par un doux battement d'ailes elles l'invitent à prendre bon courage. La reine alors entre à reculons dans l'alvéole et y insère la partie inférieure de son corps, la partie supérieure restant en dehors. D'autres abeilles, les ailes étendues et croisées, forment comme un rideau qui dérobe aux regards tout le mystère de l'accouchement. Vous diriez que, de concert, ces vierges entendent ainsi ménager la pudeur de leur reine en travail d'enfant.

dité, elle devient souveraine absolue (1), on lui prodigue tous les soins; et les ouvrières qui l'environnent la brossent, la lèchent et lui présentent à chaque instant de la nourriture en étendant devant elle leurs trompes couvertes du miel qu'elles dégorgent à cet effet.

Nourriture de la Reine.

Je dis que les ouvrières lui présentent du miel, parce que je le suppose, mais sans en avoir la certitude. J'avoue même que je doute beaucoup que ce soit du miel pur, et je pense que c'est une nourriture disposée uniquement pour elle. Ce qui me détermine à élever des doutes sur ce point, c'est que si les vivres viennent à diminuer dans les campagnes, si on enlève un grand nombre d'ouvrières,

---

(1) *Prœtereà regem non sic Ægyptus, et ingens*
Lydia, nec populi Parthorum, aut Medus Hydaspes
Observant. Rege incolumi, mens omnibus una est:
Amisso, rupêre fidem; constructaque mella
Diripuere ipsœ, et crates solvere favorum.
Ille operum custos, illum admirantur, et omnes
Circumstant fremitu denso, stipantque frequentes,
Et sœpè attollunt humeris, et corpora bello
Objectant, pulchramque petunt per vulnera mortem.

Quel peuple de l'Asie honore autant son roi!
Tandis qu'il est vivant tout suit la même loi:
Est-il mort? ce n'est plus que discorde civile;
On pille les trésors, on démolit la ville:
C'est l'ame des sujets, l'objet de leur amour:
Ils entourent son trône et composent sa cour,
L'escortent aux combats, le portent sur leurs ailes,
Et meurent noblement pour venger ses querelles.

la ponte diminue, quoique le temps soit aussi chaud et aussi serein qu'au moment où la ponte étoit le plus considérable, et qu'il y a du miel dans la ruche. Que l'abondance revienne, que les ouvrières soient assez nombreuses, la mère-abeille devient aussi féconde qu'auparavant. Or, ou la reine a la faculté de retenir ses œufs, ce que je ne puis croire puisqu'au moment de l'essaimage elle pond dans des alvéoles à peine commencés, y dépose quelquefois deux ou trois œufs quand les alvéoles ne sont pas assez nombreux et même en laisse échapper qui tombent sur le plateau, ce qui prouve qu'elle ne peut les retenir que quelques heures ou un jour au plus ; ou les abeilles ouvrières, ne pouvant élever tout le couvain qui en résulteroit, en détruisent une partie, ce qu'on n'a pas encore observé, ou en modifiant la nourriture elles augmentent ou diminuent la fécondité de la mère. On verra plus bas que la manière de nourrir les vers influe beaucoup sur leur développement et on jugera quelle est l'opinion qu'on doit adopter.

§. VI. *Nourriture des Vers, récolte du Pollen.*

La ponte commencée, les abeilles s'empressent de recueillir la nourriture nécessaire pour les insectes qui vont éclore. Cette nourriture consiste dans un mélange de miel, de pollen et d'eau, dont les ouvrières font une bouillie qu'elles préparent dans leurs estomacs et qu'elles modifient suivant l'âge de leurs nourrissons.

Le pollen qu'elles mêlent avec le miel n'est autre chose que la poussière fécondante des fleurs. Les Grecs la nommoient molividhe, les auteurs françois, cire brute, parce qu'ils étoient persuadés que les abeilles faisoient la cire avec cette matière; et les cultivateurs à qui les mots pollen et poussière fécondante sont inconnus lui donnent le nom de tamise et sur-tout de rouget, parce qu'en général le pollen a cette teinte, sur-tout celui que les ouvrières ramassent dans les alvéoles.

Le pollen consiste en une infinité de petits globules qui contiennent la liqueur séminale, qu'ils répandent sur les pistils quand ils se séparent des anthères, et qu'ils sont portés sur les stygmates des pistils par l'air ou attirés par la force attractive de ces parties qui surmontent l'ovaire des plantes.

Cette matière qui contient de l'acide malique, des phosphates de chaux et de magnésie, une sorte de gélatine animale, une matière glutineuse ou albumineuse sèche, mais où on n'a pu trouver de matière cireuse comme dans le nectar et le miellée, doit être très-nutritive, très-active, très-propre à augmenter la fécondité de la mère, comme à faciliter et précipiter le développement des vers, suivant la quantité plus ou moins grande que les ouvrières en mêlent dans leur nourriture. Cette opinion ne paroîtra pas fort extraordinaire, si l'on réfléchit que la poussière fécondante des plantes peut être assimilée sous quelques rapports à la semence des animaux, et qu'on peut la considérer comme la matière la plus élaborée et la plus vitale des plantes (1).

Les ouvrières s'empressent d'en faire la récolte, dès que la saison leur en fournit, non seulement pour les besoins journaliers, mais encore pour le temps où le pollen leur sera nécessaire et où elles n'en trouveront plus. On en voit sur les anthères ramasser cette poussière (2), en faire de petites pe-

---

(1) Il seroit possible de vérifier cette opinion et de s'assurer si elle est fondée. On pourroit, au moment de la ponte dans les alvéoles royaux, fermer la ruche pour empêcher les abeilles d'y apporter du pollen pendant qu'elles nourriroient les vers de mères. On vérifieroit auparavant la ruche pour s'assurer si elle ne contient pas beaucoup de cette matière, et on fourniroit aux abeilles du miel et de l'eau. Quand les jeunes mères seroient prêtes à sortir des alvéoles, on enlèveroit l'ancienne.

(2) *Nectareo cùm plena tumet vesiculâ succo;*
Quâ flavos, velut utre, ferunt in tecta liquores;
Floribus insidunt iterum, ceramque recidunt;
Quæ foliis, villi vel pulveris instar, adhæret.
Decisum subigunt pedibus pressantque comanti
Flore super; cœlo vel turbidiore quietum
Haud procul inde locum quærunt, ubi cerea possit
Materies, raptìm flores collecta per omnes,
In tenues cogi massas, loculisque reponi,
Quos pedibus natura dedit: cùm plura pilosis
Cruribus amplecti nequeunt; in flore madenti
Membra volutantes hamatis hispida villis,
Quidquid inest ceræ rapiunt; tantoque gravatæ
Pondere, cœlestes carpunt non segniùs auras.
Verè magis celeratur opus, dum roscida totis

lottes qu'elles placent dans la corbeille ou palette de la troisième paire de pattes. Souvent elles se roulent dessus et ensuite elles se brossent. Quelquefois elles déchirent les capsules qui contiennent le pollen pour l'en retirer. Lorsqu'elles s'en sont chargées, elles retournent à leur logement.

Mella comis sudant quercus tiliæque; priusquàm
Nectareus radiis solaribus avolet humor.
Si neque mella dabunt, sese neque cera; tenacem
Eradunt piceis viscum; quo munere rimas
Obturare gelu contra, cerasque domorum
Ad latera et summum possint suspendere tectum.

Posée sur une fleur, l'abeille lèche au fond du calice le liquide miellé qui s'y épanche et le dépose dans un estomac particulier. Appuyant ensuite sur les pétales, elle enlève la cire qui les tapisse en forme de vernis ou de duvet; elle la presse, la comprime, la réunit en globules et en dépose les petites masses dans des corbeilles faites exprès. Ce n'est pas tout; l'estomac rempli et les poches pleines, elle se roule sur toute la fleur; et avec ses pattes, ses mains crochues, ses ailes et tout son corps velu, elle achève d'enlever ce qui reste encore de cette matière utile.

Remplie en dedans et surchargée en dessus, l'abeille fourrageuse s'arrache à la fleur, prend l'essor, fend l'air, arrive et fond sur la ruche avec une rapidité surprenante, inconciliable avec l'apparence du volume de sa charge. Si elle ne trouve ni cire ni miel, elle va sur les feuilles de certains arbres racler la glu tenace dont elles sont enduites. C'est là cette sorte de mortier, ce propolis, que l'abeille emploie à boucher tous les jours de sa ruche, et avec lequel elle attache tous les bâtimens à la voûte et aux murs de son enceinte.

On les distingue facilement de celles qui ne sont chargées que de miel, à leurs pattes de derrière où on aperçoit des pelottes tantôt jaunes, tantôt d'une autre couleur suivant la plante où elles ont butiné.

Le pollen se trouve en telle quantité au printemps, que les abeilles d'une seule famille en emportent souvent une livre et plus dans un jour. Elles ne sont pas cependant les seuls insectes qui en vivent.

L'enlèvement de cette matière a épouvanté plusieurs cultivateurs qui, craignant que les ovaires des plantes ne vinssent à manquer de la liqueur séminale contenue dans le pollen et que leur récolte fût perdue, ont cherché tous les moyens qui leur ont paru propres à écarter les abeilles de leurs fruits et de leurs blés, et qui, ne pouvant y parvenir, ont employé le poison.

Ces craintes mal fondées ont fait périr une infinité d'abeilles sans être utiles aux cultivateurs. La nature, toujours sage et prévoyante, a disposé les choses de manière que les insectes qui vivent de pollen pussent faire leurs provisions sans nuire à la fécondation des ovaires. Les abeilles, bien loin d'y mettre obstacle, la facilitent en portant dans leurs mouvemens du pollen sur les stygmates. Nous leur devons souvent des plantes hybrides. Mais elles sont quelquefois un obstacle aux soins que nous apportons à quelques plantes pour les conserver pures.

Eau nécessaire aux Abeilles.

Les ouvrières recherchent l'eau à cette époque.

Elles en consomment beaucoup. On voit également plusieurs de ces insectes environner les mares d'eau corrompue et les urines dont il paroît qu'elles prennent les sels, etc.

Temps de l'Incubation.

Le nombre des abeilles qui composent une famille suffit pour y entretenir la chaleur suffisante pour faire éclore les œufs. Mais comme cette chaleur est en partie subordonnée à celle de l'atmosphère, elle varie et peut doubler le temps de l'incubation, qui est ordinairement de trois jours quand la chaleur est suffisante.

Vers ou Larves d'Ouvrières.

Il sort de ces œufs un petit vers blanc et sans pieds, autrement nommé larve. Il se roule sur lui-même au fond de l'alvéole. Les ouvrières viennent sur-le-champ lui apporter une bouillie blanchâtre et insipide (1).

---

(1) . . . . . . *Matronas imitata potentes,*
Plebeïs apibus sobolem committit alendam.
Accipiunt illæ curam, quâ publica pendet
Res et gentis honor : toti carissima regno
Pignora maternis studiis et amore foventes,
Auxilium sibi grande parant operumque levamen.
Immutata dies quatuor stant ova : moveri
Partus in Erucæ faciem dein incipit, artus
Nascentes glomerans : quarto nutricula sole
Candidulum defert niveo pro lacte liquorem :
Mox docet hyblæo gentis consuescere victu,
Mella diurna ferens. Octavo sole figuram
Parvula mutat apis ; pellemque exuta (tenellum

Elles la répandent autour de lui et il en est environné. Le mouvement le plus léger suffit pour lui faire prendre sa pâture, et les ouvrières ne l'en laissent pas manquer. D'insipide, elle prend un goût mielleux, à mesure qu'il croît, et à la fin cette bouillie est plus transparente et plus sucrée.

Soins donnés à ces Larves.

Le soin que les ouvrières donnent à ces petits nourrissons ne sauroit se décrire. Elles ont pour eux l'attachement le plus tendre. Un rayon rempli de vers et placé dans une ruche vide suffit pour les y retenir et leur faire oublier l'enlèvement de leurs provisions, même quand elles seroient privées de reines. Mais dans ce cas, il faut qu'il y ait dans les rayons des œufs ou des vers qui n'aient que trois jours au moins. J'en donnerai plus bas la raison.

Cependant la mère-abeille continue sa ponte et

Quæ fovet, ac veluti puerilis fascia, corpus
Involvit) sit avis turpi de verme; pedésque
Exerit, atque humeris quatuor mox induit alas.

Dès que l'œuf est déposé dans un alvéole, la mère ne s'en occupe plus. A l'exemple des grandes dames, elle abandonne le soin de ses enfans aux abeilles communes qui s'en chargent volontiers et sans salaire. De l'œuf sort un ver que les nourrices alimentent. Elles varient l'espèce de nourriture et la proportionnent à l'état de l'enfant. Bientôt elles emplissent son berceau et l'y referment. Là l'insecte rampant devient un insecte volant. Formé totalement, il perce sa cloison, alonge sa petite tête et montre un peu ses quatre ailes de soie.

le nombre des nourrissons se compte par milliers. Les ouvrières redoublent d'activité et pourvoient à tout. Les unes apportent du miel, les autres du pollen, d'autres enfin de l'eau. Pendant qu'une partie des ouvrières apporte des provisions, l'autre ne quitte pas les petits et leur donne de la nourriture. La mère la plus tendre ne soigneroit pas ses enfans avec plus d'attention et ne leur distribueroit pas les vivres avec plus d'égalité et d'abondance, sans toutefois les prodiguer. Car la quantité est tellement proportionnée aux besoins, qu'il n'en reste jamais dans l'alvéole quand la larve se change en nymphe.

Temps nécessaire pour changer les Larves en Nymphes.

Ce n'est qu'en cinq à six jours que le vers a pris son accroissement. Les abeilles cessent de lui apporter de la nourritute et ferment son berceau avec une couverture de cire un peu bombée.

Le vers est alors abandonné à lui-même. Il commence à filer et à garnir l'intérieur de l'alvéole d'une toile fine de soie. Il emploie trente-six heures à cet ouvrage, et trois jours après, il est métamorphosé en nymphe.

Temps nécessaire pour changer les Nymphes en Insectes parfaits.

On donne ce nom à cet état apparent de mort auquel les larves sont sujettes avant de devenir des insectes parfaits. La nymphe des abeilles est très-blanche, et on distingue facilement toutes les parties de l'insecte à travers la peau transparente qui l'enveloppe. Elle passe ordinairement sept jours et demi sous cette forme. Ensuite elle déchire son enveloppe, perce le couvercle de cire et sort de l'alvéole. Sa couleur est alors d'un gris clair, et ce n'est qu'au bout de deux jours qu'elle acquiert la consistance et la force nécessaire pour prendre son vol.

Dès qu'elle est sortie de son berceau, les ouvrières s'empressent autour d'elle, la lèchent, lui fournissent du miel et semblent lui donner les instructions nécessaires pour la rendre utile à la famille. Elles s'occupent de suite à nettoyer son berceau pour qu'il serve à un autre élève; mais elles n'en retirent pas la toile que la larve a filée.

Toiles nuisibles aux Abeilles.

Cette toile consolide les cloisons; mais quand il y en a un grand nombre, elles ont l'inconvénient de rétrécir les alvéoles, et elles finissent souvent par causer la ruine de la famille en y attirant des ennemis dangereux. Le nombre de toiles contenu dans un alvéole indique le nombre d'abeilles qui y ont été élevées.

Le deuxième jour, la jeune abeille se dispose à sortir (1). On la distingue alors facilement des an-

---

(1) . . . . *Portisque reclusis*
Egrediens, lucem insolitam numerumque sororum
Ac strepitum, et mirâ suspensos arte labores
Obstupet attonitæ similis : mox fervere tectis
Cuncta videns; ne sola domi stet pigra, sodales

ciennes par ses anneaux bruns et ses poils gris, pendant que les autres ont l'un et l'autre roux. Après quelques caresses reçues à la porte de la ruche par les gardes, elle prend son vol, et déjà aussi savante que les vieilles ouvrières, elle rapporte du miel, du pollen et travaille ensuite aux rayons, ou rend aux nourrissons les mêmes soins qui lui ont été prodigués.

Consequitur primâ nidum quâ luce reliquit,
Hortorum redit exuviis onerata, suaque
Continuò solers excellit in arte, magistrâ
Et duce naturâ; dum nos imitabile quantùm
Vel docet exemplum, vel tardior erudit usus,
Rebus in humanis scimus; longoque paratas
Tempore, vix ævi spatium breve perficit artes.

Oh! comme une jeune abeille doit être émerveillée au sortir du berceau! Comme le dôme, les murs de l'habitation, les logemens, les magasins, les palais suspendus à ce dôme, attachés à ces murs, comme tout ce spectacle est nouveau pour elle! Des êtres faits comme elle vont, viennent, montent et descendent. Elle se hasarde, va, vient, monte et descend aussi. Quel nouveau sujet d'étonnement à la vue des flots de lumière qui frappe plus vivement sur l'entrée de la ruche! Elle voit ses sœurs traverser hardiment le flot resplendissant: eh! que deviennent-elles? Elle voit qu'aux premières sorties d'autres succèdent qui sortent de même. Il n'y a qu'un moment elle étoit environnée d'un grand nombre d'abeilles, elle ne voit plus personne. Que va-t-elle devenir? L'abandonne-t-on? Va-t-elle rester seule? Elle en a peur, et tremblante en sa curiosité elle approche un peu plus de la barrière tant éclairée. Enfin elle ose, elle essaie, et du premier bond la voilà dans l'air. A l'exemple de ses sœurs, elle va se poser sur une fleur; comme elles, elle se charge et revient chargée; comme elles

On donne le nom de couvain à cette réunion d'élèves dans les trois états d'œufs, de vers ou larves et de nymphes.

§. VII. *Ponte des Œufs de Mâles.*

La mère-abeille, après avoir pondu plusieurs milliers d'abeilles d'ouvrières, grossit beaucoup et se traîne avec peine. C'est alors qu'elle commence la ponte d'œufs de mâles. Les ouvrières, qui semblent avoir prévu cette ponte, ont d'avance préparé les berceaux. Cette ponte dure ordinairement vingt jours, et varie de seize à vingt-quatre jours. La reine se trompe rarement d'alvéoles en plaçant les œufs d'ouvrières et de mâles. La ponte des mâles est à-peu-près dans la proportion d'un à trente avec celui des ouvrières. Ces œufs sont aussi long-temps à éclore que ceux des ouvrières. Les larves sont ordinairement six jours et demi dans cet état; et, après avoir employé le même temps que les ouvrières à filer leur toile et à se métamorphoser en nymphes, ils parviennent à l'état d'insectes parfaits le vingt-quatrième jour, et peuvent sortir le vingt-sixième.

---

enfin, elle se met à l'atelier, et son coup d'essai vaut le plus habile coup de maître. Instinct de l'animal, quelle est donc ta nature?

Pour nous, fils du savoir, ou pour en parler mieux,
Esclaves de ce don que nous ont fait les cieux,
Nous nous sommes prescrit une charge infinie;
L'art est long, et trop court le terme de la vie.

La F.

Je me dispenserai de m'étendre sur les soins que leur donnent les ouvrières; ils sont les mêmes que pour les larves des abeilles neutres.

Construction des Alvéoles royaux.

C'est pendant la ponte des œufs de mâles que les ouvrières s'occupent de la construction du petit nombre d'alvéoles destinés à servir de berceau aux mères-abeilles. Cette construction n'est pas d'une nécessité absolue; elle dépend de la fécondité de la reine, qui a souvent été subordonnée à la température et à l'abondance de la nourriture.

Si la ponte des ouvrières n'a pas été considérable, ou si la température a été telle qu'elle ait fait périr une partie du couvain, alors les ouvrières ne construisent pas de grands alvéoles, parce qu'il n'y a pas lieu à l'expédition d'une colonie au-dehors, et qu'il est inutile d'avoir plusieurs reines; mais si les ouvrières sont multipliées au point d'en obliger une partie de s'expatrier, alors elles en construisent plusieurs et les multiplient, non-seulement en raison du nombre d'essaims qui pourront partir, mais encore de manière à prévenir les accidens qui pourroient arriver aux larves des jeunes mères ou à leurs nymphes, ou même aux jeunes reines entièrement développées.

§. VIII. *Ponte des Œufs de Mères-Abeilles.*

La ponte des mâles terminée, la mère-abeille en recommence bientôt une autre d'ouvrières; mais les premiers jours la ponte est foible, et pendant dix jours mêlée d'œufs de mâles et d'ouvrières. La reine, en parcourant les rayons, aperçoit les alvéoles royaux; elle y pond, mais dans un seul par jour; souvent même elle laisse un intervalle de deux ou trois jours sans y pondre. La nature a disposé les choses de cette manière pour que les jeunes reines n'éclosent pas le même jour.

La mère-abeille n'a pas besoin de prévoyance pour distinguer les œufs de mères de ceux d'ouvrières, parce que ces œufs n'ont aucune différence, sont tous propres à produire des ouvrières ou des reines, et peuvent conséquemment être pondus dans les alvéoles royaux ou dans ceux d'abeilles neutres.

Les OEufs de Reines ne diffèrent en rien de ceux des Ouvrières.

Cette vérité, découverte par *Schirach*, a été depuis constatée par les expériences de MM. *Huber* et *Bosc*. Il résulte évidemment de ces expériences que non-seulement l'œuf destiné à produire une ouvrière, et pondu dans un petit alvéole, peut produire une mère-abeille s'il est transporté dans un alvéole royal, ou que les abeilles, en détruisant les alvéoles voisins, en construisent un royal dans le lieu où il est fixé, mais encore que la larve, formée dans un petit alvéole, peut devenir une mère-abeille, pourvu qu'elle n'ait pas plus de trois jours, et que les abeilles transforment son alvéole en un alvéole royal et changent sa nourriture.

Ce fait, si extraordinaire au premier coup-d'œil,

ne l'est cependant pas plus que beaucoup d'autres qui ne fixent plus notre attention, parce que nous y sommes habitués. En conservant quelques années une graine, en lui donnant une nourriture et des soins différens de ceux que la nature lui destinoit, nous faisons disparoître tous les signes de la fécondation. La fleur n'a plus ni pistils ni étamines; des pétales les ont remplacés et annoncent la stérilité de la plante. Il est à remarquer aussi que les graines qui produisent des fleurs doubles sont plus petites que celles qui fructifient.

On doit encore observer qu'un œuf d'ouvrière placé dans un alvéole royal ne fait que produire un insecte qui aura tous ses développemens, à raison de l'espace; mais cet insecte n'acquiert pas de nouvelles parties. Le germe de l'ovaire existoit dans l'abeille neutre comme dans la mère-abeille; il ne s'est pas développé, parce que l'emplacement y a mis obstacle et que la nature ne l'a pas favorisé.

Cette dernière raison qui paroîtra futile à bien des personnes produit cependant sur l'espèce humaine des effets qui ont fixé l'attention des savans, et particulièrement des médecins depuis des siècles.

L'expérience a constaté que telle ou telle nourriture étoit plus ou moins favorable à la multiplication de l'espèce, et que les sucs de telle plante pouvoient rendre l'homme et la femme incapables de se reproduire.

Expérience qui prouve que la Mère-Abeille ne pond que des Œufs de Mâles et de Femelles.

L'expérience propre à constater ce fait est facile à faire par tous ceux qui pourroient douter de cette assertion.

On prend dans une ruche une portion de rayon garni de couvain d'ouvrières, et on l'attache dans la partie supérieure d'une ruche vide qu'on a frottée dans la même partie avec du miel. Il faut que ce morceau de rayon contienne des œufs ou des larves d'ouvrières de trois jours au plus. On met à onze heures du matin cette ruche vide à la place d'une autre ruche bien peuplée où les abeilles travaillent avec activité, et on porte la ruche qu'on déplace à une certaine distance. Les ouvrières qui sont aux champs reviennent et entrent dans la ruche; mais ne la reconnoissant pas, elles en sortent de suite et volent autour. Leur nombre augmente, et on les voit pendant plus d'un quart d'heure entrer et sortir avec inquiétude; enfin quelques-unes attirées par le miel se déterminent à entrer au haut de la ruche; elles examinent le gâteau ou rayon, et si elles aperçoivent un œuf ou une larve dont elles puissent faire une mère-abeille, elles descendent, battent des ailes à l'entrée de la ruche, et font entrer toutes celles qui voltigeoient autour : ce battement d'ailes est d'un bon présage. Si elles s'y fixent, c'est une preuve certaine qu'elles vont travailler à faire une ou plusieurs reines en changeant les dimensions des alvéoles et en donnant aux larves la bouillie royale.

Quelques jours après on pourra s'assurer de la construction des alvéoles royaux à la place des alvéoles d'ouvrières, où on avoit remarqué des œufs ou de jeunes larves; et, à l'époque fixée pour la métamorphose de la nymphe en insecte parfait, on trouvera une reine dans la ruche. Les autres seront tuées; et, si on les cherche de grand matin, on les trouvera sous le plateau ou tablier au pied de la ruche; car il est à remarquer que, comme dans ce moment les abeilles n'ont besoin que d'une reine, elles ne s'opposent point à ce que la première sortie de son alvéole détruise les autres, quoiqu'elle soit vierge encore; au lieu qu'au moment de l'essaimage elles empêchent cette destruction par les reines vierges jusqu'à ce qu'elles jugent l'impossibilité d'essaimer.

Je propose ce mode d'expérience, parce que les cultivateurs n'ont pas toujours des ruches uniquement destinées pour des expériences, et que presque toutes les espèces de ruches peuvent servir en opérant de cette manière.

On peut faire cette expérience en tirant l'œuf, ou la larve, placé dans un alvéole royal, et en le remplaçant par un œuf pris dans un alvéole d'ouvrière; mais il faut beaucoup d'adresse et d'habitude pour le faire.

On peut encore détruire la mère-abeille et tous les alvéoles royaux d'une ruche, ou faire passer, en les chassant, une partie des abeilles ouvrières dans une ruche vide où l'on a placé un rayon pour faire l'expérience; mais dans le premier cas, on n'est pas toujours sûr d'avoir détruit tous les alvéoles royaux; dans le second, on n'a pas la certitude qu'une reine ne s'est pas mêlée avec les ouvrières qui ont monté dans la ruche; au lieu que par le mode que je propose on en a l'assurance. On sent que l'expérience seroit manquée si l'on introduisoit une reine dans la ruche, parce que les ouvrières ne s'occuperoient plus à en former s'ils en avoient une.

J'ai renouvelé cette expérience au printemps dernier, et je conserve le morceau de rayon où les ouvrières ont changé des alvéoles d'ouvrières en alvéoles royaux. Leur précipitation ne leur a pas permis de démolir entièrement les cloisons des petits alvéoles, et il en reste des vestiges assez grands pour constater leur opération.

Temps nécessaire pour qu'un OEuf de Mère-Abeille produise un Insecte parfait.

L'incubation est de trois jours pour les œufs de la mère-abeille comme pour les autres. Dès que la larve paroît, des ouvrières entourent son berceau et ne le quittent plus. Il est difficile de se former une idée des soins que ces nourrices donnent à ces larves : la comparaison de la mère la plus tendre pour un enfant unique n'en donneroit qu'une idée imparfaite; elles semblent prévoir que leur sort est attaché à la conservation de ces larves. On leur donne une bouillie différente de celle destinée aux mâles et aux ouvrières ; cette bouillie a un goût moins fade, un peu aigrelet. Elles en ont en telle quantité, qu'elles ne peuvent jamais la consommer toute ; après leur métamorphose, il en reste toujours au fond de l'alvéole.

Cas où une Ouvrière peut pondre des OEufs de Mâles.

Cette différence de nourriture influe beaucoup sur la larve ; elle précipite son accroissement et facilite le développement de l'ovaire. Son influence sur cette partie du corps est telle que, si les ouvrières ont un excédant de cette nourriture et la donnent aux larves des ouvrières placées dans les alvéoles voisins, l'ovaire se développe en partie dans ces insectes. Elles sont en état de recevoir des mâles et de pondre, mais seulement des mâles. Ces petites mères vivent peu ; elles sont bientôt détruites par la mère-abeille.

La larve royale n'est que cinq jours en cet état ; alors les ouvrières forment l'alvéole avec un couvercle plus épais que celui des alvéoles de mâles et d'ouvrières. La larve file sa toile ; mais la longueur de l'alvéole ne lui permettant pas d'atteindre jusqu'à son extrémité, elle laisse ce travail imparfait du côté du couvercle. La bouillie qui couvre le fond de l'alvéole lui évite également la peine d'y étendre sa toile. Elle n'emploie que vingt-quatre heures à ce travail ; elle passe deux jours et demi en repos : alors elle se métamorphose en nymphe ; et, après être demeurée quatre jours deux tiers en cet état, elle arrive à celui de reine parfaite le seizième jour de la ponte.

Les jeunes Reines retenues prisonnières dans leurs Alvéoles.

Sa sortie de l'alvéole est subordonnée à la volonté des ouvrières, qui l'est elle-même aux circonstances. Si le temps est favorable à sa sortie, et que l'émigration de la reine permette qu'elle sorte sans dangers, les ouvrières guillochent les bords du couvercle et en diminuent l'épaisseur, pour lui faciliter les moyens de forcer le passage et de se mettre en liberté. Mais si l'ancienne mère n'a pas quitté l'habitation, et que le temps s'oppose à sa sortie, les ouvrières retiennent la jeune reine prisonnière; elles renforcent le couvercle de l'alvéole et y font un petit trou par où la jeune mère passe sa trompe, sur laquelle elles dégorgent de la nourriture pour la substanter pendant sa captivité.

Différence des Soins donnés à la Reine et aux Ouvrières.

Ces soins donnés à une époque où les jeunes ouvrières et les mâles sont abandonnés, annoncent les vues de la nature qui, s'occupant de la conservation des espèces, néglige souvent les individus. Elle a donné aux abeilles l'instinct nécessaire pour leur conservation dans les lieux où elle les a fixées, et cette conservation dépend de celle des reines auxquelles leur sort est attaché. Mais elle n'a accordé qu'à l'homme le raisonnement qui, bien différent de l'instinct des animaux, le met à même de varier et de changer ses habitudes, suivant les différentes parties du globe où il se fixe, et d'adopter pour le couvert, le vêtement et la nourriture, en un mot pour sa conservation, toutes les mesures qu'il juge les plus convenables, suivant les températures, les alimens qu'il y trouve et les dangers auxquels il est exposé.

§. IX. *Réflexions sur l'Instinct des Abeilles, approprié aux Cantons dont elles sont indigènes.*

Quelque prodigieux que paroisse l'instinct des abeilles, il est tellement approprié aux lieux où elles sont indigènes, que, lorsque l'homme les a transportées dans des cantons où une température différente exigeoit quelques modifications dans leur conduite, elles ont continué la même manière d'être, quelque contraire qu'elle pût être aux intérêts et à la conservation de la famille.

Ainsi les abeilles qui vivent dans les forêts de la Russie, du nord de la Pologne et autres lieux où l'on n'éprouve en quelque sorte qu'un été et un hiver sans les saisons intermédiaires, commencent leurs travaux au moment où le soleil vient rendre la vie à ces régions engourdies par un froid très-vif et fort long. Elles les continuent jusqu'au retour du froid, et elles le peuvent sans danger pour elles et leur couvain.

Mais, en suivant la même marche dans les zones tempérées, sans la modifier d'après les circonstances, elles s'exposent à périr par l'emploi prématuré de leurs vivres; leur couvain meurt souvent de froid;

elles ne donnent aucun secours aux jeunes ouvrières qui ne peuvent sortir entièrement de leurs alvéoles ; enfin elles laissent à la mère-abeille le pouvoir de détruire les jeunes reines : destruction qui met souvent obstacle à la sortie des essaims et devient funeste à la multiplication de l'espèce.

Dans le département de Seine-et-Oise, que j'habite maintenant, la température est très-variée. L'automne est souvent belle ; plus souvent le commencement de cette saison, ainsi que la fin de l'été, sont froids et pluvieux. De beaux jours leur succèdent, et l'hiver qui suit est ordinairement pluvieux ou très-froid ; la fin au contraire en est fréquemment fort belle. Le mois de février l'emporte souvent sur les mois d'avril et même sur celui de mai pour la douceur de la température. Les vents de l'est ou nord ou nord-ouest amènent ensuite une saison rigoureuse qui dure huit, quinze et jusqu'à trente jours.

Si la fin de l'automne est belle, la reine continue sa ponte ; et comme les provisions sont plus rares dans les campagnes à cette époque, les abeilles sont souvent contraintes d'entamer leurs magasins. La fin de l'hiver est-elle superbe ; la reine recommence à pondre, quoique la terre soit encore nue, que les prime-vères commencent à peine à paroître, les coudriers et les saules à développer leurs chatons. Les abeilles épuisent leurs approvisionnemens pour elles et le couvain, et si le beau temps ne continue pas, et que le mouvement donné à la sève soit ralenti ou même interrompu par le froid, elles sont exposées à mourir de faim.

C'est ce qui est arrivé au printemps de cette année à plus de la moitié des ruches de ce département. Enfin la consommation du miel et du pollen qui conservent la chaleur de la ruche, soit en lui communiquant un certain degré de chaleur, soit en diminuant le volume de l'air, soit par ces deux causes réunies, ainsi que la diminution des ouvrières qui périssent en grand nombre dans leurs courses imprudentes, réduisent la chaleur de la ruche à un tel degré, que le couvain placé dans la partie inférieure des rayons périt, ce qui entraîne souvent la perte de la ruche entière, par la corruption de ce couvain, si l'homme ne vient dans tous ces cas au secours des abeilles.

Dans les contrées où le printemps et l'été ne sont point interrompus par des intervalles de froid, les abeilles ne courent aucun danger pour leur couvain. La larve, parvenue à l'état d'insecte parfait, a la force nécessaire pour briser la porte de sa prison, et le secours des ouvrières lui est inutile pour cette opération. Sans cela peut-on supposer qu'après avoir montré tant d'attachement pour ces élèves, elles les laisseroient périr faute d'un secours aussi léger, et qui n'exigeroit qu'un moment de la part d'une ouvrière pour achever de détruire le couvercle dont la jeune élève a brisé la presque totalité.

Souvent dans ce département, l'ouvrière parvient à sortir la tête de l'alvéole, et quelquefois une partie du corcelet, et elle périt dans cette situation sans que les ouvrières qui l'environnent fassent le moindre effort pour conserver la vie à une compagne dont l'existence leur a coûté tant de soins, et qu'elles soigneroient encore à sa sortie de l'alvéole. Certes ici leur prévoyance est en défaut, ou plutôt convenons que leur instinct a des bornes fixées sur leurs besoins dans les lieux où la nature les a placées, et que cet instinct n'étant pas susceptible d'extension, elles ne savent pas modifier leur manière d'être suivant les lieux et les circonstances. Aussi quand j'emploie les termes d'intelligence et de prévoyance pour les abeilles, ce n'est que parce que la langue françoise ne m'en fournit pas d'autres; mais je suis loin de leur donner une signification aussi étendue que celle qu'ils ont lorsqu'il s'agit des facultés morales de l'homme auxquelles on applique ces expressions.

Enfin, dans ces mêmes cantons où les beaux jours ne sont pas interrompus par de longs intervalles de temps froids et pluvieux, le pouvoir de vie et de mort accordé aux mères-abeilles fécondées sur les jeunes mères est sans inconvénient. Comme le moment de l'émigration n'est point retardé, ou ne l'est que quelques momens, les précautions que les ouvrières prennent de retenir les jeunes reines dans les alvéoles doivent suffire pour arrêter la destruction du plus grand nombre. Mais dans plusieurs départemens de France où, à l'époque de la naissance des jeunes reines et des émigrations, la durée des mauvais temps peut mettre obstacle au départ des colonies pendant six à dix jours, ce droit peut devenir funeste et empêcher l'essaimage, parce que la reine-mère tue pendant ce temps toutes les jeunes reines dans leurs alvéoles sans trouver le moindre obstacle de la part des ouvrières, et que cette destruction, non-seulement arrête l'émigration, mais que, si elle a lieu deux années de suite, elle peut être fatale à la famille entière.

La prévoyance des abeilles est donc encore ici en défaut.

§. X. *Essaimage.*

Tel est l'ordre que la nature a établi parmi les abeilles pour leur multiplication jusqu'à l'époque où une partie de la famille s'émigre pour former ailleurs une colonie. Cette émigration se nomme *essaimage*, et la troupe qui part *essaim*. Mais cet ordre est quelquefois troublé par des évènemens imprévus qui retardent l'époque de l'essaimage ou occasionnent même la perte de toute la famille.

Causes qui nuisent à l'Essaimage.

Des temps froids et pluvieux succèdent aux premiers beaux jours de printemps. La ponte est interrompue et le couvain périt quelquefois comme je l'ai déjà dit. Cette interruption, et plus encore la perte du couvain qu'il faut extraire des alvéoles et porter dehors, ce qui emploie beaucoup de temps, retarde l'augmentation de la famille. Il faut que la mère-abeille recommence sa ponte qui paroît devoir être moins considérable en ouvrières à raison de la première ponte.

La constitution de la reine peut être affoiblie par les variations de l'atmosphère, et elle peut périr pendant sa ponte. Si cet évènement arrive pendant celle des œufs d'ouvrières, ou dans les six premiers jours de la ponte des mâles, sa perte peut être réparée, parce que les ouvrières auront l'instinct de produire une nouvelle reine avec un œuf ou une larve d'ouvrière; mais il se passera quinze ou vingt jours du moment où on l'a destinée à être mère à celui de la ponte.

Ce retard sera plus considérable et deviendra funeste aux abeilles si cette femelle éclôt avant qu'il y ait des mâles, ou si le temps ne leur permet pas de sortir : car ils paroissent très-frileux et ne s'ébattent devant les ruches que dans les jours chauds, encore n'est-ce que depuis neuf heures du matin au plus tôt jusqu'à trois ou quatre heures de l'après midi. La reine sera alors forcée d'attendre le moment où ils prendront leur essor pour se faire féconder.

Effets du retard de la fécondation sur l'Ovaire.

Ce retard produit un effet sur l'ovaire qu'on auroit peine à croire si de nombreuses expériences ne le confirmoient. Il tend à faire produire un plus grand nombre de mâles à la femelle s'il est de plus de quinze jours, et seulement des œufs de mâles si la fécondation n'a lieu que le vingt-unième jour ou plus tard. On a cherché jusqu'à ce jour la cause de ce phénomène, et on n'a pu l'expliquer. La nature a des secrets impénétrables pour l'homme qu'il ne découvrira probablement jamais, et l'espèce humaine en fournit des exemples sous le rapport de la fécondation, comme les insectes. Si la femelle pond des œufs d'ouvrières en assez grande quantité pour donner lieu à un essaim, la famille sera sauvée; mais si elle pond plus de mâles que d'ouvrières, ou si elle ne pond que des males, dans le premier cas il n'y aura pas d'essaims, et la famille s'affoiblira peu-à-peu, à moins d'un changement de reines; dans le second, les ouvrières, après avoir soigné les larves de mâles, se lasseront d'un travail inutile pour l'augmentation de la famille; et, après s'être aperçues que la reine ne pond que des mâles, même dans les alvéoles royaux, ce qu'elles reconnoissent dix à douze jours après la ponte, elles détruiront la nymphe et abandonneront leur demeure.

J'ai déjà dit que le mauvais temps pouvoit retarder l'essaimage, parce que la reine et les mâles ne sortent que lorsque le soleil paroît, que le vent est doux et chaud ou par des temps couverts chargés de fluide électrique; j'ai ajouté que, si ce mauvais temps duroit, la mère-abeille tuoit toutes le jeunes reines, et qu'il n'y avoit pas d'essaims après la première ponte complète de l'année, c'est-à-dire de ponte d'œufs dans les trois espèces d'alvéoles. Mais toutes ces circonstances n'influent que rarement à-la-fois sur les abeilles, et si elles sont communes dans le lieu que j'habite (Versailles et ses environs), elles sont rares dans les autres départemens, et très-rares dans plusieurs parties de l'Empire françois.

Agitation de la Reine.

Quand la mère a recommencé une nouvelle ponte d'ouvrières et fourni l'espoir d'une nouvelle population elle devient plus mince et a plus de facilité à voler. Elle commence à s'agiter par des causes qui sont encore inconnues, et qu'on peut comparer à celui des cailles et autres oiseaux que la nature a destinés à quitter les lieux qui les avoient vus naître pour se rendre dans des climats étrangers (1).

---

(1) *Aucta novis cùm jam fervent examina turmis;*
Plenaque vix tantam capiunt alvearia plebem :
Sedibus emigrat patriis, aliaque juventus
Sub duce prima novo ponit fundamina regno.
Ævi flore nitens tectis regina sub iisdem
Crevit, et imperio jam sese intelligit ortam;
Regnandamque alibi meditatur cogere gentem.
Ergo multisonis civilia classica pennis
Manè dies aliquot canit; hortaturque sodales
Ut vetus hospitium fugiant, sua signa secutæ.
Reginam circumstat apum plebs tota canentem :
Hanc oculis, hanc aure bibunt, dulcedine bombi
Et rutilis captæ pennis blandâque juventâ.
Cerea confuso strepitu studiisque faventum
Tecta sonant : illis nec florea rura diebus
Pervolitant, nec mella legunt, urgentve labores
Intrà tectos suos, etc.

La chaleur pénétrante a vivifié les germes d'un nombre prodigieux de jeunes abeilles qui sont sorties des alvéoles. La ruche ne suffit plus à ses habitans. Celle des filles de la reine, qui, dès le berceau, s'est sentie née pour l'empire, s'impatiente de rester dans des états dont elle n'est pas la souveraine. Belle et dans la fleur du premier âge, elle projette de

La reine parcourt toutes les parties des rayons, et lorsqu'elle rencontre des alvéoles royaux où il y a de jeunes reines en état d'insectes parfaits ou même en état de nymphes, elle les attaque avec fureur. Elle déchire leur couvercle et cherche à les percer avec son aiguillon. Elle y parvient quelquefois.

Aversion des Reines les unes pour les autres.

Huber a soupçonné que la vue de ces jeunes reines étoit un des moyens que la nature avoit em-

---

se retirer, d'enlever à sa mère une partie de ses sujets, d'aller les établir et leur commander ailleurs.

Dans un beau jour, au lever de l'aurore, on l'entend chanter : le chant se répète durant quelques jours, et le tocsin, précurseur de la scission qu'elle médite, attire autour d'elle un grand concours de peuple toujours ami des nouveautés. Elle n'hésite point à leur annoncer la hardiesse de son projet. La jeunesse sur-tout applaudit à cette grande idée. Éprise de la majesté de sa taille, de l'éclat de ses ailes, du doux charme de son chant, elle n'a ni assez d'yeux pour la voir, ni assez d'oreilles pour l'entendre, ni assez d'ame pour la lui donner toute entière. De jour en jour, d'heure en heure, de moment en moment, de nouveaux enfans sortent des berceaux et viennent augmenter le nombre des partisans de la jeune princesse. Les murs de la cité retentissent d'un bruit sourd, et l'agitation de l'impatience annonce une explosion prochaine.

Dans ces jours de chaleur et de trouble, plus de travaux, plus d'union. L'amour du bien public cède enfin aux affections partagées ; les moissonneuses ne vont plus, au retour des champs, déposer leur récolte aux magasins communs ; elles les gardent, comme prévoyant un besoin dont cependant elles ignorent la nature et l'étendue, etc.

ployés pour la forcer à abandonner sa demeure. Il est certain que l'aversion que les reines se portent est telle qu'elles ne se rencontrent jamais sans se combattre et qu'une d'elles reste toujours sur le champ de bataille, le poison qu'elles versent dans les plaies les rendant mortelles.

Mouvement des Ouvrières qui précède le départ.

L'agitation de la mère se communique aux abeilles, et le bruit sourd qu'on entend dans leurs demeures annonce une révolution dans l'état. Une partie de la famille se dispose à quitter un lieu dont la population devient trop considérable pour ses dimensions, et on envoie quelques ouvrières chercher un logement.

Les Abeilles s'approvisionnent pour trois jours.

Cette agitation et ce bruit se renouvellent ordinairement par intervalles pendant trois jours, et chaque ouvrière se prépare au départ en s'approvisionnant de vivres pour trois jours; enfin arrive la journée où l'essaim doit abandonner son ancien domicile. Peu d'ouvrières quittent la ruche pour butiner; beaucoup voltigent devant le logement. L'agitation augmente et les mâles sortent de meilleure heure qu'à l'ordinaire.

Sortie de l'Essaim.

Bientôt le bruit cesse et toutes les abeilles rentrent. Ce silence est l'annonce du départ. Tout-à-coup quelques ouvrières se présentent à la porte, se tournent du côté de la ruche et y sonnent le départ en battant des ailes. Un plus grand nombre s'élève dans les airs, puis se retourne devant la ruche (1). A ce signal les autres se précipitent en foule vers la porte et en sortent avec une rapidité étonnante; dans un moment elles ont rempli l'air et se sont élevées au-dessus de leur demeure. Elles s'y balancent quelques instans, pendant lesquels plusieurs ouvrières cherchent dans les environs un arbre ou arbrisseau pour servir de ralliement à la troupe. Bientôt elles s'y rendent, et si la reine s'y est posée, toutes s'y attachent, ou au moins la plus grande partie; elles s'y groupent et forment une masse, tantôt arrondie et grosse comme la tête, tantôt alongée en grappe,

(1) *Antiquis emissa favis non una juventus*
Digreditur : veteres aliquot migrantibus addunt
Se comites, ut cuncta novo moderentur in alveo.
Egregio plures juvenum de flore vicissim
Blanditiis vetulæ retinent; ut olentia latè
Rura metat, cerâque domos ac melle juventus
Instruat; agrestes ætas neque fessa labores
Desuetos repetat, longæ vel condita brumæ
Antè dum victu consumat mella diurno.

Les jeunes abeilles ne sont pas les seules à émigrer. De vieilles abeilles prennent parti pour la jeune reine, et la suivent, dans l'espérance, peut-être avec la promesse, de conserver leur emploi au département de l'intérieur dans le nouvel établissement. Toutes les jeunes abeilles ne quittent pas non plus la première ruche. Les vieilles qui veulent y rester gagnent une partie de la jeunesse et la détournent du parti de l'émigration, espérant qu'elle se livrera aux courses et aux fatigues dont elles ont perdu l'habitude et que l'âge ne permet plus.

tantôt enfin formant une demi-sphère, suivant l'emplacement qu'elles ont choisi.

Rentrée de l'Essaim.

La reine ne sort pas la première ; ce n'est qu'après le départ d'un grand nombre d'ouvrières qu'on la voit paroître. Elle semble entraînée par le torrent d'abeilles qui s'écoule de l'habitation ; quelquefois sa foiblesse ne lui permet pas de se rendre au point de ralliement que plusieurs abeilles semblent indiquer ; elle se pose sur un arbrisseau ou même sur l'herbe, et ses fidèles sujettes ne tardent pas à l'y joindre.

Il arrive que, par suite de foiblesse ou par quelque autre raison, elle abandonne le groupe et retourne à son ancienne demeure (1). Les abeilles s'en aperçoivent bientôt ; et, après l'avoir cherchée dans les environs, elles prennent également le parti de s'y rendre ; mais si le temps est beau et chaud, l'essaimage n'est que différé ; les abeilles repartent le len-

---

(1) *Sæpè sibi non visa satis comitata, vel imbrem*
Præmetuens, redit ad patrios regina penates,
Delectus factura novos : plebs omnis euntem
Subsequitur : veteres noctem non ampliùs unam
Hospitio indulgent ; nisi longior ingruat imber.

Si la journée ne convient pas à l'émigration, si la reine émigrante ne trouve pas assez de monde à sa suite, l'essaim sorti rentre dans ses foyers. On l'y admet quoiqu'avec répugnance, mais de force ou de gré il faudra que la princesse ambitieuse, les époux infidèles, les sujets suspects, ne tardent pas à quitter absolument une patrie qu'ils avoient témérairement abdiquée, à moins qu'un temps pluvieux et orageux ne s'oppose à leur prompte sortie.

demain ou le surlendemain, ou même dans la journée, quoique plus rarement.

Si au moment du départ un fort nuage vient intercepter les rayons du soleil, ou si un vent un peu fort s'élève et souffle sur les ruches, l'agitation des abeilles cesse, quoiqu'elle fût portée à son comble et que la chaleur intérieure fût aussi forte qu'elle peut l'être : l'ordre se rétablit et l'essaim ne part pas; mais dès que le vent est tombé ou que le nuage est passé, l'agitation recommence.

La chaleur force une partie des Abeilles à passer la nuit hors de la Ruche.

Lorsque la population est très-considérable, la chaleur, produite par l'agitation des abeilles avant l'essaimage, les incommode tellement, qu'elle détermine une partie des ouvrières à passer la nuit en dehors de l'habitation; elles se groupent à l'entrée. Le lendemain on voit quelques ouvrières qui reviennent des champs avec leur charge. Elles la conservent; et, au lieu d'entrer dans l'habitation, elles se joignent au groupe. C'est un indice de l'essaimage dans la journée, à moins que des nuages, du vent ou de la pluie n'y mettent obstacle. C'est aussi la preuve que la mère-abeille est fécondée et est en état de pondre en entrant dans la nouvelle habitation; autrement leur charge de pollen leur seroit inutile : aussi ne voit-on pas des ouvrières chargées de pollen dans les seconds essaims.

L'Agitation de la Reine et la chaleur ne sont pas les seules causes de l'Essaimage.

Cette conduite des abeilles, en confirmant le soupçon de *Huber*, prouve cependant que la haine de la reine pour les jeunes femelles et la chaleur de la ruche ne sont pas les seules causes de l'émigration, puisque les abeilles s'y préparent au moins trois jours d'avance, emportent des provisions avec elles, et que, pendant cet intervalle, plusieurs abeilles vont à la découverte d'un nouveau logement propre à recevoir l'essaim.

En effet, si la chaleur augmentée par l'agitation déterminoit seule le départ de l'essaim, comment se feroit-il que les abeilles, s'échappant de leur demeure par un mouvement qu'elles n'ont pas prévu, et seulement pour éviter une trop grande chaleur, fussent approvisionnées comme elles le sont toujours au moment du départ? comment auroient-elles des guides pour les diriger dans leurs courses? comment se pourroit-il qu'un nuage, qui n'a pas diminué la chaleur de l'habitation, et l'air ambiant, pussent arrêter la sortie de l'essaim et rétablir la tranquillité dans la famille au moment où l'agitation et la chaleur sont au plus haut degré? Certes, si la chaleur produite par l'agitation des abeilles étoit la cause principale de la sortie de l'essaim, une cause aussi légère que celle d'un nuage qui couvre le soleil quelques minutes ne mettroit aucun obstacle au départ de l'essaim, et il ne seroit pas approvisionné à sa sortie.

La grande population est une des principales causes de l'Essaimage.

Il paroît certain qu'une des autres causes de l'essaimage est la grande population eu égard au logement. L'expérience a au moins prouvé que les abeilles, placées par les cultivateurs dans des boîtes ou paniers nommés ruches, essaimoient plus dans les petites que dans les grandes, et qu'elles ne construisoient d'alvéoles royaux pour se procurer des reines que lorsqu'il y avoit un grand accroissement de population.

Ce sont les seules connoissances que nous ayons sur le premier essaimage. Les autres motifs dérivent sans doute de la constitution de ces insectes et de l'instinct que leur a donné la Suprême intelligence; instinct qui les porte à agir comme si les raisonnemens les plus suivis avoient dirigé leur conduite.

Départ de l'Essaim pour l'habitation qu'il a choisie.

L'essaim, après être resté quelque temps au point de ralliement, s'élève une seconde fois dans l'air; mais alors les abeilles, au lieu de se tenir éparses, se serrent et s'élancent d'un vol rapide vers l'endroit où leurs guides les dirigent, en produisant un sifflement très-aigu. Laissons-les continuer leur voyage vers le lieu qu'elles ont choisi pour leur retraite, et retournons à l'habitation d'où elles sont parties.

La tranquillité y est déjà rétablie et les travaux y sont en pleine activité. Le vide qui résulte de l'essaimage dans l'habitation n'est pas préjudiciable pour le couvain, à raison du grand nombre de mâles qui s'y trouve et qui y conserve la chaleur nécessaire.

Le départ de la mère-abeille avec l'essaim laisse vacante la place principale que les ouvrières s'empressent de remplir en donnant la liberté à la plus âgée des reines qu'elles tiennent prisonnières.

L'ancienne Reine part avec le premier Essaim.

Plusieurs naturalistes ont avancé que c'étoit la jeune reine qui partoit; mais des expériences positives ont prouvé le contraire. Après plusieurs essais infructueux pour s'en assurer, on s'est décidé à couper les deux antennes à l'ancienne mère. Cette expérience n'a pas réussi, parce qu'ayant perdu les deux principaux sièges du tact, elle ne pouvoit se diriger dans son habitation et encore moins conduire une colonie. On s'est ensuite borné à en couper une, et on a vu à deux reprises différentes la même mère conduire un essaim.

Les abeilles chargées de pollen donnent lieu de croire que la reine qui part est féconde. Sans cela, leur instinct ne les détermineroit pas à s'en charger; mais il ne peut y avoir à-la-fois qu'une seule reine féconde dans la famille, puisque deux reines libres s'attaquent dès qu'elles s'aperçoivent, et que l'une périt toujours dans le combat. Il résulte de la conduite des abeilles que c'est la vieille reine qui part.

La Reine pond beaucoup d'OEufs de Mâles quand elle n'est fécondée qu'entre le seizième et le vingt-deuxième jour.

Un fait d'un autre genre m'a procuré une autre preuve. J'avois un de ces essaims tels qu'on en voit dans ce département, quand la saison, au moment où les jeunes reines sortent des alvéoles et peuvent être fécondées, a été mauvaise l'année précédente et l'accouplement retardé, où, dès la mi-mars, il y a avoit un nombre considérable de mâles et beaucoup de couvain de cette espèce: cette ruche donna un autre essaim, quoique je n'y comptasse nullement. Alors l'ordre naturel s'y rétablit; la nouvelle ponte ne fut que d'œufs d'ouvrières, pendant que trois semaines après l'établissement du nouvel essaim il y avoit déjà du couvain de mâles, malgré que la population ne fût pas nombreuse et n'annonçât pas la sortie d'un essaim. Je ne pus suivre cette expérience, parce que soit que la mère vînt à mourir et fût remplacée par une autre, soit qu'elle ne pondît à l'avenir que des œufs d'ouvrières; quand j'examinai de nouveau les rayons, je n'y trouvai plus que du couvain d'ouvrières; les mâles avoient été tués et leur couvain jeté dehors.

Des cultivateurs qui ont eu de ces essaims, qu'ils nomment essaims de couveuses, parce qu'ils y voient de très-bonne heure un grand nombre de mâles auxquels ils donnent ce nom, m'ont tous assuré que la même chose arrivoit après l'essaimage dans ces ruches, mais qu'ils les perdoient toujours quand elles n'essaimoient pas.

Cette observation, suivie de quelques expériences qui me sont propres, tend, 1°. à confirmer la vérité que *Huber* a le premier démontrée de la sortie de l'ancienne mère avec le premier essaim; 2°. à prouver que, lorsque la ponte est retardée de plus de seize jours et de moins de vingt-un, la mère peut encore pondre des œufs de femelles, mais en quantité au plus égale avec celle des œufs de mâles.

Nécessité du départ de l'ancienne Reine avec le premier Essaim.

Un raisonnement de *Huber* tend à démontrer également que la vieille mère-abeille doit partir pour la conservation de l'espèce entière. En effet l'antipathie qui règne entre les mères est telle, comme je l'ai déjà observé, qu'elles ne se rencontrent jamais sans se combattre. Si l'ancienne reine ne partoit pas avec le premier essaim, il n'y auroit jamais d'essaims, parce que l'ancienne mère, ne trouvant aucun obstacle de la part des ouvrières pour attaquer les jeunes reines jusque dans les alvéoles, les détruiroit toutes, à raison de la supériorité de ses forces et de son avantage en combattant des rivales dans leurs prisons; ce qui arrive lorsque le mauvais temps s'oppose à l'essaimage. Il étoit donc nécessaire qu'elle partît avec le premier essaim. C'est donc une jeune reine qui, après l'essaimage, devient le chef de l'ancienne habitation.

§. XI. *Essaims secondaires.*

L'autorité de cette reine est fort bornée les premiers jours. Les ouvrières lui marquent beaucoup d'indifférence, et lorsqu'elle veut attaquer les jeunes reines retenues dans les alvéoles royaux, elle est repoussée par les ouvrières, qui y font une garde exacte. Cette indifférence dure jusqu'à ce qu'elle soit fécondée.

Si cette reine a rencontré des alvéoles royaux contenant des jeunes reines, ou si leur chant lui a fait connoître qu'il en existe, son désir de les détruire l'occupe entièrement, et les mouvemens qu'elle se donne à cet effet ne lui permettent pas de quitter la ruche pendant cinq à dix jours pour se faire féconder. Alors il y a lieu à un autre essaim, qui peut être suivi d'un troisième et même d'un quatrième. L'agitation de la reine, une grande quantité de couvain, un temps abondant en miel et en pollen, et d'autres causes qui nous sont encore inconnues, déterminent la sortie des ouvrières. Mais si la reine, au moment du départ du premier essaim, est sortie et a été fécondée, il n'y a plus lieu à un essaim, parce qu'elle entre alors dans tous ses droits et peut attaquer et faire périr toutes les jeunes reines de la ruche dans leurs alvéoles. C'est ce qui a encore lieu quand, après la sortie du premier essaim, les ouvrières restées dans l'habitation sont en trop petit nombre pour faire une garde bien exacte autour des alvéoles royaux, ou qu'à raison de ce petit nombre elles jugent l'impossibilité d'une seconde émigration et abandonnent la garde des alvéoles royaux; les jeunes reines alors en sortent, et, après plusieurs combats, toutes sont tuées et il n'en reste plus qu'une (1).

Intervalle entre les Essaims.

Ces différences font que des ruches s'épuisent en essaims, pendant que d'autres plus peuplées n'en donnent qu'un.

Le deuxième essaim ne part que cinq à dix jours après le premier. Il y a moins d'intervalle entre le deuxième et le troisième, et ce dernier et le quatrième. On conçoit que ces essaims ne peuvent pas tous être également nombreux, puisque la population de la ruche va toujours en décroissant par ces émigrations; aussi le premier essaim est-il le plus fort et le quatrième le plus foible. Le premier peut peser 2 kilogrammes $\frac{1}{2}$ à 3 (5 à 6 livres), et souvent le poids du dernier n'est pas d'un demi-kilogramme. Comme il faut plus de cinq mille mouches pour peser une livre, le poids de l'essaim indiqueroit le nombre des abeilles, si elles n'étoient pas chargées.

---

(1) Il y a une singularité remarquable dans les combats que les reines se livrent, c'est que si, au moment qu'elles s'attaquent, elles s'accrochent toutes les deux pardevant, en s'élevant sur leurs pattes de derrière, elles se séparent de suite; au lieu que si l'une peut saisir l'autre par la racine de l'aile, ou lui monter sur le dos, elle ne lâche prise qu'après l'avoir tuée. Il leur seroit cependant facile de s'enfoncer leurs aiguillons dans la première position, et elles pourroient se blesser mutuellement; mais c'est ce que la nature a voulu éviter pour la conservation des abeilles qui, ayant perdu les deux reines, périroient promptement.

Motif du retour des seconds Essaims.

Quelquefois les seconds essaims abandonnent leur nouvelle habitation et retournent au lieu d'où ils étoient partis. Dans l'état naturel, je n'y vois qu'une cause : la reine, n'étant point fécondée au moment du départ, sort le lendemain et peut-être le même jour, si l'essaim est parti de bonne heure. Elle peut devenir la proie d'un ennemi ; ce qui force l'essaim de se réunir aux abeilles qui sont restées dans l'ancien logement. S'il n'y a que vingt-quatre heures de distance, on le reçoit ; mais s'il s'écoule plusieurs jours, on lui refuse l'entrée, on en tue un grand nombre et le reste périt. La nature, pour rendre ce malheur plus rare, a donné aux mères-abeilles l'instinct de s'élever à une grande hauteur quand elles se font couvrir par le mâle. Elles y courent moins de dangers et n'ont à craindre que l'hirondelle.

Chant de la Reine, indice de la sortie du second Essaim.

On a remarqué que si, le soir ou le lendemain matin de la sortie d'un premier essaim, on entendoit un chant clair, suivi d'un autre qui l'étoit moins, c'étoit un indice de la sortie d'un second essaim. Ce chant, qui a du rapport avec celui du grillon, ne serviroit-il pas à faire connoître à la jeune reine l'existence d'une rivale, et son aversion pour elle ne la détermineroit-elle pas à ne s'occuper que des moyens de la détruire, jusqu'au moment où, sentant l'impossibilité de réussir, elle se détermineroit à quitter l'habitation ?

Plusieurs Mères dans les second et troisième Essaims.

Les second et troisième essaims présentent une particularité qui n'a jamais lieu dans le premier. On y trouve fréquemment deux mères-abeilles, quelquefois trois et même, quoique rarement, jusqu'à quatre. Il paroît qu'au moment de l'agitation qui précède le départ, les ouvrières qui retenoient ces jeunes reines dans les alvéoles abandonnent leur poste, soit pour se réunir aux émigrantes, soit qu'elles jugent cette garde dorénavant inutile. Cette considération me paroît d'autant plus fondée, que je n'ai jamais vu sortir de nouveaux essaims d'une ruche, quand j'avois trouvé plusieurs reines dans le second essaim.

Essaim divisé en deux parties.

Quel que soit le motif de rendre la liberté à ces jeunes mères, elles en profitent pour suivre l'essaim qui, n'ayant pas plus d'affection pour l'une que pour l'autre, attendu qu'il n'y en a aucune fécondée, se réunit autour d'elles dans les lieux où elles se sont arrêtées, et forme souvent deux ou trois groupes; mais la foiblesse de ces groupes détermine les ouvrières ou à se réunir pour n'en former qu'un seul, ou à retourner à la ruche mère. Dans ces deux cas, les jeunes reines les suivent; mais elles se combattent bientôt et il n'en reste plus qu'une.

Habitation contenant deux Familles.

Cependant il arrive quelquefois que deux reines, placées chacune au milieu d'un groupe, entrent et se placent dans une ruche sans se voir et se combattre. Alors chaque groupe travaille séparément dans l'habitation, et les deux reines sont conservées jusqu'à ce que les travaux des deux groupes étant rapprochés, il y ait des points de contact où les deux reines aient occasion de se rencontrer et de se combattre (1).

On distingue ordinairement ces essaims à la manière dont ils disposent les rayons; ceux d'un groupe forment l'angle droit avec ceux de l'autre.

---

(1) *Si piget incœpti reduces; nec spontè relinquunt*
Orto sole domos; vi protruduntur et armis.
Si steterint illæ contra; paribusque resistant
Viribus; et veteres neque possint pellere turmas,
Nec tectis abigi; quos agmina neutra duello
Evicere lares, simul utraque partibus æquis
Auspiciisque colunt communibus : alta domorum
Pars habitat, pars ima tenet; sed nulla laboris,
Nulla duas inter vitæ commercia gentes.

Malheur si l'essaim réfractaire oppose la force à la force, et s'il parvient à s'établir à demeure dans la ruche, malgré les habitans qui ne l'ont jamais désertée. Malheur encore, si un essaim formé et qui pourroit émigrer ne quitte cependant pas la ruche, et s'établit dans sa partie inférieure. Alors la même enceinte renfermera deux corps de peuple, les reines, les bourdons, les ouvrières et les enfans, qui n'auront rien de commun.

Pour rendre le discord plus sensible, les bâtimens de l'un ne communiqueront point avec ceux de l'autre; les constructions se feront en sens contraire.

§. XII. *Continuation de la Ponte.*

La nouvelle reine une fois fécondée commence sa ponte qui dure pendant le reste de la belle saison, pendant que l'ancienne mère qui a suivi l'essaim continue la sienne. Cette ponte est dans le département de Seine-et Oise presque toujours d'œufs d'ouvrières, au moins on le suppose, soit que la reine ne ponde effectivement que ces œufs, soit que les abeilles, prévoyant l'impossibilité d'un nouvel essaim avant l'hiver, détruisent les œufs de mâles à mesure que la reine en dépose dans les alvéoles ; ce qu'on peut soupçonner, puisqu'on a la preuve que, lorsque la reine laisse échapper ses œufs qui tombent sur le plateau ou qu'elle en pond plusieurs dans le même alvéole, les abeilles les dévorent. Cependant il arrive quelquefois, si l'année est favorable, qu'un nouvel essaim en fournit un autre un mois après, et qu'on trouve du couvain de mâles dans plusieurs ruches ; mais si, pendant la ponte des mâles, le temps vient à changer et ne promet pas une succession d'abondantes récoltes, les ouvrières qui avoient commencé des alvéoles royaux, ce qu'elles sont dans l'usage de faire pendant la ponte des mâles, détruisent ces ouvrages ébauchés ou au moins ne les terminent pas, et jettent dehors le couvain des mâles.

Mais il n'en est pas de même dans les cantons plus favorisés de la nature pour la chaleur et sur-tout pour la nourriture ; la fécondité de la reine est prodigieuse. La ponte des œufs d'ouvrières et de mâles s'y succède avec rapidité. Il faut en avoir la preuve pour y croire.

M. *Bosc* m'a raconté qu'étant consul à la Caroline, et se promenant le matin dans le bois dépendant de sa maison, y trouva un essaim que les nègres venoient de dépouiller de son miel et de sa cire. Il parvint à le faire entrer dans son chapeau et le mit dans une ruche (1). A la fin de l'automne il en avoit eu onze essaims, et ces onze essaims lui en avoient fourni l'un dans l'autre le même nombre, de sorte qu'il en avoit vingt-deux à la fin de l'année, quoiqu'il en eût perdu plusieurs faute de ruches.

On prétend que leur multiplication à l'île de Cuba est au moins aussi considérable; elle y est telle que, quoique les abeilles n'y soient pas fort anciennes (2), il y périt tous les ans des milliers d'essaims qui ne

---

(1) Cet estimable savant naturaliste manie les abeilles avec une facilité peu commune et beaucoup de hardiesse. Je lui ai vu faire des essaims forcés sans masque ni gants. Il faut que son odeur leur plaise, puisque je ne l'ai vu piqué que dans les temps orageux.

(2) M. *Michaux* fils, le botaniste, qui a voyagé dernièrement à la Floride, m'a dit tenir des habitans que les abeilles y étoient autrefois multipliées; mais qu'ils lui avoient assuré qu'une année elles avoient presque toutes émigré pour se rendre dans l'île de Cuba, qui est à 25 lieues. Comme cette île est couverte d'orangers et de citronniers, il faut que les émanations de leurs fleurs aient été portées jusqu'à la Floride pour attirer ces abeilles, ce qui prouve que leur odorat est bien délicat. Elles vont, dans l'Archipel grec, d'une île à une autre.

trouvent pas de lieu propre à s'y fixer; mais nous ne sommes pas aussi favorisés de la nature.

Si *Huber*, recommandable par ses travaux sur les abeilles, avoit connu ces faits, il n'auroit pas avancé, dans sa lettre du 21 août 1791, que la reine pond des œufs d'abeilles ouvrières pendant onze mois de suite, et que ce n'est qu'au bout de onze mois qu'elle commence à faire une ponte considérable, et suivie d'œufs de faux-bourdons. D'autres auteurs n'auroient pas répété cette erreur qui leur étoit si facile de reconnoître, puisqu'ils avoient sous les yeux des essaims qui en avoient produit d'autres un mois après leur sortie de la mère ruche, et où la mère-abeille avoit conséquemment pondu des œufs d'ouvrières et de mâles; car il est à remarquer qu'il n'y a lieu à la formation et à la sortie d'un essaim que lorsque les ouvrières ont élevé de jeunes reines, et qu'elles ne travaillent à la construction des alvéoles royaux que pendant la ponte des œufs de mâles. Il n'y a qu'une exception à cette règle : c'est lorsque l'essaim a perdu sa reine et veut s'en procurer une autre avec du couvain d'ouvrières.

Il est vrai que *Huber* distingue la grande ponte des mâles, et que ce n'est que de cette ponte qui a lieu au printemps en Suisse qu'il parle, lorsqu'il fixe onze mois entre la fin d'une ponte de mâles et le commencement d'une autre. Il reconnoît qu'il peut y avoir dans ces intervalles de temps de petites pontes de mâles; mais l'expérience prouve, même dans les positions médiocres, que ce temps varie suivant la température, et sur-tout l'abondance de nourriture. Tantôt un essaim parti à la fin de juin donne un essaim à la mi-mai de l'année suivante, ce qui ne donne que dix mois d'intervalle; tantôt un essaim parti à la mi-mai n'en fournit un autre qu'à la fin de juin, et quelquefois n'en fournit pas du tout.

Si je m'attache quelquefois à combattre quelques opinions des savans les plus estimables, on m'excusera en faveur du motif. Je suis persuadé que les erreurs des hommes d'un grand talent, et qui ont rendu de grands services en découvrant des vérités utiles, sont les seules dangereuses, parce que l'opinion et le respect qu'on leur porte ne permettent pas à tout le monde d'examiner ce qu'ils ont avancé. Qu'on commente donc les chefs-d'œuvre de *Corneille*, de *Racine*, de *Voltaire*; qu'on combatte les opinions erronées des *Buffon*, des *Lacépède*, des *Cuvier*, des *Réaumur*, etc., et autres génies de cette trempe, on rendra service à la science et à la langue françoise. Quant aux ouvrages qu'on voit paroître et mourir dans le même moment, il devient fort inutile de remuer leurs cendres.

§. XIII. *Suite des Travaux.*

La saison des essaims passée à des époques plus ou moins avancées, suivant la température et l'abondance de nourriture, les abeilles travaillent à réparer la diminution de population résultant de l'essaimage et leurs pertes journalières; elles ont encore à ramasser les provisions nécessaires pour la saison où la terre ne leur fournira rien (1).

Pertes journalières d'Ouvrières, durée de leur vie.

Les pertes journalières d'ouvrières sont plus considérables qu'on ne le supposeroit au premier coup-

---

(1) *Solæ communes natos, consortia tecta*
Urbis habent, magnisque agitant sub legibus ævum,
Et patriam solæ, et certos novêre penates:
Venturæque hiemis memores, æstate laborem
Experiuntur, et in medium quæsita reponunt.
Namque aliæ victu invigilant, et fœdere pacto
Exercentur agris: pars intra septa domorum
Narcissi lacrymam, et lentum de cortice gluten,
Prima favis ponunt fundamina; deinde tenaces
Suspendunt ceras: aliæ spem gentis adultos
Educunt fœtus: aliæ purissima mella
Stipant, et liquido distendunt nectare cellas.
Sunt quibus ad portas cecidit custodia sorti,
Inque vicem speculantur aquas, et nubila cœli;
Aut onera accipiunt venientum, aut agmine facto
Ignavum fucos pecus à præsepibus arcent.
Fervet opus, redolentque thymo fragrantia mella.

. . . .

Non aliter (si parva licet componere magnis)
Cecropias innatus apes amor urget habendi,
Munere quamque suo: grandævis oppida curæ,
Et munire favos dædala fingere tecta,
At fessæ multâ referunt se nocte minores,
Crura thymo plenæ: pascuntur et arbuta passim;
Et glaucas salices, casiamque, crocumque rubentem,
Et pinguem tiliam, et ferrugineos hyacinthos.

d'œil. Elles sont telles, que tous les calculs prouvent qu'une famille se renouvelle à-peu-près chaque année. Ce calcul ne paroît pas exagéré, quand on réfléchit que les abeilles sont la proie de plusieurs qua-

---

Omnibus una quies operum, labor omnibus unus.
Manè ruunt portis, nusquam mora : rursùs eadem
Vesper ubi è pastu tandem decedere campis
Admonuit, tum tecta petunt, tum corpora curant.
Fit sonitus, mussantque oras et limina circum.
Post, ubi jam thalamis se composuere, siletur
In noctem, fessosque sopor suus occupat artus.
Chez elle les sujets unissent leurs fortunes;
Les enfans sont communs, les richesses communes :
Elle bâtit des murs, obéit à des lois,
Et prévoit aux temps chauds, les besoins des temps froids.
L'une s'en va des fleurs dépouiller le calice;
L'autre d'un suc brillant et des pleurs du narcisse
Pétrit les fondemens de ses murs réguliers,
Et d'un rempart de cire entoure ses foyers :
L'autre forme un miel pur d'une essence choisie,
Et comble ses celliers de sa douce ambroisie :
L'autre élève à l'état des enfans précieux;
Celles-ci, tour-à-tour, vont observer les cieux;
Plusieurs font sentinelle et veillent à la porte;
Plusieurs vont recevoir les fardeaux qu'on apporte;
D'autres livrent la guerre au frelon dévorant.
Tout s'empresse, par-tout coule un miel odorant.

. . . .

Tels aux petits objets si les grands se comparent,
En des corps différens les essaims se séparent.
La vieillesse d'abord préside aux bâtimens,
Dessine des remparts les longs compartimens;
La jeunesse des murs abandonnant l'enceinte,

drupèdes, d'oiseaux et même d'insectes, et qu'il en doit périr quelques-unes de mort naturelle; beaucoup d'autres sont surprises par des orages et des pluies froides; plusieurs usent leurs ailes; et, après être parties pour butiner et s'être chargées de miel ou de pollen, ne peuvent retourner à la ruche et sont victimes de leur dévouement; d'autres, trompées à la fin de l'automne, dans le cours de l'hiver, et à l'entrée du printemps par un soleil sans nuage, sortent pour chercher des provisions : saisies par le froid, elles ne trouvent que la mort; enfin les ouvrières qui se trompent de logement et veulent entrer dans un autre sont attaquées et souvent tuées par les abeilles de cette ruche.

De toutes celles qu'on a marquées au commencement d'une année, aucune n'existoit l'année suivante. Il paroît donc que leur existence est bornée à un an (1).

Fécondité de la Reine.

La fécondité de la mère répare ces pertes et tend

Sur le safran vermeil, sur le sombre hyacinthe,
Sur les tilleuls fleuris enlève son butin,
Moissonne la lavande et dépouille le thym,
On les voit s'occuper, se délasser ensemble.
L'aurore luit, tout part; la nuit vient, tout s'assemble:
L'espoir d'un doux repos les invite au retour :
On s'empresse à la porte, on bourdonne à l'entour :
Dans son alcove enfin chacune se cantonne;
Plus de bruit, tout ce peuple au sommeil s'abandonne.

(1) *Ergo ipsas quamvis angusti terminus ævi*
Excipiat (neque enim plus septima ducitur æstas),
At genus immortale manet, multosque per annos

non seulement à maintenir l'état de population de la famille, mais encore à fournir un excédant pour les essaims. Une mère-abeille peut pondre dans les environs de Paris de trente à soixante mille œufs. Cette grande différence tient à la constitution de la mère, à une température plus favorable et à une plus grande abondance de nourriture. Elle varie, suivant les lieux, à un tel point, qu'à la Caroline et à l'île de Cuba il faut que la ponte soit au moins triple de celle des environs de Paris pour fournir à un nombre si considérable d'essaims.

Proportion des Habitations plus ou moins favorables à l'Essaimage.

Les essaims sont aussi plus ou moins nombreux, suivant les dimensions de l'habitation où les abeilles se sont logées, en supposant la fécondité égale.

Que des abeilles se placent dans un tronc d'arbre qui peut en contenir soixante mille, pendant que

---

Stat fortuna domûs, et avi numerantur avorum.
Sæpè etiam duris errando in cotibus alas
Attrivêre, ultroque animam sub fasce dedêre,
Tantus amor florum, et generandi gloria mellis!

Aussi, quoique le sort avare de ses jours,
Au septième printemps en termine le cours,
Sa race est immortelle, et sous de nouveaux maîtres
D'innombrables enfans remplacent leurs ancêtres.
Plus d'une fois aussi sur des cailloux tranchans
Elle brise son aile en parcourant les champs,
Et meurt sous son fardeau, volontaire victime,
Tant du miel et des fleurs le noble amour l'anime!

d'autres choisiront un trou à peine suffisant pour trente mille, il est certain qu'il y aura un excédant d'abeilles dans ce dernier logement avant que le premier soit rempli. Si on admet que la fécondité des mères-abeilles sera assez grande pour pondre dans les deux logemens soixante mille œufs, toutes les abeilles étant censées périr dans l'année, la reine n'aura fait que remplacer les pertes dans le grand logement, pendant qu'il y aura un excédant de trente mille dans le petit. Ces trente mille seront forcées de s'émigrer et de s'établir ailleurs. Si on voit quelques exceptions à cette marche de la nature, elles tiennent à des circonstances particulières dont je vais indiquer quelques-unes.

Il se trouve quelquefois deux familles dans le même logement, comme je l'ai expliqué en parlant des seconds essaims; alors l'espace est divisé en deux parties, et quoiqu'assez grand pour contenir soixante à soixante-dix mille abeilles, il y aura lieu à l'essaimage, parce que les deux reines auront porté la population à cent vingt mille.

Il arrive aussi que les abeilles, ne trouvant pas un lieu proportionné à leur nombre, se placent dans un espace très-grand. Malgré la grande population et la fécondité extraordinaire de la mère, les abeilles n'essaiment pas aussi promptement qu'on auroit lieu de l'attendre, parce qu'elles étendent leurs travaux dans l'emplacement, que les nouvelles familles s'établissent auprès de la première, et qu'il n'y a d'excédant de population que lorsque ces familles se sont assez multipliées, soit pour remplir l'espace, soit pour en resserrer quelques-unes et les empêcher de s'étendre davantage. Alors il peut en sortir de nombreux essaims, mais on doit considérer que l'espace n'est pas rempli par une seule famille, mais par une réunion de famille.

Ajoutez à ces causes une reine plus féconde, de plus grands approvisionnemens qui la mettent à même de commencer plus tôt sa ponte et ne l'exposent pas à manquer de vivres au printemps ou dans l'été, etc., et on se fera une idée des motifs de ces exceptions.

Durée de la Vie des Reines.

Si on a pu calculer l'existence des ouvrières, il n'en est pas de même des mères-abeilles. N'ayant d'autres dangers à courir au-dehors que pendant le moment où elles sortent pour se faire féconder, parce que dans le temps de l'essaimage elles sont tellement environnées qu'elles sont en sûreté, elles doivent parcourir assez communément l'espace de temps que la nature a marqué pour leur existence. Le moment de leur mort doit être celui où elles ne peuvent plus remplir leur destinée, qui est la multiplication de leur espèce. Comme le sort de la famille dépend de leur existence, on pourroit supposer qu'elles succombent pendant la ponte des ouvrières, ce qui mettroit les abeilles à même de les remplacer.

On a vu la même reine conduire un essaim deux années de suite. Mais l'expérience n'ayant pas été suivie, d'ailleurs plusieurs expériences étant nécessaires pour avoir des données sûres, on ne peut rien affirmer sur la durée de leur vie, que les anciens supposoient être de sept ans.

Durée de la Vie des Mâles.

Quant aux mâles on sait qu'ils ne vivent pas en général plus de trois mois; mais leur mort n'est jamais naturelle. Ils périssent ou des suites de l'accouplement, ou de faim, ou par l'aiguillon des ouvrières. L'époque où l'instinct des ouvrières leur fait prévoir qu'il n'y aura plus lieu à l'essaimage, et qu'elles sont en nombre suffisant pour échauffer le couvain, est celle de leur destruction. C'est alors une scène de carnage difficile à rendre. On voit ces malheureux, ou confinés au bas de la ruche sans qu'on leur permette de monter sur les rayons pour y prendre la nourriture nécessaire à leur existence, ou poursuivis avec un acharnement tel que, quoique leur force soit triple de celle des ouvrières, quoiqu'ils en traînent deux ou trois sur le plateau et qu'ils s'envolent avec elles, ils ne peuvent éviter les coups mortels de leurs redoutables aiguillons, et ils tombent promptement par la force du poison dont la plaie est envenimée. Ce massacre a lieu dans le temps dont nous parlons, c'est-à-dire un mois environ après la sortie des essaims, époque où la grande chaleur et l'augmentation des ouvrières rendent inutiles les services des mâles pour faire éclore le couvain. L'acharnement des ouvrières est tel qu'après avoir détruit les mâles, elles vont arracher des alvéoles les nymphes de ces malheureux qui ne sont pas entièrement développées. Souvent à cette époque un temps favorable à la récolte donne aux abeilles l'espoir de former une nouvelle colonie. La reine fait une ponte d'œufs de mâles; mais si le temps vient à changer et détruit cet espoir, les ouvrières tuent les vers et les nymphes des mâles, et les entraînent hors la ruche (1).

Effet de la chaleur sur les Abeilles et la Cire.

La chaleur est quelquefois assez forte dans ce temps

---

(1) *Certum est apibus fucos interfici.*

PLIN. lib. II, c. 17.

Il est certain que les mâles sont massacrés par les abeilles.

Extinctos reparat fucos ver ova recludens,
Integraquæ nidis hiemem mansêre per omnem :
Quanquam adeò exosum genus est, ut sæpè tenellam
Progeniem et clausos intra cunabula fucos
Aggrediantur apes et acerbo funere mergant.
Non errant in cæde truci : cunabula fucos
Majores majora fovent ; parituraque mater
Ova suis æquo ponit discrimine nidis.
Hos foribus subeunt fractis, formataque nondum
Membra trahunt cellis, et humi morientia fundunt.

Les alvéoles recèlent assez de germes de bourdons pour renouveler l'espèce au printemps suivant. En effet, il n'y en a souvent que trop; alors même les abeilles détruisent l'excédant et vont chercher l'enfant jusque dans son berceau. Elles brisent le couvercle des alvéoles qui contiennent des œufs, des vers ou des nymphes, les en arrachent et les jettent à la voirie. Ne craignez pas qu'elles se trompent sur le choix des victimes; elles y ont pourvu. Les alvéoles des bourdons ont des dimensions plus grandes que celles des autres abeilles; et, chose admirable! les alvéoles des reines sont des palais en comparaison des autres.

pour forcer une partie des abeilles à sortir de leurs ruches et à coucher dehors. Il est arrivé, quoique rarement, que des coups de soleil ont fondu la cire et forcé l'essaim à abandonner le logement. Mais les abeilles sont très-peu exposées à ces évènemens dans l'état de nature, parce que le feuillage des arbres, l'épaisseur de leurs troncs ou celle des rochers, les garantit des rayons directs du soleil.

§. XIV. *Approvisionnemens.*

Les abeilles, après la destruction des mâles qui consommoient leurs provisions, s'occupent de remplir leurs magasins de miel et même de pollen; s'il est encore abondant et que leurs petits ne puissent pas le consommer à mesure qu'elles l'apportent, comme cette matière est sujette à se gâter et qu'elle durcit à la longue au point de leur devenir par la suite inutile pour leur nourriture, très-gênante parce qu'elles ne peuvent la retirer des alvéoles, et même dangereuse en attirant des ennemis dans l'habitation, elles la recouvrent souvent de miel.

La récolte de ces provisions est alors plus longue qu'au printemps, parce que les fleurs sont plus rares et que la grande chaleur, en faisant évaporer le nectar des plantes, en diminue la quantité. Aussi les ouvrières sont-elles plus économes de leur miel : elles détruisent les bouches inutiles, tels que les mâles, et cessent de former des rayons, à moins que ceux existans ne soient pas assez considérables pour y placer leur récolte. Ce n'est que dans les cantons favorisés de la nature, plantés d'arbres dont la floraison est tardive, ou garnis de plantes, telles que le sarrazin et autres, qu'on peut les déterminer à travailler en cire.

Miellée.

Les fleurs de plusieurs espèces d'arbres leur fournissent pendant cette saison un supplément de nourriture, bien inférieure, il est vrai, en qualité à celle qu'elles tirent des fleurs. Comme la partie supérieure des feuilles est destinée par la nature à rejeter les portions de la sève inutiles à la nourriture des arbres, ces parties transsudées s'y accumulent souvent lorsque le vent est foible, et s'y condensent. Les feuilles en sont couvertes le matin, et plusieurs exhalent une odeur miellée qui attire les abeilles. A ces ressources, il faut ajouter celle des fruits que les oiseaux, les guêpes, les limaçons attaquent, et dont les abeilles profitent ensuite, ainsi que de ceux qui se fendent sur l'arbre ou s'écrasent en s'en détachant.

Causes qui nuisent à l'Approvisionnement des Abeilles.

Mais ces ressources ne sont pas toujours considérables; des vents froids et secs s'opposent à la transpiration, ou enlèvent la miellée à mesure qu'elle se forme, et ne laissent que les parties solides qui se collent contre les feuilles, nuisent à leur transpiration et deviennent en cet état inutiles aux abeilles. Des pluies prolongées ont-elles lieu à la fin de l'été ou au commencement de l'automne; elles rendent la sève plus aqueuse, lavent les feuilles et s'opposent à la sortie des ouvrières, qui consomment leurs provisions sans pouvoir les remplacer.

Les familles qui n'ont point essaimé, ou n'ont donné qu'un essaim ordinaire et de bonne heure, ne sont pas dans ce cas exposées à la famine. Les ouvrières ont eu du temps dans la belle saison pour remplir leurs magasins : elles ont fait périr de bonne heure les mâles ; enfin elles ont pu se rendre en grand nombre dans la campagne.

Mais celles qui ont donné plusieurs essaims n'ont pas les mêmes avantages. Les ouvrières n'y sont pas nombreuses, et sont cependant forcées à la même consommation pour nourrir le couvain et les mâles qu'elles ne peuvent détruire que lorsqu'elles sont assez multipliées. Les vivres se consomment à mesure qu'on les apporte, et on ne peut en réserver qu'une bien foible partie pour les besoins à venir. Si, dans une pareille position, la chaleur devient assez forte pour dessécher la terre et brûler les plantes, ou si des vents secs font évaporer toute la transsudation des arbres, ou encore, si des pluies prolongées délaient cette excrétion et la rendent inutile aux abeilles, les ouvrières de ces ruches ont bientôt usé leur foible approvisionnement et sont exposées à mourir de faim.

Dans cet état, elles font tout ce qui dépend d'elles pour se procurer des vivres ; et s'il y a d'autres abeilles dans le voisinage, la faim changeant leurs mœurs et les rendant injustes, elles cherchent à s'emparer par la force de leurs provisions, ou au moins à les partager.

§. XV. *Combats.*

On reconnoît facilement le temps où les vivres manquent à la campagne pour les abeilles, par la tranquillité des ouvrières des habitations bien garnies de vivres. Elles ne sortent pas, ou le font très-peu, quoique le beau temps semble les y inviter : mais elles se tiennent à l'entrée de l'habitation dont la garde paroît doublée.

Motifs des Combats. La Faim.

Celles que la faim provoque sortent en assez grand nombre, et attirées par le miel contenu dans les magasins de leurs voisines, elles rôdent autour au lieu de prendre leur vol vers la campagne. On les voit se poser à l'entrée, et si une des gardes s'avance, elles se retirent pour y revenir encore ou passer à d'autres. Elles semblent examiner le terrein, vérifier où la vigilance est la plus grande, et quels sont les essaims les plus foibles et conséquemment les moins capables d'opposer une grande résistance (1).

---

(1) *Sin autem ad pugnam exierint (nam sæpè duobus*
Regibus incessit magno discordia motu)
Continuòque animos vulgi, et trepidantia bello
Corda licet longè præsciscere ; namque morantes
Martius ille æris rauci canor increpat, et vox
Auditur, fractos sonitus imitata tubarum.
Tum trepidæ inter se coëunt, pennisque coruscant,
Spiculaque exacuunt rostris, aptantque lacertos,
Et circa regem, atque ipsa ad prætoria densæ

Enfin elles se décident à forcer l'entrée d'une des habitations, et c'est alors que le combat s'engage.

Miscentur, magnisque vocant clamoribus hostem.
Ergo ubi ver nactæ sudum camposque patentes,
Erumpunt portis, concurritur; æthere in alto
Fit sonitus; magnum mixtæ glomerantur in orbem,
Præcipitesque cadunt: non densior aëre grando,
Nec de concussâ tantùm pluit ilice glandis.
Ipsi per medias acies, insignibus alis,
Ingentes animos angusto in pectore versant:
Usque adeò obnixi non cedere, dum gravis aut hos,
Aut hos versa fugâ victor dare terga subegit.

Mais lorsqu'entre deux rois l'ardente ambition
Allume les flambeaux de la division,
Sans peine l'on prévoit leurs discordes naissantes;
Un bruit guerrier s'élève, et leurs voix menaçantes
Imitent du clairon les sons entrecoupés;
Les combattans épars déjà sont attroupés,
Déjà brûlent de vaincre ou de mourir fidèles:
Ils aiguisent leurs dards, ils agitent leurs ailes,
Et rangés près du roi défiant son rival,
Par des cris belliqueux demandent le signal.
Dans un beau jour d'été soudain la charge sonne:
Ils s'élancent du camp et le combat se donne:
L'air au loin retentit du choc des bataillons:
Le globe ailé s'agite et roule en tourbillons.
Précipité des cieux plus d'un héros succombe:
Ainsi pleuvent les glands, ainsi la grêle tombe.
A leur riche parure, à leurs brillans exploits,
Au fort de la mêlée on distingue les rois;
Ils pressent le soldat, ils échauffent sa rage,
Et dans un foible corps s'anime un grand courage.

Mox eadem bini velut intra mœnia longam
Non servant populi pacem; tectoque sub uno

Les assiégés mettent autant de courage à défendre leur bien que les assaillans à les en dépouiller ; elles

---

Vix consanguineos inter stat gratia fratres ;
Haud secùs aligerum studia in contraria scindit
Sese vulgus apum , factis ubi partibus ædes
Divisas habitant : privatæ publica rixæ
Bella trahunt ; sed ne cæco per opaca domorum
Marte truces ineant pugnas , cùm prælia bombo
Terribili cecinêre , foras pars utraque latos
Aëris in campos acies producit apertas.
Involitant hinc indè , mori vel vincere certæ ,
Et rabidas acuunt diris stridoribus iras.
Agmen agunt binæ pennis fulgentibus auro
Reginæ , mediisque volant in millibus : ingens
Turba duces cingit , neque miscet prælia , donec
Ancipitis suprema vocent discrimina belli.
Antè volat , Martemque ciens utrinque juventus
Effera prorumpit ; mox agmina tota sequuntur :
Immiscentur apes apibus ; vibrataque figunt
Spicula , et horrendum dant accipiuntque venenum ,
Lethifer inspirat fixæ quòd cuspidis ictus.
Mutua cognatæ passìm per vulnera turmæ
Civili pereunt acie : labuntur utrinque
Corpora læsa , nivis ritu , quæ nube solutâ
Decidit , hybernis aquilonibus acta per auras.
Nec dum iras animosa phalanx et prælia ponit :
Dum medio belli cum robore fœmina princeps
Conciderit ; grandi quæ stat victoria clade :
Agmina reginam promptis fortissima telis
Circumfusa tegunt ; et ad unam mille venitur
Funeribus : sed ubi semel occidit illa ; quiescunt
Arma recompositis animis ; nec longiùs ira
Procedit quàm Martis atrox furor : unus utrique
Terminus est ; et si posita formidine victæ

s'amoncellent à la porte pour en défendre le passage, se mettant plusieurs contre un seul ennemi,

---

Indecorique fugâ sparsæ victricibus ausint
Addere se comites, non exturbantur: eisdem
Fas dapibus tectisque simul communibus uti.

S'il est rare que deux nations habitent en paix le même canton, il est plus rare que l'union règne long-temps entre des frères vivant dans la propriété commune; il seroit inouï que, sous le même toit, deux sociétés d'abeilles revêches conservassent entre elles la bonne intelligence, et que chacune se contentât du terrein qu'elle y occupe. Des prétentions particulières occasionnent d'abord des querelles d'individus à individus, les voisins s'en mêlent, et prenant parti pour ou contre, les chefs intéressés à défendre leurs sujets respectifs interviennent; et la guerre ne tarde pas à s'allumer.

Ce n'est plus dans l'enceinte de la ville à l'ombre des murailles, ce n'est plus une contre une qu'on donne et qu'on reçoit la mort; c'est dans les plaines de l'air que deux peuples rivaux vont déployer toute l'étendue de leurs forces hostiles. Egalement décidés à vaincre ou à mourir, de l'un et de l'autre côté les guerriers aiguisent les dards, invoquent la rage et jurent la mort. Les deux reines aux ailes dorées, entourées d'une garde d'élite, commandent l'une et l'autre armée. Avec cet escadron roulant, elles parcourent dans leur vol les milliers de rangs de leurs innombrables sujets. La jeunesse effrénée marche en avant et fonce sur une jeunesse égale en force et non moins forcenée. Les corps d'armée suivent; l'air siffle au craquement des ailes qui se déchirent; la mêlée devient générale; elle est affreuse. La guerrière dont l'aiguillon pénètre l'ennemi est au même instant pénétrée par un aiguillon semblable. Le venin subtil accompagne le coup porté, le coup reçu; et la mort suit également l'un et l'autre. Prises corps à corps, les amies, les sœurs mourantes s'agitent encore, et roulent en décrivant des lignes obliques comme

et pendant qu'une ou deux ouvrières le retiennent par les pattes ou les ailes, d'autres lui montent sur le corps et le tuent à coups d'aiguillon. Pendant que les unes se réunissent en massse pour attaquer ou pour se défendre, d'autres se battent corps à corps comme nos anciens chevaliers. Couvertes de cuirasses, elles s'accrochent, se contournent le corps,

---

ces flocons de neige qui s'échappent du sein des nuages en hiver et que l'aquilon soulève, promène, pousse et précipite enfin.

Le combat n'est pas fini; le lit apparent du terrein, répondant à l'espace du ciel où il se livre, est jonché de corps morts : mais tout épouvantable que soit le carnage, il ne finira que par la mort de l'une ou de l'autre reine. Ah! qu'elle est difficile à obtenir! Que de sang va se répandre encore avant d'en venir là! La garde de la reine, phalange redoutable, uniquement chargée et responsable d'une tête si chère, ne prendra part à l'action qu'à toute extrémité, et lorsque l'issue du combat devenue trop douteuse nécessitera l'emploi des forces majeures.

Il arrive enfin ce moment terrible où les efforts redoublent, ici pour forcer les passages, là pour les défendre. Une phalange est enfin rompue, la reine est atteinte, elle est percée, elle roule dans l'air, elle tombe à terre et expire.

Avec elle expire aussi et le combat et l'esprit qui l'avoit commandé. A l'instant le parti vainqueur en use généreusement. Que les abeilles qui survivent à la mort de leur reine ne prennent point la fuite, qu'elles viennent se rallier à la bannière de la reine triomphante, elles seront bien reçues. Alors toutes sans rancune, comme sans distinction, retournent à la ruche, riches de deux trésors qui dès-lors n'en font qu'un devenu commun à toute la société, hélas! trop diminuée par la faute de ses membres.

pirouettent, dardent à chaque instant leur arme envenimée et cherchent les parties foibles de l'ennemi pour l'y enfoncer. Elles ne peuvent se blesser que dans les articulations du ventre, le point d'attache de leurs ailes, le filet qui joint leur tête à leur corcelet et le corcelet au ventre. Par-tout ailleurs, elles sont invulnérables.

Après s'être long-temps battues, s'être roulées dans l'air, et avoir fait de vains efforts pour se blesser, elles se séparent, ou une parvient enfin à enfoncer son aiguillon dans le corps de l'autre, qui perd ses forces dans un moment. Le vainqueur retire, quoiqu'avec peine, son aiguillon du corps de son ennemi; il n'y parvient qu'en tournant dans tous les sens comme sur un pivot. Il s'en détache enfin, et, après l'avoir vu expirer, il vient se joindre aux assaillans ou aux défenseurs de la ville assiégée.

Tant que l'entrée de l'habitation n'est point forcée, les assaillans, après avoir perdu beaucoup de combattans peuvent se retirer. On m'a assuré qu'on avoit vu dans ce cas les autres abeilles les poursuivre et engager un combat dans l'air. D'anciens auteurs le prétendent, comme on le verra dans les notes : mais je n'en ai jamais été témoin. La chose d'ailleurs est presqu'impossible dans nos ruchers où, si les abeilles d'une ruche l'abandonnoient pour poursuivre leurs ennemis, elles seroient exposées à voir leurs magasins pillés, pendant leur absence, par les abeilles des ruches environnantes.

8

Pillage d'une Ruche.

Si les assaillans parviennent au contraire à forcer le passage, le combat ne se termine que par la destruction d'une des armées; les assaillantes vont chercher du renfort, et souvent les ouvrières des habitations voisines, mises en mouvement par l'attaque qui a lieu, se joignent à elles pour piller. Le combat s'anime de plus en plus, en dedans et en dehors de la ruche; assaillans et assaillis tombent et jonchent la terre par milliers. Enfin l'essaim qu'on attaquoit est battu, et alors le pillage est tel, qu'en peu de temps tous les magasins sont vidés.

Mais si les assaillantes sont détruites, les vainqueurs ne sont en sûreté qu'autant que les essaims voisins sont restés simples spectateurs, parce que, s'ils ont pénétré dans les magasins, ils y retournent en si grand nombre que l'essaim attaqué, trop foible pour résister à tant de combattans, succombe nécessairement; ce qui occasionne la destruction de deux essaims au lieu d'un.

La Mort d'une Reine donne lieu au Pillage.

La mort d'une reine à cette époque donne quelquefois lieu au pillage. Si, au moment de sa mort, il y a des œufs ou des larves d'ouvrières de trois jours au plus, la perte peut se réparer, parce que les abeilles s'empressent de démolir l'alvéole où est l'œuf ou la larve et quelques alvéoles voisins pour y construire un alvéole royal; et, si elles ont beaucoup d'œufs ou de larves de cet âge, elles en construisent plusieurs et obtiennent par ce moyen plusieurs mères. Mais comme après l'essaimage plusieurs mères sont inutiles, elles laissent la première mère-abeille sortir de son alvéole, détruire toutes les autres, soit en les combattant, soit en leur donnant des coups d'aiguillons dans leurs berceaux. Lorsqu'il n'en reste plus qu'une, elles la reconnoissent pour souveraine, et l'essaim est sauvé, si la reine trouve encore des mâles pour la féconder. Dans le cas contraire je pense qu'elles finiront par abandonner l'habitation et la reine, après avoir consommé leurs provisions.

Je dis que je le pense ; car je n'en ai pas la preuve ; cependant, au mois d'août dernier, un essaim de ce genre est venu à deux pas de mes ruches. Sa marche m'a prouvé qu'il cherchoit à pénétrer dans l'une d'elles. Pour éviter un massacre, j'ai pris promptement une ruche vide, mais garnie de rayons ; j'ai démêlé du miel dans de l'eau et je l'ai jeté sur les rayons ; ensuite je l'ai présentée à cet essaim. Beaucoup d'abeilles y sont entrées et je l'ai posée à terre. Les autres les ont suivies. J'ai continué à jeter de temps à autre du miel mêlé d'eau contre les rayons depuis deux heures jusqu'à quatre.

La nuit étant venue, j'ai essayé de les faire passer dans une autre ruche. Elles y sont entrées avec peine, et il en est resté quelques-unes dans la première ruche. Le lendemain quand j'ai voulu les en faire sortir, j'ai été fort surpris d'y trouver une reine que j'ai fait passer dans l'autre ruche, mais qui a été arrêtée par les ouvrières avant de parvenir aux gâteaux. J'ignore si elles l'ont tuée ou seulement étouffée, parce qu'après avoir vu les ouvrières l'arrêter par les pattes (c'étoit dans une ruche de verre), la tirailler, essayer de la traîner hors de la ruche pendant que d'autres montoient dessus, et ployoient leur corps comme lorsqu'elles veulent donner un coup d'aiguillon, leur grand nombre m'a empêché de distinguer la reine. Peu de temps après elles l'ont traînée dehors.

Les Ouvrières attaquent-elles les Reines.

Un autre évènement m'a fait soupçonner (1) qu'elles pouvoient en quelques occasions tuer les

---

(1) *Exitium et tantas vulgò gens provida rerum*
Antevenit clades : nam dum virguncula nullo
Septa satellitio servit regina parentis
Imperio, nec dum meditatur condere regnum
Ipsa sibi, sociamque fugæ deducere turmam ;
Hanc tacitâ nece clam tollunt, gentisque ruinam
Unius interitu redimunt ; quo more tyrannos
Barbaricos inter manet hæres unus in aulâ ;
Divisi ne bella gerant civilia fratres.

Heureusement ces affreux combats sont rares ; les abeilles douées de tant de prévoyance sur tant de choses le sont aussi dans cette circonstance. De concert et aux ordres de la reine-mère, elles tuent les jeunes reines avant qu'aucune de ces ambitieuses créatures ait eu le temps de se former un parti. Elles les tuent quand elles prévoient que la saison n'est pas de nature à permettre une émigration : elles les tuent encore quand elles voient qu'il existe des espaces vides dans la ruche. A l'exemple de ces despotes jaloux qui, pour assurer

reines. Je vis au mois de juin dernier à dix heures du matin une reine sur le surtout d'une de mes ruches ; je voulus la prendre, mais elle m'échappa et entra dans la ruche. Peu d'instans après j'entendis le chant d'une mère-abeille, et bientôt cette reine sortit suivie par des ouvrières, dont deux placées sur son dos vouloient, ou paroissoient vouloir la percer de leurs aiguillons. Je plaçai sur son chemin un morceau de bois plat, et, quand elle y fut montée avec six abeilles, je la posai à terre. Alors trois l'abandonnèrent ; mais trois autres ne la quittoient pas quoiqu'elle fût sur le sable. Elles la tirailloient et vouloient lui donner des coups d'aiguillon. Je les écartai et je la posai à l'entrée d'une autre ruche, où les choses se passèrent de même. Enfin l'ayant de nouveau délivrée dans la crainte de perdre un essaim, elle prit son vol, entra dans une autre ruche et y resta. D'où je conclus, 1°. qu'elle en étoit sortie pour se faire féconder ; 2°. que les abeilles qui respectent beaucoup les reines fécondées n'ont pas le même respect pour celles qui ne le sont pas, et peuvent les tuer quand elles entrent dans leurs ruches. Or celle qui fut tuée dans la ruche et celle que les abeilles poursuivirent si vivement n'étoient fécondées ni l'une ni l'autre.

---

leurs droits héréditairement exclusifs au trône, sacrifient des frères qui pourroient conspirer contre eux et former quelque ligue, la reine des abeilles fait sacrifier quelques têtes pour assurer sa domination exclusive, et par-là, le salut de la république en prévenant les guerres civiles.

Si les abeilles qui ont perdu leur reine ne peuvent s'en procurer une autre, et qu'elles aient des provisions, une partie des ouvrières sortira bien chargée de miel et se présentera à l'entrée d'une autre habitation, où, après avoir livré leur charge aux gardes, elles en amèneront une partie avec elles, les conduiront dans leurs magasins que les deux essaims pilleront de concert, et qui se réuniront sans beaucoup de massacres. Mais si elles n'ont pas de provisions, elles chercheront à se réunir à un essaim bien approvisionné et se feront tuer à l'entrée de cette habitation. Cet instinct admirable des abeilles quand elles ont perdu leur reine, et qu'elles ont encore des provisions, a été constaté par plusieurs naturalistes, et j'en ai eu une fois la preuve. Il mérite bien de fixer notre attention. Quoi de plus surprenant en effet que la conduite de ces insectes dans cette circonstance! Qui les a instruits qu'en se présentant à vide, ils étoient presque sûrs d'être massacrés dans les habitations où ils chercheroient un refuge; mais qu'en fournissant des vivres, ils seroient bien reçus, et seroient traités comme les enfans de la maison, à raison des provisions qu'ils auroient fournies?

Cette conduite des abeilles, ainsi que l'ordre qui règne dans la famille, la concorde qui en est la base, leur attachement réciproque et celui qu'elles portent à leur mère tant qu'elle remplit le devoir que la nature lui a prescrit, attachement qui est tel qu'elles se dévouent à une mort presque certaine pour la sauver; enfin les secours réciproques qu'elles se donnent, les soins qu'elles prennent de leurs petits et les provisions qu'elles font pour la saison morte, tout est digne des méditations de l'homme, et pourroit lui servir de modèle sous beaucoup de rapports. Mais tout ne peut s'expliquer, parce que les facultés de l'homme sont bornées. Aussi, lecteur, il seroit inutile que vous me fissiez mille questions sur tous les phénomènes dont je n'ai pu vous faire connoître la cause ; je ne pourrai vous répondre que par ces vers de *Voltaire* :

Il lève au ciel les yeux, il s'incline, il s'écrie :
Demandez-le à ce Dieu qui nous donne la vie (1).

La Teigne de la Cire force les Abeilles à abandonner leur habitation.

Un autre motif détermine encore les abeilles à abandonner leurs ruches; mais lorsqu'elles la quittent, elles sont en si petit nombre qu'elles ne peuvent nuire aux autres, et qu'elles périssent sans d'autre massacre que quelques centaines d'ouvrières.

---

(1) Combien d'autres secrets cache une nuit profonde !
Je ne vous dirai point leurs combats éclatans,
Si la mort est donnée à l'un des combattans,
Si ce peuple est régi par une seule reine,
S'il peut d'un ver commun créer sa souveraine,
Si leur cité contient trois peuples à-la-fois,
Epoux, reine, ouvrières, hôtes des mêmes toits :
D'autres décideront. Mais leur noble industrie,
Mais les hardis calculs de leur géométrie,
Leurs fonds pyramidaux savamment compassés,
En six angles égaux leurs bâtimens tracés,

C'est lorsque les larves de la phalène, connues sous le nom de fausse-teigne ou galerie, que la nature semble avoir destinée à arrêter la trop grande multiplication des abeilles, ont pénétré dans leurs habitations : ces larves y sont quelquefois tellement multipliées qu'elles percent la plupart des alvéoles, font couler le miel, détruisent le couvain, et produisent tant de ravages, qu'à la fin les abeilles abandonnent la ruche. Mais comme elles prennent tard ce parti, le couvain ne pouvant pas remplacer les pertes, l'essaim est réduit presqu'à rien. J'en ai vu où il ne restoit pas deux cents abeilles. *

§. XVI. *Ennemis des Abeilles.*

Cette larve n'est pas le seul ennemi que les abeilles aient à craindre. Les guêpes, et principalement l'espèce connue sous le nom de frêlons, les attaquent séparément et en font leur proie. Le danger n'est pas fort grand lorsqu'elles ne les attaquent que de cette manière, parce que le couvain répare les pertes journalières; mais si les frêlons ont de la peine à trouver des alimens, ils viennent en masse attaquer les ruches et souvent ils parviennent à détruire les essaims.

Cette forme élégante autant que régulière,
Qui ménage l'espace autant que la matière,
Cette reine étonnante en sa fécondité,
Qui seule tous les ans fait sa postérité,
Et les profonds respects de son peuple qui l'aime
Sont toujours un prodige et non pas un problème.

Del., les trois Règnes.

Les abeilles se défendent courageusement (1), et périssent en combattant ces ennemis, dont la force est si supérieure à la leur, mais dont ils parviennent cependant à immoler un grand nombre.

On prétend que plusieurs espèces de guêpes sont si multipliées dans quelques parties de l'Amérique, qu'il a été impossible d'y élever les abeilles.

---

(1) *Pestis acerba domos vix unquàm invadit, apesque*
Occupat incautas : neque enim, cùm proximus hostis
Imminet, ac diris urbem circumsonat armis;
Fida magis tenet obsessas custodia portas,
Quàm quòd apum sibi commissis alvearibus agmen
Excubat, horrifica defendens cuspide limen.
Vermis ubi vel papilio temerarius audet
Sese inferre domo, centum cadit ictibus ipsas
Ante fores : monstrum magis exitiale, penates
Stellio si subeat; raucum custodia murmur
Edit, et auxilium magno stridore reposcit.
Cessat ubique labor : turbatis agmina castris
Circumfusa volant; et in unum millia figunt
Spicula; præcipti dum stellio territus iræ
Cedat, et aufugiens solvat formidine cellas.

Il n'est pas de ville où la garde établie aux portes fasse mieux le service que dans une ruche. A la vue du moindre étranger, la sentinelle fait un grand vacarme, et le bruit suffit souvent pour l'écarter. S'il avance un peu trop, elle lui tombe sur le corps et le tue sans pitié; si, plus hardi, il pénètre, et que la sentinelle ne se sente pas en force, elle appelle du secours : aussitôt la générale se fait entendre, les escouades arrivent, et bientôt l'ennemi succombe sous mille et mille dards si serrés l'un contre l'autre qu'il en résulte, non pas une simple piqûre, mais une large et profonde entaille.

D'autres ennemis leur font encore la guerre dans cette saison. Parmi les oiseaux, on a vu le pivert percer l'habitation, s'y faire un passage et ruiner l'essaim. D'autres moins hardis ne les attaquent que séparément : telles sont les grandes hirondelles, les moineaux, les mésanges, les coucous et les guêpiers. M. *Bosc* y ajoute quelques espèces de faucons et les pies-grièches.

On voit en outre les lézards les guetter et les saisir à leur passage, les grosses araignées leur tendre des pièges ; les crapauds même en font leur proie, et les abeilles rencontrent encore des ennemis dans les grandes libellules et les philantes apivores. Les oiseaux de basse-cour en sont avides. Les limaçons sont pour elles plus gênans que nuisibles (1).

---

(1) *Excubias vigilum fallens, impunè penates*
Cùm semel intrasset limax cornutus, eosque
Turparet fluidæ crasso lentore salivæ;
Obstupuere domi gerulum, stimulisque frequentes
Invasere fero retrahentem corpus ab ictu;
Seque suæ vallo testæ spumisque tegentem:
Irrita jam cùm tela forent; apis advocat artes
Ingeniosa suas; et ceræ prodiga totam
Incrustat cochleam; monstrum fatale recondens
Hoc veluti tumulo, ne tetrum afflaret odorem.

Un jour un limaçon, ayant trompé la vigilance des gardes, pénétra jusque dans l'intérieur d'une ruche. A la vue de cet étranger, les abeilles troublées fondirent d'abord sur son énorme masse et l'attaquèrent à coups d'aiguillon.

Le limaçon, forcé de rentrer dans sa coquille, en imbiba tout le contour dans un liquide glaireux et bouillonnant.

Parmi les quadrupèdes, elles ont également des ennemis dangereux. Les ours et les blaireaux mangent leur miel et leur couvain. Des animaux plus petits, mais plus à craindre, parce qu'ils les attaquent pendant leur engourdissement, en détruisent une quantité considérable : ce sont les rats, les mulots, les campagnols et les autres espèces du genre rat.

§. XVII. *Fin des Travaux des Abeilles.*

Les abeilles entourées de tous ces ennemis continuent leurs travaux et achèvent leurs approvisionnemens d'hiver. Elles n'attaquent personne et ne se servent de leurs aiguillons que pour se défendre. Souvent on les voit sortir en foule de leurs habitations, s'ébattre devant, soit pour s'amuser, soit par quelqu'autre motif inconnu. Mais, comme après un quart d'heure ou une demi-heure au plus, elles rentrent tranquillement, et qu'aucune n'est tuée, on ne peut supposer qu'elles aient craint quelque danger, ou qu'il y ait eu des querelles entr'elles. Souvent ces mouvemens ne sont pas interrompus par la pluie, quand elle est chaude. Je les ai même vues s'élancer en grand nombre dans les airs par un temps pluvieux, et, après plusieurs tours, se pré-

---

Que faire alors? A défaut de force on employa l'adresse et l'intelligence. Les abeilles avec leur cire et leur propolis mastiquèrent tellement le limaçon et sa coquille, qu'il ne put faire aucun mouvement ni exhaler une odeur infecte.

senter à l'entrée où d'autres venoient les lécher. Il sembloit que leur but avoit été de s'approvisionner d'eau.

Engourdissement des Abeilles.

Bientôt les pluies, les gelées et la neige viennent mettre fin à leurs courses : elles jouissent alors du fruit de leurs peines, et trouvent dans leurs magasins une nourriture aussi saine qu'agréable. Si le froid augmente d'intensité, il les engourdit, et cet état leur est très-avantageux pour économiser leur miel. Heureuses si des ennemis, trop lâches pour les attaquer pendant qu'elles peuvent se défendre, les mulots et autres, ne profitoient pas de ce moment pour commettre leurs ravages. Trop heureuses surtout si l'homme qui jouit de leurs travaux, au lieu de les défendre contre leurs ennemis, n'en devenoit pas le plus mortel par la destruction annuelle de plusieurs milliers d'essaims qu'il étouffe souvent contre ses propres intérêts, et d'un grand nombre qu'il fait périr de faim en leur enlevant une portion trop considérable de leurs provisions.

Quand le printemps ramène les beaux jours, les abeilles recommencent leurs travaux. Quelquefois trompées par un soleil brillant, et pressées de renouveler leurs provisions, elles sortent quand la neige couvre encore la terre. Malheur à toutes celles qui s'y reposent. Un prompt engourdissement est bientôt suivi de la mort.

Mais lorsque la saison des frimas est passée, les

travaux reprennent toute leur activité. La reine commence à pondre, et une partie des ouvrières va aux provisions pendant que l'autre nettoie la ruche, coupe les morceaux de rayons moisis, et en jette les débris, ainsi que les corps de celles qui sont mortes, hors la ruche.

La floraison du saule et du coudrier est dans ce département l'indice de la reprise des travaux, parce que ce sont les premières fleurs qui leur fournissent des matériaux. Les abeilles suivent la marche que j'ai indiquée jusqu'à l'essaimage. J'ai détaillé ces travaux, et je terminerai ici l'histoire des abeilles pour m'occuper de leur culture.

Je crois n'avoir rien omis de leurs travaux, de l'intelligence qu'elles y mettent, et de l'ordre qui règne dans leurs habitations. Quand j'ai négligé des détails, les extraits tirés d'auteurs célèbres, que j'ai joints en notes, les avoient fait connoître avec un talent tellement supérieur, que je ne pouvois mieux satisfaire le lecteur qu'en transcrivant ces morceaux.

Je ne m'étendrai donc pas sur l'union qui règne entre tous les membres de chaque famille, les secours réciproques qu'ils se donnent, la liberté indéfinie qu'ils ont tous de prendre des vivres dans les magasins publics, et la sobriété avec laquelle ils en usent, enfin la douceur de leurs lois qui les rendent tous égaux, qui les protègent tous également et qui en font une république gouvernée par un chef suprême; mais soumis lui-même à ces lois qui l'obligent à ne s'occuper que de ce qui peut être utile au bien général, et chéri de ses sujets, dont il est le père, parce qu'il leur témoigne le même attachement et ne s'occupe que de leur bonheur (1).

---

(1) Il trouve dans l'abeille un sublime modèle;
Du peuple et de la reine il admire les mœurs,
Et de ces foibles corps les magnanimes cœurs,
Manifestant toujours une vive énergie
Pour faire leurs moissons ou sauver la patrie.

La B.

DEUXIÈME PARTIE.

§. Ier. *Ruches.*

Les abeilles ont dû exister des siècles sans que l'homme ait daigné s'en occuper. Confinées dans les forêts ou dans des trous de rochers, elles n'étoient pas propres à fixer l'attention des sauvages qui ne parcouroient les forêts que pour y trouver une proie plus considérable, et qui n'auroient pas troublé ces insectes sans dangers. Un heureux hasard leur fit enfin connoître le trésor que les abeilles renfermoient dans leurs habitations, et leur imagination active leur fit enfin chercher les moyens les plus propres à s'en rendre maîtres; mais ils ne s'en emparèrent qu'en détruisant l'essaim, et ils durent opérer ainsi pendant des siècles. Un bien aussi précieux que le miel, sur-tout à l'époque où le sucre n'étoit pas connu, dut faire désirer à l'homme civilisé, qui avoit déjà dompté et mis sous le joug beaucoup d'animaux propres à lui servir de nourriture ou à l'aider dans ses travaux, de rapprocher les abeilles de son domicile pour multiplier ses jouissances. Cette idée dut lui paroître d'autant plus simple, qu'il remarqua qu'il suffisoit de fournir un logement à ces insectes sans avoir à s'occuper de leur nourriture (1). Leur loge-

(1) *Columelle* attribue à la colonie partie d'Egypte avec Cécrops pour s'établir dans l'Attique, d'avoir eu, la pre-

ment dans les forêts étoit un tronc d'arbre; les hommes pensèrent qu'il suffisoit de creuser des troncs d'arbres coupés en plusieurs parties, de ne laisser à chacune qu'une petite ouverture et suspendre ces portions de troncs pour qu'un essaim vînt s'y loger. On nomma ces logemens *ruches*.

Quand des essaims s'y furent placés, on fut ensuite le maître de les y laisser ou de les emporter auprès de sa demeure, et par ce procédé ingénieux, en multipliant les logemens et en fournissant des retraites aux abeilles, on dut en augmenter le nombre.

Telles durent être les premières ruches; telles sont encore celles de plusieurs peuples; mais les hommes, ayant acquis de nouvelles connoissances, inventèrent des ruches plus commodes et employèrent pour leur construction des matériaux de plusieurs espèces.

Le poids des troncs d'arbres rendoit les ruches si lourdes et si difficiles à manier, que lorsqu'on voulut réunir les essaims autour de son habitation, dans des lieux qu'on nomma *ruchers*, on essaya de faire des ruches avec des matières plus légères (1). Celles faites

---

mière, en Grèce, l'idée de profiter du travail des abeilles, sous le règne d'Erichtonius, et d'en avoir perpétué la race sur le mont Hymète.

Colum., de Re rust., lib. 7, cap. 2.

(1) *Ipsa autem, seu corticibus tibi suta cavatis,*
Seu lento fuerint alvearia vimine texta,
Angustos habeant aditus : nam frigore mella
Cogit hiems, eademque calor liquefacta remittit.
Utraque vis apibus pariter metuenda : neque illæ

avec des écorces d'arbres ou cinq planches réunis soient ces avantages, et on s'en sert encore aujourd'hui dans plusieurs cantons.

Mais comme dans les pays chauds et secs les rayons du soleil pouvoient gercer facilement le bois et fondre la cire ; comme on s'étoit aussi aperçu que les abeilles se logeoient dans des trous de rocher, les uns imaginèrent de faire des ruches avec des pierres taillées, d'autres avec de la terre cuite ; on en fit

---

Ne quidquam in tectis certatìm tenuia cerâ
Spiramenta linunt, fucoque et floribus oras
Explent, collectumque hæc ipsa ad munera gluten,
Et visco, et Phrygiæ servant pice lentius Idæ.
Sæpè etiam effosis (si vera est fama) latebris,
Sub terrâ fodêre larem, penitùsque repertæ
Pumicibusque cavis, exesæque arboris antro.
Tu tamen è levi rimosa cubilia limo
Unge fovens circùm, et raras super injice frondes.

Leurs toits formés d'écorce ou tissus d'arbrisseaux,
Pour garantir de l'air le fruit de leurs travaux,
N'auront dans leur contour qu'une étroite ouverture.
Ainsi que la chaleur le miel craint la froidure;
Il se fond dans l'été, se durcit dans l'hiver.
Aussi dès qu'une fente ouvre un passage à l'air,
A réparer la brèche un peuple entier conspire ;
Il la remplit de fleurs, il la garnit de cire,
Et conserve en dépôt pour ces sages emplois
Un suc plus onctueux que la gomme des bois ;
Souvent même on les voit s'établir sous la terre,
Habiter de vieux troncs, se loger dans la pierre.
Joins ton art à leurs soins ; que leurs toits entr'ouverts
Soient cimentés d'argile, et de feuilles couverts.

avec de la paille et même avec des branches de bois souples, tels que l'osier, le troëne, la bourdenne, dont on forma des paniers qu'on enduisit de terre franche ou de cendre mêlée avec de la bouze de vache.

Le hasard, les circonstances, les localités et le génie des peuples déterminèrent le choix des matériaux, et aujourd'hui encore toutes ces ruches sont en usage en Europe, mais plus ou moins perfectionnées dans divers cantons, suivant l'ignorance plus ou moins grande des cultivateurs.

Je vais faire connoître ces diverses sortes de ruches, en allant des plus simples aux plus composées, et en négligeant celles dont la mauvaise construction a été reconnue par l'expérience; telles sont celles en pierre, en briques, en écorces d'arbres (1) et en cadres garnis de paille.

---

(1) On doit cependant faire une distinction pour l'écorce du liège. La facilité avec laquelle on la sépare de l'arbre sans la briser, au moyen de deux incisions circulaires et d'une troisième longitudinale qui va de la première à la seconde, procure une ruche d'une pièce à laquelle il ne manque qu'une couverture et une couture. La couverture se fait en bois. Cette ruche, si prompte et si facile à construire, est d'une grande légèreté, et on est obligé de la recouvrir avec une grande pierre pesante pour empêcher les vents de l'abattre; comme on ne trouve ces arbres que dans quelques parties de la Provence, on ne voit de ruches de liège que dans ces cantons.

§. II. *Ruches simples.*

Ruches en Bois.

La ruche en bois est une boîte composée de quatre planches qui ont 30 à 42 centimètres de largeur (10 à 14 pouces) sur 42 à 54 de hauteur (14 à 18 pouces) et trois centimètres d'épaisseur (1 pouce). Ces quatre planches sont clouées ensemble : une des extrémités est fermée avec une planche de même épaisseur ; l'autre reste ouverte. Cette boîte ou ruche se pose sur une pierre ou une tablette qu'on nomme plateau ou tablier par sa partie ouverte ; elle se trouve alors fermée dans tous les sens ; mais on fait une entrée aux abeilles au bas de la ruche, au moyen d'une entaille de 3 centimètres de largeur sur 1 centimètre et demi de haut (1 pouce de large sur 6 lignes de hauteur). On peut s'en dispenser en faisant le passage dans le plateau.

L'intérieur de la ruche est traversé par quatre baguettes qui servent à soutenir et maintenir les rayons. On emploie pour ces ruches les bois les moins sujets à gercer ; ce sont en général des bois blancs : ceux de pins ou de sapins sont les meilleurs ; leur odeur écarte beaucoup d'insectes.

Ces ruches sont si faciles à construire, qu'il est inutile d'entrer dans d'autres détails.

Ruches en Osier, Troëne, Bourdenne, etc.

Les ruches en osier, en bourdenne, en troëne, saule, mancienne, etc. sont des espèces de paniers longs, se terminant en pointe dans la partie supérieure.

Pour les construire, dit M. *Bosc*, on fend en quatre, jusqu'à un demi-pied de son gros bout, une branche de chêne bien droite de 37 à 45 millimètres (15 à 18 lignes) de diamètre, sur 1 mètre 8 centimètres à 1 mètre 20 centimètres (36 à 40 pouces) de long; on écarte ces quatre parties de 60 à 75 centimètres (20 à 25 pouces) à leur extrémité, et on les laisse sécher, soit librement, soit sur un moule qui les force à prendre une courbure vers le manche; ensuite, au moyen d'autres morceaux de branches de chêne refendu qu'on a introduits successivement entre les autres, on entrelace les rameaux des arbustes mentionnés plus haut, et on forme un véritable ouvrage de vannerie. Ces ruches étant presqu'à jour, on est obligé de les enduire extérieurement de bouze de vache, mêlée avec de la terre ou de la cendre; ce mélange se nomme pouget. On traverse ces ruches avec quatre baguettes pour soutenir les rayons.

Le même auteur pense que ces ruches peuvent durer huit à dix ans lorsqu'elles sont ménagées; mais comme on s'en sert plus communément dans les lieux où l'on étouffe les abeilles, on est assez ordinairement dans l'usage de les brûler lorsqu'elles ont servi à un essaim, parce qu'on pense que les fausses-teignes n'y entrent pas quand elles sont neuves; c'est ce qu'on peut faire de mieux.

Il y a cependant des cultivateurs qui s'en servent deux et trois fois, et qui, la troisième fois, coupent la partie supérieure quand elle est pleine de miel, et remettent une autre ruche par-dessus ; mais comme ils sont dans la nécessité de remettre du pouget, qu'ils ne marquent jamais le poids de leurs ruches, et que la seconde couche en augmente la quantité, ils sont exposés à tromper les marchands. ✱

Ruches en Paille.

Les ruches en paille sont de cylindres plus ou moins larges et hauts, dont une des extrémités se termine en demi-sphère, et l'autre est ouverte.

Il y a deux manières de faire les ruches en paille, et M. *Lombard* en a proposé une troisième pour en faciliter la construction aux amateurs qui désirent en faire chez eux. Comme les avantages que ces ruches présentent les ont rendues très-communes en France, je vais décrire les trois méthodes de les construire, après avoir parlé des matériaux nécessaires.

Qualité de la Paille.

Il faut se procurer de bonne paille de seigle qui n'ait pas été trop brisée dans l'opération du battage, ou mieux qui n'ait été battue que sur le tonneau ; on en coupe les épis et on la peigne avec un râteau pour en séparer les feuilles ou fanes.

Il faut en outre de l'osier refendu comme pour lier les cercles des barriques, ou de la viorne mancienne, ou de la ronce commune, ou de la ficelle. De tous ces liens, celui de ronce commune est préférable, parce que l'osier ou la viorne mancienne vont toujours en se rétrécissant ; qu'il est difficile de n'y pas laisser de bois en les refendant, et qu'ils sont souvent vermou-

✱ En Géorgie, pays où l'on élève beaucoup d'abeilles, les ruches sont des paniers d'osier coniques, de plus de 2 pieds de diamètre par le bas, et dont la pointe est laissée ouverte pour l'entrée et la sortie des abeilles. C'est à raison de cette circonstance, dont on ne connaît pas d'autre exemple, que [illegible] dernière

lus la troisième année. La ficelle a l'inconvénient de se relâcher dans les momens de sécheresse.

La ronce commune est plus égale dans toutes ses parties ; elle est longue, elle dure long-temps, et les vers n'attaquent pas son écorce dont on détache facilement le bois.

On donne 5 à 7 millimètres (2 ou 3 lignes) de large à ces liens, et on les effile par un bout.

Première Méthode de faire les Ruches en Paille.

Première méthode: Je ne l'ai pas vu pratiquer (1). Quand on veut faire une ruche en paille, dit M. *Bosc*, on prend une poignée de paille mouillée ; on la tord en forme de corde d'un à deux pouces de diamètre, en mettant une des extrémités sous le pied, et on l'alonge en ajoutant successivement de nouvelles poignées de la même paille. Lorsqu'on a une certaine longueur de paille, 5 à 7 mètres (15 à 21 pieds), par exemple, on la contourne en spirale sur elle-même en l'élevant de terre jusqu'à environ 90 centimètres (30 pouces), ou pour plus de régularité, on entoure un moule ou une autre ruche également en spire, et en commençant par la base qui doit avoir 60 centimètres de diamètre (20 pouces), on arrête les deux extrémités de la spire avec de petites chevilles, et on

(1) Je donne plusieurs méthodes de faire ces ruches, quoique je préfère celle en bois que je décrirai, parce que celles en paille peuvent avoir d'autres buts d'utilité que celui de loger des abeilles.

les laisse sécher. Le lendemain, on coud l'intervalle de la spire dans toute sa longueur avec de l'osier refendu ou de la mancienne; on fait un manche, et la ruche est finie.

J'observe que les dimensions de cette ruche sont très-grandes. Les ruches ordinaires n'ont qu'un peu plus de la moitié de ces dimensions.

Deuxième Méthode.

Il faut pour les commençans qui veulent faire les ruches en paille par cette méthode un cerceau, et pour les bons ouvriers, un pied droit pour donner aux ruches les proportions qu'on désire, plusieurs anneaux de fer ou de cuivre de 35 à 37 millimètres (14 à 15 lignes) de diamètre, un poinçon, et s'ils veulent laisser une ouverture dans la partie supérieure, un moule en bois tourné de 6 pouces de long et du diamètre qu'ils veulent donner à l'ouverture. On prend un peu de paille qui n'a pas été mouillée, mais un peu battue pour la rendre plus flexible; on la serre par une de ses extrémités avec un lien qu'on tourne jusqu'a la longueur d'un pouce; on en fait ainsi un rouleau, aplati en commençant et rond ensuite; on replie ce rouleau sur lui-même en spirale, et on le lie fortement en attachant le second tour au premier.

Pour cet effet, on fait tourner le lien autour de la paille du dedans au dehors, de manière à ce qu'il l'enveloppe jusqu'à son point de contact avec le rouleau de paille supérieur. On fait alors avec le poinçon un trou dans ce rouleau; ce trou est placé dans sa partie inférieure contre le lien et à sa droite; on y insère le lien par le bout effilé. Ce lien saisit environ un sixième de la paille du rouleau, et la partie du lien qui y correspond et qui forme aussi une spirale. On le serre, on le tourne ensuite autour du rouleau de paille inférieur, et on continue à le lier au rouleau supérieur et à le faire tourner autour de l'inférieur jusqu'à ce que la ruche soit achevée. On augmente la quantité de paille à mesure qu'on avance jusqu'à ce que le rouleau remplisse entièrement les anneaux dans lesquels on fait entrer la paille, tant pour égaliser le rouleau que pour maintenir la paille. Cinq à six anneaux au plus suffisent. Au sixième tour, le rouleau doit avoir le diamètre des anneaux.

On ajoute de la paille à mesure que l'ouvrage avance, jusqu'au dernier rang qui doit servir de base à la ruche. On cesse alors à en mettre ou on n'en met que très-peu pour que le rouleau diminue insensiblement de grosseur et se réduise presqu'à rien. On aplatit le rouleau au dernier tour. Cette réduction est indispensable, afin de pouvoir poser la ruche bien verticalement.

Comme on a l'usage de faire un passage aux abeilles en coupant un pouce de longueur au rouleau inférieur, et qu'il est cependant essentiel de ne pas couper le lien, on a l'attention de repasser deux fois le lien autour de la partie du rouleau où on veut former le passage; ensuite on omet un point en inclinant beaucoup le lien lorsqu'on l'insère dans le rouleau supérieur. On le repasse deux fois au point suivant, et on peut ensuite couper le rouleau entre ces deux points, sans crainte de nuire à la solidité de cette partie de la ruche.

Pour ajouter un lien de ronce à mesure qu'on finit celui dont on se sert; quand le premier est presque achevé, on en prend un autre qu'on coule entre les rouleaux sous les deux derniers points du premier; ensuite on couche également entre les deux rouleaux le bout du premier brin sur lequel le second fait deux ou trois tours.

Si on désire laisser une ouverture dans la partie supérieure; après avoir lié un peu de paille, on fait un tour sur le moule, et puis on opère comme je viens de l'expliquer; mais on augmente la paille de manière qu'à la fin du troisième tour ou au commencement du quatrième, le rouleau remplisse les anneaux. La position du rouleau en commençant dépend de la largeur qu'on fixe pour la partie supérieure de la ruche. L'angle que forme le second tour avec le premier est très-obtus; on le diminue ensuite plus ou moins, suivant la largeur qu'on veut donner à la ruche. Le cerceau ou le pied droit indique le tour de la spirale où l'angle doit se réduire à rien, et où le rouleau doit être placé verticalement sous l'autre. A mesure que l'ouvrage avance, on vérifie avec le cerceau ou le pied droit pour s'assurer des dimensions, et lorsqu'on a l'usage de ce travail, le coup-d'œil suffit après une seule vérification.

Plusieurs fabricans de ruches s'écartent un peu de la ligne verticale et augmentent progressivement la largeur de la ruche jusqu'à la base, même pour les ruches à deux pièces. Cette méthode, en donnant deux ou trois pouces de large de plus à la base de la ruche, la rend plus solide sur le plateau ou le tablier, et elle est moins exposée à être renversée par les coups de vent. Je conseille donc de la suivre pour les ruches d'une pièce; mais dans celles à deux pièces, le corps de la ruche et la calotte ou le chapiteau, la largeur du haut du corps de la ruche doit être égale à celle du bas, afin qu'on puisse mettre deux corps de ruches l'un sur l'autre si on le désire.

La ruche terminée, on fait, à la manière des vanniers, une poignée à la partie supérieure de la ruche, soit avec de l'osier ou tout autre bois souple, soit avec de la ficelle à défaut de bois; mais alors il ne faut pas que la ficelle traverse entièrement les rouleaux et passe en dedans, parce que les abeilles pourroient la couper si elle les gênoit.

On place dans l'intérieur de la ruche quatre baguettes en croix.

Troisième Méthode.

Pour opérer suivant la méthode de M. *Lombard*, il faut un métier. C'est un morceau de planche de bois de noyer (à défaut on peut employer un autre bois) d'environ 6 centimètres (2 pouces) d'épaisseur et 42 centimètres (14 pouces) de diamètre. Cette dimension doit varier en raison de celle qu'on veut donner à la ruche. On l'arrondira sur le tour et on le réduira d'un centimètre; on creusera la planche d'environ 3 centimètres (1 pouce), en laissant au pourtour un bord de 25 millimètres (10 lignes) de large ; ce qui donnera le diamètre d'un pied d'un bord à l'autre.

On fera un quart de rond en dedans et en dehors du bord. Au défaut d'un quart de rond, on marquera quarante-deux espaces qui donneront entre eux un pouce fort à chaque espace marqué avec une vrille fine ; on fera un trou, et comme le lien qu'on emploiera pour faire le premier tour sur le métier sera plat, on fera passer dans chaque trou un petit fer rouge plat de 2 lignes de largeur. Tel est le métier de M. *Lombard*. Il demande en outre qu'on se munisse des ustensiles suivans, qui sont utiles pour la plupart, quel que soit le mode qu'on emploie pour la fabrication des ruches en paille.

Un morceau de bois rond pour battre et amortir la paille ; une serpe pour en retrancher les épis ; un peigne ou râteau pour en démêler la paille et en détacher les fanes ; un petit couteau pour aiguiser les liens qui doivent lier et assujettir les rouleaux de paille les uns aux autres ; un poinçon ou fer pointu pour ouvrir les passages à ces liens ; une petite tenaille ou pince pour tirer les brins quand ils sont trop courts pour les serrer avec les doigts ; des ciseaux moyens pour couper les brins inutiles ; un pied ou autre mesure quelconque pour guider sur le diamètre et la hauteur des ruches ; enfin un chevalet tel que celui dont se servent les tonneliers avec un couteau à deux mains ou plane pour façonner les petits bois qui entrent dans la composition des ruches.

On commence la ruche sur le bord du métier en liant peu de paille d'abord, et en l'augmentant successivement jusqu'à la septième ou huitième maille, qui doit être de la grosseur du rouleau. Les liens doivent s'insinuer dans les trous du côté intérieur du métier, de manière qu'en lui faisant faire le cercle pour l'insinuer dans le trou suivant, l'écorce du lien se trouve extérieurement à la partie supérieure de la maille; ce qui permet de le tirer fortement à soi.

Avant de finir ce premier tour et avec un second lien, on attache une seconde fois la paille en passant les liens dans les échancrures faites sur le bord du métier, de manière que ce premier tour en paille se trouve lié deux fois quand on commence le second tour qui se monte en spirale sur le premier. On insinue un poinçon dans la paille du premier tour, de manière que le fer du poinçon fait X avec les liens passés dans les échancrures; et, par ce moyen, les mailles des rouleaux inférieurs et supérieurs se croisent et se lient fortement en X.

M. *Lombard* se répète de la manière suivante : « je prends un osier, j'en ôte la moelle, je le rends souple en le rétrécissant s'il est trop large, en coupant les nœuds, en taillant le plus gros bout un peu en pointe.

» Avec le poinçon, je perce le rouleau inférieur au quart de son épaisseur, tellement que le poinçon doit faire X avec les liens mis dans les échancrures. Je prends le brin d'osier, j'insinue sa pointe dans le rouleau à côté de la lame du poinçon. L'osier ainsi placé, je le tire à moi dans sa longueur à 12 ou

15 lignes près, que j'engage et cache entre les deux rouleaux. Je passe le poinçon dans la maille suivante ; et, faisant faire le cercle au brin d'osier, j'insinue sa pointe dans le rouleau ; je le tire extérieurement ; et la maille se trouve liée ayant l'écorce de l'osier en dessus.

» Je passe à la maille suivante, etc.

» Il faut à chaque maille insinuer le poinçon en droite ligne. Si on le faisoit en plongeant ou en élevant la pointe, on ne conserveroit pas le diamètre uniforme que doit avoir la ruche.

» Il faut, de plus, avoir l'attention d'espacer bien également ses mailles.

» On couche entre les rouleaux de paille les extrémités des liens que l'on emploie, et chaque fois que l'on voit que le rouleau diminue de grosseur, on écarte un peu la paille liée pour y en insinuer douze ou quinze brins. Celui qui fera la ruche aura sous la main un petit bâton du diamètre intérieur de la ruche, pour mesurer à chaque tour, afin de se maintenir dans le diamètre convenu.

» Quand on est au troisième tour, on coupe les liens qui passent dans les trous du métier ; on ôte un à un tous les liens coupés ; alors la ruche commencée se trouve entièrement séparée du métier, et ce premier tour se trouve lié par les liens passés dans les échancrures. On continue, etc. »

Telle est la marche de M. *Lombard* qui, faisant sa ruche en deux parties, recommence deux fois l'opération sur le métier. Il termine la partie supérieure par une ouverture de 15 à 18 lignes de diamètre pour y placer un manche en bois tourné d'un pied de longueur, diminuant insensiblement dans sa hauteur apparente, qui n'est que de 10 pouces. Le surplus, réduit d'épaisseur, se trouve engagé dans la paille du couvercle par deux baguettes croisées qu'on insère dans cette partie du manche.

Je ferai mention de cette ruche en parlant de celles composées.

Ruche en Terre cuite.

Les ruches en terre cuite sont des cylindres d'un pied de diamètre sur 2 ou 3 pieds de long. M. *de Lalauze* prétend que, pendant long-temps, on n'a employé que ce genre de ruches en France; elles sont encore en usage dans les îles de l'Archipel grec et les pays voisins. Voici la description qu'en donne M. l'abbé *della Roca*.

La matière dont ces ruches sont composées est de la terre cuite, avec laquelle on fait les vases ordinaires et la brique; on doit se servir de la meilleure.

La forme de ces ruches est ronde, et leur longueur d'environ 3 pieds; leur diamètre a environ 1 pied dans la partie extérieure qui, en se resserrant, forme à l'une des extrémités un fond de 7 à 8 pouces; ordinairement le fond de ces ruches est fermé; mais on commence à les construire ouvertes des deux côtés, et d'un diamètre égal dans toutes leurs parties. Autour de l'ouverture il y a une espèce de baguette semblable à celle des marmites; elle doit être plus large, pour que le couvercle puisse bien fermer et s'y adapter commodément.

On fait trois ou quatre petits trous autour de la baguette pour faire passer des chevilles qui tiendront le couvercle. On les enduit en dehors d'un vernis impénétrable à l'humidité; on emploie le même vernis pour l'intérieur, mais seulement pour sa moitié dans sa partie inférieure.

Comme cette ruche est couchée sur sa longueur, la partie inférieure n'est pas comme dans celles d'osier, de bois ou de paille qui se placent droites, la moitié de la ruche dans sa hauteur, mais bien dans sa longueur; de sorte qu'une des moitiés de cette ruche formeroit un demi-cylindre. La moitié supérieure de la ruche n'est point vernissée, mais cannelée, et les cannelures entrecoupées d'espace en espace. Les cannelures se font en demi-cercle sur la largeur de la ruche : on doit leur donner 1 pouce de large et laisser 4 lignes de distance entre elles.

Les couvercles sont de même diamètre que les ruches et de la même forme; c'est-à-dire qu'ils forment un plateau rond. On fait une poignée dans le milieu de la partie extérieure : on place ces couvercles verticalement à raison de la position horizontale des ruches.

Ces couvercles peuvent être construits en terre cuite avec un bouton au milieu, ou en ardoise, en planches ou en fer-blanc; les couvercles en planches et en fer-blanc doivent être vernissés.

Les Grecs font autour du couvercle sept à huit petites entailles pour le passage des abeilles, à raison des fortes chaleurs. Dans les climats plus tempérés, une ouverture peut suffire d'un pouce de haut sur six lignes de large. Comme ils ont plusieurs ouvertures au lieu d'une, ils marquent le couvercle de manière à reconnoître le haut du couvercle pour le mettre toujours dans la même position.

M. l'abbé *Bien-Aimé* a construit des ruches de cette forme entièrement en paille; corps de ruche et couvercle.

Portes des Ruches.

Telles sont les matières et les formes employées jusqu'à ce jour pour les ruches simples. Il faut y ajouter une petite porte, quelle que soit la ruche, pour fermer l'entrée au besoin. C'est un morceau de fer-blanc, d'ardoise ou de bois un peu plus large que le passage, s'il est fait dans la ruche, mais de la même largeur, s'il est refoulé dans le plateau et double en hauteur. Le bas a trois petites ouvertures qui ne permettent que le passage d'une seule abeille à-la-fois, et le haut, des trous ronds pour donner seulement de l'air aux abeilles.

Des cultivateurs font cette porte ronde; ils la divisent en quatre parties: la première a une ouverture aussi grande que l'entrée de la ruche; la seconde, trois ou quatre passages pour une abeille; la troisième, plusieurs trous pour donner de l'air sans permettre le passage; la quatrième est pleine. Ces portes ou cadrans ont un trou au milieu; on y insère une cheville ou un clou rond, et on les applique à l'entrée de la ruche: on les tourne au besoin.

§. III. *Ruches composées.*

On a cru remarquer plusieurs défauts aux ruches, et on les a modifiées de plusieurs manières.

M. *Palteau* a inventé celles à hausses, qui portent encore son nom; et MM. *Massac*, *Boisjugan*, *Cuinghien*, *Ducarne de Blangy*, et l'estimable horticulteur M. *Béville*, les ont adoptées avec diverses modifications.

Je ne décrirai pas toutes ces ruches : il suffit de faire connoître aux cultivateurs les moyens de fabriquer les plus simples et en même temps les plus commodes.

Ruches à Hausses.

Une ruche à hausses en bois est une réunion de plusieurs cadres posés les uns sur les autres. Ces cadres ou segmens ont 33 centimètres (1 pied) de large sur 9 à 12 (3 à 4 pouces) de hauteur, et 1 centimètre ½ (6 lignes) d'épaisseur si la ruche est dans un rucher couvert, ou 3 centimètres (1 pouce) si elle est en plein air. Ces dimensions doivent être augmentées dans les bonnes positions.

Chaque cadre a un fond composé d'une planche de 1 centimètre (4 lignes) d'épaisseur. On fait à ce fond, mais seulement sur les côtés, plusieurs ouvertures de 6 centimètres (2 pouces) de long sur 1 centimètre (4 lignes) de large.

On pose ces cadres les uns sur les autres, et on met dessus une couverture de même matière, mais de 3 centimètres (1 pouce) d'épaisseur. On maintient tous ces cadres et on les lie ensemble au moyen de quatre clous pour chaque cadre, que l'on place deux de chaque côté, et de fil de fer recuit auquel on fait faire deux tours du clou d'un cadre inférieur à celui du cadre supérieur. On peut remplacer les clous par des crochets. Je préfère les clous, parce que les crochets peuvent se relâcher, et que les fils de fer se serrent à volonté. Au lieu de clous, on peut employer des chevilles de bois.

Si l'on a fait une entrée aux abeilles dans le plateau, la ruche est terminée; dans le cas contraire, il faut en faire une à chaque cadre. Mais on ne laisse ouverte que l'entrée du cadre inférieur, et on bouche les autres.

On peut faire des ruches rondes à hausses en paille, en formant la ruche de plusieurs segmens ou portions de ruche qu'on lie ensemble avec de la ficelle, de l'osier ou du fil de fer. Pour leur donner plus de solidité, on ajoute un rouleau de paille en dehors dans les parties inférieure et supérieure de chaque segment, ce qui leur donne 2 pouces de large aux points de jonction. On met un fond de bois à chaque segment, percé comme celui pour les ruches en bois, et on l'y attache avec du fil de fer. On termine la ruche avec une couverture en paille ou en bois.

Je tiens beaucoup à ces fonds ou planchers, parce qu'on enlève un segment av[illegible] plus grande facilité si les rayons ne sont pas [illegible]chés au plancher inférieur; dans ce cas on passe lentement un fil de fer entre les deux segmens. Au contraire, quand il n'y a pas de fond on est forcé de couper tous les rayons ; on les détache tous de la partie supérieure, on les rompt souvent en séparant les hausses pour faire passer le fil de fer, on met les abeilles en mouvement, elles arrivent en foule, on en tue ou on en englue un grand nombre, on peut blesser la reine, ce qui n'a pas lieu quand il y a une planche de séparation entre les segmens.

Je ne proposerai pas de faire les planchers avec de la paille, parce qu'il y a dans plusieurs saisons beaucoup de vapeurs dans les ruches, ces vapeurs se condensent dans la partie supérieure d'où elles tombent goutte à goutte sur les fonds qu'elles pourrissent, où il se forme de la moisissure et que les abeilles peuvent difficilement nettoyer. Mais je pense qu'on pourroit les établir en ouvrage de vannerie très-serré dans le centre, mais assez lâche sur les côtés pour laisser des passages aux abeilles. Ces ruches seroient alors peu dispendieuses.

Il me paroît impossible de faire des ruches à hausses avec de l'osier ou de la bourdenne. Elles seroient trop minces pour qu'on pût leur donner de la solidité, et j'ai peine à concevoir qu'on y soit parvenu, à moins de les faire à grands frais. Alors on doit préférer les deux autres matières, puisque le bas prix des ruches d'osier pourroit seul les faire choisir (1).

(1) Je ne fais pas mention de la ruche écossoise, parce que ce n'est qu'une ruche à hausses. Elle fut adoptée en Bretagne par quelques cultivateurs avant la révolution, et depuis quel-

Ruches composées de plusieurs Boîtes rapprochées.

Je passe à la ruche de M. *Mahogani*, modifiée par MM. *Ravenel*, *Gélieu* et *Serain*.

Ces ruches sont en bois, et divisées en trois par-

---

ques années M. *Ducouëdic* l'a proposée comme très-avantageuse, et lui a donné le nom de ruche pyramidale. Cette ruche forme un cylindre en paille de plusieurs pieds de hauteur, sur quatorze à quinze pouces de large. Chaque segment a un pied de hauteur. Ainsi lorsqu'on enlève un segment, on fait, s'il est plein, une récolte de soixante à soixante-dix livres. On ne récolte que la troisième année, et même que la quatrième de l'établissement de l'essaim, si la troisième année n'a pas mis les abeilles à même de faire une ample récolte.

Cette ruche a les avantages et les inconvéniens des ruches à hausses. Je lui trouve, en outre, un défaut, c'est de n'être pas très-solide sur sa base, et de donner beaucoup de prise au vent.

Il est facile de concevoir qu'une ruche aussi grande ne peut convenir qu'aux meilleurs cantons.

Je pense que, M. *Ducouëdic* n'a pas été heureux dans le choix de sa ruche pour le canton où il demeure, Voici les motifs de mon opinion que je soumets à son jugement, persuadé qu'il ne cherche que la vérité, et qu'il n'a adopté cette ruche que parce qu'il l'a crue la plus favorable pour la culture des abeilles.

La première récolte ne se fait, au plus tôt, que la troisième année. Or, le miel perd de sa qualité quand il vieillit dans la ruche, et le miel de Bretagne est d'une qualité inférieure quand on le récolte à l'automne, parce que les abeilles le forment en majeure partie du nectar et de la miellée du sarrasin, et que le pays est humide. Il est facile de juger qu'on nuit encore à sa qualité en le récoltant dans de la cire vieille chargée de toiles et souvent de pollen. La récolte peut être

ties sur la largeur et non sur la hauteur, à l'exception de celle de M. *Gelieu*, qui n'a que deux divisions. Qu'on imagine une boîte ou ruche en bois

---

composée de miel recueilli pendant trois années, et ce mélange de miel nouveau et ancien doit encore nuire à sa qualité. Le vieux miel est plus sujet à candir.

Il faut des années favorables pour enlever soixante à soixante-dix livres de miel d'une ruche, sans exposer les abeilles à périr dans des cantons où l'hiver est doux.

Le bas prix du miel en Bretagne doit déterminer les cultivateurs bretons à faire travailler leurs abeilles en cire qui y est de première qualité, et l'on ne peut y réussir avec la ruche écossoise.

On peut être plusieurs années sans avoir d'essaim.

Si l'on ajoute à ces inconvéniens ceux qui sont communs aux ruches à hausses, M. *Ducouëdic* et la Société des Arts et Agriculture de Rennes seront à même de décider si mon opinion est fondée; je m'en remets volontiers à leur jugement, parce que dans une discussion de ce genre, il n'est point question de l'amour-propre des auteurs, qui tous ont des droits à la reconnoissance des cultivateurs par leur zèle, mais de l'intérêt général devant lequel toutes les autres considérations doivent s'évanouir.

Je déclare ici que je n'ai pris la plume que parce que j'ai cru le plan que je propose avantageux pour la culture des abeilles; je ne tiens à mon opinion que parce que je la crois utile, et je me ferai toujours un devoir de la sacrifier quand on m'en démontrera les inconvéniens. La jalousie et l'esprit de parti et de rivalité n'ont dirigé aucune de mes critiques. Si je m'en suis permis quelques-unes sur les opinions des auteurs qui m'ont devancé dans la carrière, je leur ai payé avec plaisir le tribut d'éloges qu'ils méritoient; et plein d'estime pour leur personne, comme pénétré de reconnoissance pour leurs services, je ne me suis permis de combattre quelques-

de 18 pouces de hauteur sur 15 de largeur, divisée en trois parties égales par deux cloisons à coulisses qui règnent du haut au bas sur la largeur de la ruche, et on aura une idée de celle de M. *Mahogani*. Des ouvertures latérales établissent des communications entre les trois divisions. Ce cultivateur a ajouté des ouvertures sur la couverture pour y placer des bocaux de verre où les abeilles travaillent en cire et en miel.

La ruche de M. *Serain* est composée de plusieurs boîtes de 10 à 12 pouces en carré, de 4 à 6 pouces de hauteur, placées les unes derrière les autres, et percées d'un trou pour établir la communication de l'une à l'autre.

Celle de M. *Ravenel* est également composée de trois boîtes qui ont chacune dans le milieu une séparation qui forme une boîte haute et une basse. Quand elles sont réunies, elles forment une surface carrée de 2 pieds 1 pouce, en y comprenant le couvercle et la planche qui leur sert de support. Leur profondeur est de 11 pouces. C'est donc la réunion de trois ruches avec une hausse, disponible pour un seul es-

---

unes de leurs opinions que parce qu'elles m'ont paru contraires au but qu'ils s'étoient eux-mêmes proposé, une meilleure culture des abeilles. Ma manière de voir à ce sujet est bien rendue par les vers suivans :

Qu'il est grand, qu'il est doux de se dire à soi-même :
Je n'ai point d'ennemis, j'ai des rivaux que j'aime !
Je prends part à leur gloire, à leurs maux, à leurs biens ;
Les arts nous ont unis, leurs beaux jours sont les miens.

saim. Une ouverture placée à droite et à gauche sur la partie antérieure des doubles cloisons qui séparent les ruches établit une communication entre les trois parties. On fait à la planche extérieure deux petites fentes ou traits de scie répondant aux ouvertures, afin qu'avec une petite lame de fer-blanc, qui a les mêmes dimensions et qu'on introduit par dehors, on puisse les fermer pour ôter la communication avec les ruches latérales lorsqu'on veut les visiter et prendre du miel. Alors on détache facilement les planches des côtés avec la pointe d'un couteau, ou on enlève les ruches des côtés. M. *Ravenel* ne touchoit pas à la ruche du centre, et il déclare que pendant quatorze ans il ne lui sortit pas un essaim.

Ruche de M. Gelieu.

La ruche de M. *Gelieu*, plus simple que les précédentes, forme une caisse de 1 pied de hauteur en dedans, 9 de large et 15 à 18 de profondeur. Cette caisse est garnie de son fond et de sa couverture; on la scie par le milieu du haut en bas pour la diviser en deux parties égales, et telles que l'entrée soit coupée en deux. Cette division étant faite, on applique à chaque moitié une cloison de 3 ou 4 lignes pour former le côté ouvert. Ces cloisons ont 6 à 8 lignes de longueur de moins que les côtés de la ruche, et il reste cet intervalle entre le fond et la cloison pour donner aux abeilles le passage d'un côté à l'autre.

M. *Bosc* a adopté cette ruche, mais en détruisant les cloisons.

M. *Delatre*, de Versailles, a suivi la ruche de M. *Bosc*; mais il a ôté le fond et la couverture, et a fermé sa ruche dans la partie supérieure avec les planches du devant et du derrière qu'il a inclinées de manière à ce qu'elles se touchent et représentent la couverture d'une maison ou un lutrin. Il l'a aussi coupée en quatre parties au lieu de deux.

On a voulu imiter ces ruches en coupant des ruches en paille en deux parties; mais la difficulté de réunir ces deux parties sans laisser beaucoup de vides que les abeilles sont obligés de garnir de propolis, opération longue et qu'elles sont souvent obligées de renouveler, les a fait abandonner.

Ruche Villageoise.

D'autres cultivateurs se sont contentés d'employer la ruche en paille, dont la partie supérieure se termine en demi-sphère. Mais ils l'ont coupée en deux parties inégales sur la hauteur. MM. *Chabouillé* et *Brancherie* s'étoient occupés de la perfectionner, et en dernier lieu M. *Lombard* l'a un peu modifiée en augmentant la partie inférieure qu'on nomme le corps de la ruche, et en diminuant la partie supérieure à laquelle on a donné le nom de couvercle ou de calotte, parce qu'elle en a la forme. Cette diminution est relative à son canton qui n'est pas très-favorable aux abeilles. Dans les lieux où la récolte seroit plus abondante, on pourroit faire le couvercle plus grand. Il a fait aussi quelques changemens au plancher ou fond attaché sur la partie supérieure du corps de la ruche, en ne faisant les ouvertures dans ce plancher pour établir la communication avec la calotte que sur les bords et non dans le centre, ainsi que je l'ai indiqué pour les planchers ou fonds des ruches à hausses. Ce fond a 6 lignes d'épaisseur, et s'attache au corps de la ruche, qu'il ne déborde pas, avec du fil de fer. Il a distingué cette ruche par le nom de ruche villageoise.

Je pense que le plancher pourroit se faire comme pour les ruches à hausses en ouvrage de vannerie, ce qui rendroit la ruche moins dispendieuse.

Telles sont les différentes espèces de ruches inventées jusqu'à ce jour. Mais l'habitude, le prix de ces ruches et quelques défauts, ont déterminé les cultivateurs à s'en tenir aux ruches les plus simples et d'une seule pièce. Pour décider s'ils ont eu raison ou tort, il est bon d'examiner les principes qui doivent diriger dans la construction des ruches.

Sous quels rapports on doit considérer les Ruches.

Les ruches peuvent être considérées sous plusieurs rapports, soit comme plus commodes pour les abeilles, et plus propres à les garantir des influences de l'atmosphère et des attaques de leurs ennemis, soit comme plus avantageuses aux cultivateurs pour leur éviter des frais, pour multiplier aisément les abeilles, les exploiter avec facilité et en tirer plus de bénéfice. Malheureusement il est presqu'impossible d'avoir une ruche qui présente tous ces avantages, et nous serons forcés de donner la préférence à celle qui en réunira le plus, en considérant qu'il est de principe, en agriculture, qu'une augmentation de dépense, lorsqu'elle n'est pas trop forte et qu'elle peut être facilement supportée par les cultivateurs, ne doit pas nous arrêter si les améliorations qui en résultent dédommagent des premières avances.

Rapports relatifs aux Abeilles.

Il est constaté par l'expérience que les abeilles préfèrent un logement proportionné à leur nombre, qu'elles paroissent dégoûtées et travaillent avec moins d'ardeur quand elles sont dans une ruche trop grande, et finissent souvent par l'abandonner, ou qu'elles s'épuisent en essaims dans une ruche trop petite.

On doit donc proportionner la grandeur des ruches à la force des essaims, et, sous ce rapport, les ruches dont on peut varier les dimensions ont un grand avantage sur les autres, à moins qu'on ne trouve le moyen d'égaliser les essaims.

Les abeilles aiment à commencer leurs rayons dans un lieu peu large où elles puissent concentrer la chaleur pour le couvain, et même pour elles lorsqu'il fait froid. J'ai déjà observé qu'elles étoient sensibles au froid, et dès qu'il est vif et qu'il gèle, elles se réunissent dans la partie supérieure de la ruche. Sous ce point de vue, les ruches dont la partie supérieure est en demi-sphère ou en cloche sont préférables à celles qui sont carrées ou se terminent en angle aigu; et celles en paille valent mieux que toutes les autres pour conserver une température plus égale. Il n'y a que celles de bois qui peuvent, lorsqu'elles sont épaisses, leur disputer ce dernier avantage.

Quand les abeilles entrent dans une ruche, elles commencent par y mettre du propolis pour attacher leurs rayons. La récolte de cette matière est longue et difficile. Dans les ruches d'une seule pièce, lorsque les rayons sont attachés, elles n'ont plus qu'à les continuer du haut en bas, au lieu que dans celles à plusieurs divisions sur la hauteur, il faut qu'elles recommencent ce travail à chaque division, ce qui consomme beaucoup de propolis et de temps. Ici tout l'avantage est pour les ruches d'une seule pièce, ou au moins sans divisions sur la hauteur, et les abeilles ne sont pas exposées à perdre un temps précieux pour passer d'une partie à une autre.

Les vapeurs que les matières contenues dans la ruche et la transpiration des abeilles y forment journellement, s'élèvent dans la partie supérieure, s'y attachent et s'y condensent. Si cette partie est en pente, elles coulent le long des parois de la ruche, mais si elle est plate, elles tombent goutte à goutte sur les abeilles. La forme qui prévient cet inconvénient est à préférer aux autres.

Les abeilles ont des ennemis dangereux dans la belle saison, et plus encore l'hiver. Les piverts les attaquent à force ouverte, et ont bientôt percé les ruches de paille et d'osier. La famille des rats s'y introduit avec facilité et détruit en peu de temps les abeilles et leurs provisions. Ici l'avantage est entièrement du côté des ruches en bois et en terre cuite.

Un autre ennemi très-redoutable, quoique foible en apparence, la fausse-teigne, s'introduit dans les ruches et y commet de grands ravages. Les ruches en bois et en terre cuite sont encore préférables pour les en garantir ou les y détruire.

Mais des expériences, qui me sont propres, constatent, comme je le dirai plus bas, qu'elle attaque de préférence les vieilles ruches, c'est-à-dire celles dont la cire est ancienne, plus odorante et mêlée de matières hétérogènes. Les ruches qui fournissent les moyens de la renouveler sont donc très-utiles pour les abeilles, parce que, si on y parvient, on n'aura que de la cire nouvelle, et la fausse-teigne sera moins attirée dans les ruches.

Les ruches qui présentent en outre les moyens les plus faciles de les nettoyer, d'en enlever les œufs de la fausse-teigne et d'y renouveler l'air au besoin, méritent la préférence.

Telles sont les considérations relatives aux abeilles, et d'où leur prospérité dépend plus ou moins suivant les climats qu'elles habitent, la multiplication de leurs ennemis et les soins et la vigilance des cultivateurs.

Considérations relatives aux Cultivateurs.

Quant à ces derniers, leur intérêt exige qu'ils multiplient les abeilles autant que les cantons qu'ils habitent le permettent, en raison de la quantité de nourriture qu'elles peuvent y trouver dans les années ordinaires. Ce point est d'autant plus essentiel,

1°. que la France ne contient probablement pas plus de la moitié des abeilles qu'elle pourroit nourrir, et que les matières qui leur servent à faire le miel et la cire ne peuvent être employées à autre chose et sont perdues pour le commerce ; 2°. que si les ruches ne sont pas propres à multiplier les essaims, ils doivent nécessairement diminuer à raison des ennemis qui les attaquent, et des années qui leur sont quelquefois contraires, soit parce qu'elles ne trouvent pas une quantité suffisante de nourriture, soit parce que cette nourriture n'est pas saine et leur donne des maladies, soit enfin parce que les variations de l'atmosphère peuvent faire périr le couvain.

Il faut donc des ruches telles que les abeilles puissent y donner des essaims pour remplacer les pertes qui ont lieu, et augmenter leur nombre ; il faut que ces ruches soient disposées de manière à ne fournir que de forts essaims, et n'en donnent pas assez pour s'épuiser. Or l'expérience a démontré que la mère-abeille ne pondoit qu'un certain nombre d'œufs tous les ans, que sa fécondité n'étoit pas la même dans tous les lieux, et qu'elle étoit subordonnée à la température et à l'abondance de nourriture. Il est également de fait que les abeilles, à raison des circonstances où elles se trouvent, ne vivent qu'un an, et qu'avant de donner un essaim il faut qu'elles réparent les pertes de la ruche, qu'ainsi les essaims ne peuvent être que l'excédant de population de la mère ruche.

La grandeur des ruches doit donc être relative à la fécondité de la mère-abeille, et pas assez grande pour contenir la ponte d'une année. Leurs dimensions doivent donc varier suivant les lieux, être grandes dans les cantons qui leur sont très-favorables, médiocres dans ceux qui le sont moins, et petites dans les mauvais.

La récolte des essaims dure plus d'un mois, et se fait dans une saison où le temps est précieux pour les cultivateurs. Ces essaims ne sont pas toujours commodes à recueillir, et beaucoup se perdent. Il est donc avantageux pour les cultivateurs d'avoir des ruches qui préviennent tous ces inconvéniens.

La plus ou moins grande facilité de manier les ruches, de les soigner, de les exploiter et de pouvoir le faire sans nuire aux abeilles en s'emparant d'une quantité trop considérable de leurs provisions, doit entrer en considération pour leur choix, puisqu'il en résulte des bénéfices plus ou moins grands pour le propriétaire, et que la conservation des abeilles en dépend.

La forme des ruches n'est donc pas indifférente pour les cultivateurs, et celle qui présente les avantages précités mérite la préférence. Enfin on doit avoir égard au prix des ruches, et choisir celles qui, réunissant les mêmes avantages, sont les moins dispendieuses. Jamais on ne pourra déterminer les cultivateurs à faire une avance très-considérable, s'ils peuvent parvenir aux mêmes résultats, ou à-peu-près, avec une dépense modique. On ne doit pas même essayer de le faire.

Telles sont les données qui doivent servir de base

pour le choix d'une ruche. C'est en comparant les avantages et les inconvéniens de celles proposées sous les rapports des abeilles et des cultivateurs que je mettrai ces derniers à même de décider à laquelle ils doivent donner la préférence.

Avantages et inconvéniens des Ruches d'Osier.

La forme des ruches d'osier, de troëne, etc. est avantageuse pour les abeilles quoiqu'un peu trop étroite dans la partie supérieure. Elle est favorable aux abeilles pour commencer leurs travaux, pour concentrer la chaleur dans un petit espace. Elle facilite l'écoulement des vapeurs le long des parois, quoique ces vapeurs condensées coulent difficilement à raison de l'inégalite des parois, et soient quelquefois volatilisées avant d'avoir atteint le plateau, ce qui doit rendre ces ruches plus humides que les autres et nuire aux abeilles dans les lieux bas et les cantons pluvieux. Elles sont en outre à très-bas prix, ce qui permet de les sacrifier quand on s'en est servi une fois. C'est probablement à cette cause que les ruches de troëne doivent leur réputation d'écarter les fausses-teignes. Comme elles ne servent que deux ou trois ans dans beaucoup de cantons, la fausse-teigne ne peut guère s'y établir que la troisième année, et la ruche est détruite ordinairement avant que la larve ait commis de grands ravages.

Mais comme elles sont fort minces, la chaleur y varie promptement comme celle de l'atmosphère. Les moindres gelées peuvent s'y faire sentir et les grandes chaleurs y être également nuisibles. C'est dans ces ruches qu'on a vu souvent la cire se fondre quand elles n'étoient pas bien garanties par des paillassons fort épais. Sous ce rapport, elles ne doivent être employées que dans les latitudes très-tempérées, à l'ouest de la France, dans les départemens maritimes où le voisinage de la mer rend la température plus égale, sans cependant la rendre trop humide.

Les abeilles n'y sont point à l'abri de leurs ennemis qui y pénètrent facilement. Si la fausse-teigne y a pondu à l'automne, ses œufs y passent l'hiver et y éclosent au printemps sans qu'on puisse les détruire à raison des inégalités du tissu.

On ne peut les manier sans s'exposer à fendre et souvent même à faire tomber quelques parties de l'enduit ou pourget dont elles sont couvertes. Ce pourget peut, en se desséchant, se fendre sur-tout dans les grandes chaleurs, et forcer les abeilles à une grande consommation de propolis si on n'a pas l'attention d'y faire les réparations nécessaires. Il leur en faut d'ailleurs beaucoup plus pour attacher leurs rayons dans ces ruches que dans les autres, et j'ai déjà observé que la récolte de cette matière étoit lente et pénible.

On ne peut exploiter ces ruches qu'en étouffant les abeilles, ou en les chassant après l'essaimage, opération qui entraîne dans ce genre de ruches difficiles à récolter, à raison des baguettes et de la position du miel placé dans le fond de la ruche, la perte du couvain ou d'une grande partie. On n'a d'autres ressources pour éviter ces inconvéniens que de couper au hasard la partie supérieure de la ruche, et de recouvrir la partie inférieure par une ruche vide qu'on force un peu pour qu'elle la recouvre de quelques pouces. Cette hausse fait un grand vide dans la partie supérieure, et les abeilles ne peuvent le remplir que dans les cantons très-abondans. Si elles n'y parviennent pas avant l'hiver, elles ne peuvent concentrer la chaleur dans aucun point de la ruche, et elles sont exposées à périr l'hiver.

Enfin il est très-difficile de les exploiter sans mêler dans le miel du pouget qui le gâte et lui donne une qualité inférieure.

Tous ces inconvéniens doivent les faire proscrire. Leur prix pourroit seul déterminer les cultivateurs à en faire usage, si celles en paille n'étoient pas à aussi bon marché. Mais comme ils ont sous la main la paille comme les arbustes propres à faire les ruches en vannerie, et que celles en paille sont plus faciles à confectionner, et ont de grands avantages sur les premières, ils ne doivent pas balancer à leur donner la préférence.

Avantages et inconvéniens des Ruches de Paille.

Les ruches en paille d'une seule pièce, dont la partie supérieure est en demi-sphère ou en cloche, réunissent les avantages des paniers d'osier, de faciliter les travaux des abeilles, d'empêcher les vapeurs condensées de retomber sur elles, et d'être peu dispendieuses. Elles conservent une chaleur plus égale : elles mériteroient la préférence si elles n'étoient pas si faciles à percer par les ennemis des abeilles, qui y sont continuellement exposées à devenir la proie de leurs ennemis si les cultivateurs manquent de vigilance. Elles ont les mêmes défauts que les ruches d'osier pour faire la récolte, à l'exception de la malpropreté, parce que le miel y est également placé dans la partie supérieure des rayons, et qu'il n'y en a sur les côtés que dans les années d'abondance, à l'époque où l'on pourroit les châtrer sans les détruire. Il est également presqu'impossible d'y détruire les œufs de la fausse-teigne.

Avantages et inconvéniens des Ruches en Bois.

Les ruches en bois ont un grand avantage sur celles en paille, c'est de les garantir de leurs ennemis pendant l'hiver, et de pouvoir y détruire plus facilement les œufs de fausses-teignes appliqués contre les parois intérieures de la ruche. Il est à remarquer que la fausse-teigne attaque moins ces ruches que celles en pailles. Toutes celles dont on vante la durée étoient en bois. Quand les planches qui les composent ont 1 pouce d'épaisseur, et qu'elles sont dans un rucher fermé, ou qu'on leur donne un surtout ou chemise de paille, comme à celles en paille et en osier, elles conservent une chaleur assez égale, et garantissent l'hiver les abeilles de leurs ennemis. Mais leur forme large, carrée et platte dans la partie supérieure de la ruche est incommode et nuisible aux abeilles par les raisons indiquées ci-dessus. Leur exploitation présente les mêmes difficultés que celles d'osier et de paille, et elles sont en outre plus chères, principalement dans les cantons où le bois et la main-d'œuvre sont à un prix fort élevé.

Toutes ces ruches ont un autre inconvénient. On ne peut y avoir que des essaims naturels qui varient constamment de force. Si l'on veut avoir des essaims artificiels, il faut les chasser, et cette opération demande de l'usage et du temps pour réussir.

C'est pour faciliter les moyens d'exploitation qu'on a coupé les ruches en plusieurs parties ; mais en évitant un inconvénient, on est tombé dans plusieurs autres.

Avantages et inconvéniens des Ruches à Hausses.

Les ruches à hausses sont très-commodes pour enlever une partie des provisions des abeilles, sans les tourmenter ni en détruire. Quand les segmens sont petits, on peut en enlever un ou plusieurs, sans crainte de leur nuire, si l'année est favorable ; mais ces ruches ont l'inconvénient d'être plates à leur superficie, et de donner plus de travail aux abeilles, qui sont obligées d'attacher leurs rayons à chaque segment.

Quand une ruche est composée de quatre ou cinq segmens, et qu'on n'en peut prendre qu'un par an, le segment du bas n'est enlevé que la cinquième année. La cire a donc resté quatre ans dans la ruche ; elle est brune et chargée des dépouilles des abeilles (les toiles que filent leurs larves) ; plusieurs alvéoles restent remplis de pollen, et le miel mêlé avec toutes ces matières en prend un goût âcre et perd de sa qualité.

S'il y a beaucoup de couvain et de pollen dans la ruche, l'augmentation de poids n'est pas toujours une preuve de l'abondance du miel, et comme on ne peut vérifier autrement la ruche, on est exposé à en trop prendre et à perdre ses abeilles.

Les fausses-teignes y sont attirées plus puissamment que dans les ruches où la cire se renouvelle ; si elles ont pondu dans la hausse du bas qui remonte après la cueillette, leurs œufs y éclosent en sûreté, et les vers ruinent la ruche sans qu'on puisse y apporter remède, à moins qu'on ne s'aperçoive de bonne heure du dégât et qu'on ne retire la hausse avant que les larves n'aient pénétré par-tout.

Je sais bien qu'on peut résoudre quelques-unes de ces objections. Mon estimable ami, M. *Béville* (de Saint-Denis), m'en a donné la preuve dans ses ruchers. Avec de la vigilance, il écartoit la fausse-teigne de ses ruches en bois, qui, comme je l'ai observé, y sont moins sujettes que celles de paille et d'osier.

Il ne récolte non plus que lorsqu'il peut le faire sans nuire à ses abeilles ; et, pour en avoir la certitude, il a derrière toutes les hausses de chaque ruche, une ouverture de 4 à 5 pouces de long sur 2 de large, avec une feuillure tout autour. Il y place un morceau de verre et le recouvre d'un petit volet maintenu par deux charnières. En ouvrant les volets, il s'assure des hausses où il y a du miel, et juge par-là des ruches où il peut enlever une hausse; mais des ruches de 20 livres pièce, comme les siennes, ne peuvent convenir à tous les cultivateurs, et tous ne peuvent donner les mêmes soins à leurs abeilles.

Ces ruches ne me paroissent propres que pour les cantons très-favorisés de la nature, où l'on peut faire plusieurs récoltes et enlever chaque année deux segmens ou plus, parce qu'alors les alvéoles seront moins chargés de toile et de pollen, et la cire du bas étant nouvelle, les abeilles n'auront pas à redouter les fausses-teignes.

Avantages et inconvéniens de la Ruche dite Villageoise.

Les ruches en paille à deux pièces, le corps de la ruche et le couvercle, ont quelques avantages marqués sur les ruches à hausses dans les positions médiocres, et ce n'est pas sans de bonnes raisons que M. *Lombard* les a préconisées. Elles ont tous les avantages des ruches d'une seule pièce; car je compte pour peu de chose l'ouvrage que les abeilles sont obligées de faire pour attacher les rayons au plancher, attendu qu'il n'a lieu qu'une fois.

La mère ne pond qu'une fois dans le couvercle, et le miel qu'on en tire n'est point mêlé avec des matières hétérogènes, si l'on a eu l'attention de ne percer le plancher que sur les côtés ou de boucher le trou du milieu. Il est certain que dans toutes les parties de la France, comme les environs de Narbonne, où l'on s'occupe plus de la qualité du miel que de la quantité, cette ruche est à préférer à toutes celles connues, à l'exception de celle que M. *Bosc* a adoptée, et qui procure le même avantage de fournir du miel, qui a été placé immédiatement dans de la cire nouvelle, qui n'a servi ni à l'éducation des jeunes abeilles ni à mettre du pollen.

La récolte du couvercle se fait avec une grande facilité, et qui est quelquefois même funeste aux abeilles, par l'avidité des cultivateurs qui s'emparent du miel sans calculer s'il en reste pour l'essaim dans le corps de la ruche, sans pouvoir toujours en être sûrs, parce qu'ils n'ont que la pesanteur du corps de la ruche pour s'en assurer. Ce moyen est souvent douteux, puisqu'on ne peut décider si le poids a pour cause le miel ou le couvain et le pollen, et même le miel candi, quand il a vieilli dans la ruche; et dans cet état il devient inutile aux abeilles.

Le couvercle dépouillé du miel ne se remplit pas toujours, et alors il reste un vide au-dessus des abeilles qui leur est nuisible pendant l'hiver, si l'on n'a pas l'attention de le tirer et de mettre un couvercle plat. Cette ruche est comme celles en paille, exposée aux attaques des mêmes ennemis; elle a un inconvénient que M. *Lombard* n'a pas été probablement à même d'apercevoir, puisqu'il n'a cherché à y remédier qu'en employant les moyens propres pour toutes les ruches.

On ne récolte que le couvercle. Or, le corps de la ruche étant garni de la même cire pendant plusieurs années, cette cire, plus odorante et chargée de matières étrangères, attire davantage la fausse-teigne qui peut ruiner la ruche. Si elle n'y entre pas, les alvéoles, à force de servir pour la multiplication des abeilles, sont tapissés d'une si grande quantité de toiles, que leur diamètre se réduit, et nuit au développement des abeilles ouvrières. Il est vrai que M. *Lombard* propose de les transvaser en mettant un corps de ruche vide sous une ruche, dont il enlève le couvercle; mais il faut des années favorables pour que cette opération réussisse, au moins dans les environs de Paris. J'en ai eu pendant deux ans, sans qu'elles aient travaillé dans le corps de ruche inférieur. D'ailleurs, il faut alors deux corps de ruches, ce qui double la dépense. Cette augmentation considérable de logement rend la garde plus difficile, et les fausses-teignes s'y introduisent plus aisément.

Avantages et inconvéniens de la Ruche de M. Ravenel.

La ruche de M. *Ravenel* présente la réunion de trois ruches plutôt qu'une; elle a l'avantage de fournir, comme celle perfectionnée par M. *Lombard*, un miel bien pur, et d'être facilement récoltée. Carrée comme celles en bois, elle en a les mêmes qualités et les mêmes inconvéniens, autres que celui de l'exploitation; mais il est difficile, quand on fait la récolte, d'apprécier ce qu'il faut prendre et ce qu'il faut laisser. La partie du centre suffit quelquefois la première année et même la seconde pour l'essaim. Les deux autres ne servent pas alors aux abeilles, et ont occasionné une dépense inutile : on ne touche jamais à la partie du centre dont les alvéoles se remplissent de toiles et de pollen; enfin cette ruche s'oppose à la multiplication des abeilles, fait constaté par M. *Ravenel* lui-même. Ce seul défaut suffiroit pour n'en pas admettre l'usage; car, je le répète, si les ruches ne fournissent pas d'essaims, le canton doit à la longue se dépeupler d'abeilles.

Avantages et inconvéniens de la Ruche de M. Serain.

M. *Serain* a le dernier proposé une ruche nouvelle. Elle a les inconvéniens et les avantages de celle de M. *Ravenel;* mais elle doit essaimer plus facilement. Il avoit pensé qu'en faisant sa ruche très-basse et fort longue, en la divisant en trois parties, les unes derrière les autres, il obtiendroit des résultats plus heureux. Cette ruche est contraire à celles établies en France, sur le principe que les abeilles aiment mieux travailler en hauteur qu'en largeur. Il est parvenu à son but d'une exploitation plus facile par sa division en trois parties; mais quand il a supposé qu'on feroit aisément des essaims artificiels avec sa ruche, je crois qu'il a eu tort, parce qu'un essaim, obligé de se loger en trois parties aussi basses, se place dans l'une et met ses provisions dans les autres. Quand les froids succèdent aux grandes chaleurs, l'essaim se réunit entièrement dans le même local, et s'il ne peut y tenir, ce qui reste dans les autres parties doit périr. Si les abeilles sont dans la partie antérieure, elles courent même de grands dangers, celle du bas étant au niveau de l'entrée, puisque la ruche n'a que 4 à 6 pouces de hauteur, quoiqu'elle ait 3 pieds de long sur 1 pied de large, y compris les trois divisions.

M. *Serain*, en les considérant comme très-propres pour former des essaims artificiels, suppose le même avantage à celles à hausses et à celles de M. *Gelieu*. Je puis me tromper; mais je crois que toutes ces ruches divisées en plusieurs parties, et qui n'ont qu'une ouverture dans le bas pour établir la communication entre elles, n'y sont nullement propres, à moins qu'étant trop considérables pour une seule famille, comme celle de M. *Ravenel*, un second essaim s'y établisse en particulier. C'est alors un essaim naturel qui doit être promptement séparé de la ruche mère; autrement les deux essaims seroient exposés à se détruire.

En effet, dans une ruche, soit à hausses, soit divisée en plusieurs parties qui n'ont de communication que par un trou au bas des cloisons, les abeilles commencent par se loger dans une partie. Dans celles à hausses, elles s'établissent dans la partie supérieure et y déposent le couvain; mais à mesure qu'il éclôt et qu'elles se procurent du miel, elles descendent et placent le couvain dans la partie inférieure. Veut-on faire des essaims artificiels en divisant la ruche en deux ou trois parties, on n'aura que du miel, peut-être un peu de pollen, point de couvain, et seulement quelques abeilles dans la partie supérieure, à moins qu'on ne les force à y monter, et le bas contiendra le couvain et la masse des abeilles. Il en est de même des ruches de MM. *Ravenel* et *Serain ;* et celle de M. *Gélieu ;* quoique plus favorable, a cependant le même défaut ; ce qui a déterminé M. *Bosc* à supprimer les cloisons. M. *Serain* en convient lui-même : « Le seul inconvé» nient, dit-il, que j'ai remarqué aux ruches de » M. *Gélieu*, c'est lorsque la reine reste plusieurs » années de suite dans le même côté : on ne peut alors » le vider. La cire et le miel y vieillissent ; les fausses» teignes s'y mettent, et l'on n'a alors d'autre res» source que de transvaser cette ruche. »

Cette observation de ce cultivateur confirme le raisonnement suivant : Pour faire des essaims artificiels, en séparant la ruche en plusieurs parties, il faut nécessairement des ruches sans divisions intérieures, ou telles qu'elles ne présentent aucun obstacle à la communication entre ses parties. On doit pouvoir séparer la ruche en deux parties égales sur la largeur, et non sur la hauteur, de manière qu'on puisse partager également les abeilles, le couvain et les provisions. Or aucune des ruches précitées ne présente cet avantage.

Avantages et inconvéniens de la Ruche de M. Gélieu.

Celle de M. *Gélieu* joint aux avantages et aux inconvéniens de celle en bois d'une seule pièce, la facilité de l'exploitation. Il suffit de détacher les cloisons pour faire la récolte ; mais elle n'est pas propre pour les essaims artificiels, comme je viens de le démontrer. En général, les abeilles et le couvain sont d'un côté, et les provisions dans l'autre partie.

M. *Bosc*, par la suppression des deux cloisons, l'a rendue d'une grande commodité pour les essaims artificiels. Comme sa ruche ne diffère d'une ruche d'une pièce en bois que par un coup de scie qui la sépare en deux parties sur la largeur, et qu'il détermine les ouvrières à former des rayons parallèles aux côtés à droite et à gauche de la fente, les abeilles travaillent également dans les deux parties ; et, en les séparant, on forme deux divisions qui ne diffèrent qu'en ce que la mère est dans une partie. Je reviendrai sur cette ruche.

Avantages et inconvéniens de la Ruche de M. Delatre.

M. *Delatre* a adopté également la ruche de M. *Gélieu*, mais sans cloisons. Comme il connoissoit les inconvéniens attachés aux couvertures plates, il a voulu les prévenir par la forme triangulaire, et il est tombé dans le défaut opposé. L'angle qui termine la partie supérieure de sa ruche la réduit à peu de chose. Dès que la provision de miel est faite, les abeilles qui le placent dans la partie supérieure sont forcées de descendre le couvain dans le bas, ce qui doit lui préjudicier dans les temps froids. Les abeilles, à raison de cette forme, ne peuvent se réunir dans la partie supérieure quand il gèle, et elles sont forcées de s'éparpiller dans toute la largeur de la ruche.

En divisant la ruche en quatre, il peut enlever une partie bien garnie de miel pour la donner à une ruche foible.

Avantages et inconvéniens des Ruches en Terre cuite.

Les ruches en terre cuite sont excellentes pour préserver les abeilles de leurs ennemis, à l'exception de la fausse-teigne qui s'y introduit, mais plus difficilement que dans celles de paille et de vannerie. J'en crois l'exploitation facile, quand on a déterminé la position des rayons. On peut les augmenter ou les diminuer à volonté, en plaçant les couvercles en dedans, au lieu de leur faire recouvrir les extrémités des cylindres. Les abeilles peuvent y concentrer la chaleur dans la partie supérieure; les vapeurs condensées y coulent le long des parois et sortent facilement de la ruche; elles sont faciles à nettoyer; mais elles ont le défaut d'être très-froides, et ne peuvent convenir, sous ce rapport, qu'aux climats chauds; elles sont difficiles à manier et très-fragiles. Les abeilles sont forcées de travailler beaucoup sur la longueur : on ne peut les placer par-tout; il faut un rucher couvert; enfin on ne peut y forcer un essaim, ni en faire un en séparant la ruche en deux parties. Ces inconvéniens, qui l'ont fait probablement abandonner, empêcheront de la reprendre dans les températures tempérées.

M. *Bien-Aimé* a imité ces ruches en paille; mais, en corrigeant le défaut relatif à la chaleur, il leur a fait perdre leurs autres avantages, et a donné lieu à un défaut majeur. Comme la ruche n'est qu'un cylindre couché, toutes les vapeurs qui se condensent dans la partie supérieure coulent le long des parois jusqu'au fond de la ruche; mais les rouleaux formant de petits sillons, ces vapeurs réduites en eau, s'y accumulent sans pouvoir sortir de la ruche, et s'y mêlent avec les ordures que les abeilles ne peuvent enlever. Elles séjournent dans la ruche, pourrissent la partie où elles reposent et y croupissent; leurs exhalaisons doivent, en outre, nuire aux abeilles, et y attirer la vermine. Ces ruches ont encore tous les défauts des autres ruches de paille, et n'en ont pas tous les avantages.

Telles sont les ruches inventées jusqu'à ce jour. Elles prouvent l'attention qu'on donne aux abeilles depuis un siècle et l'intérêt qu'on y met. Je n'ai caché ni les défauts ni les bonnes qualités de ces ruches. Les cultivateurs seront à même de choisir. Si on me demandoit mon avis, j'observerai que, quant à la matière à employer, le bois me paroît celle qui est sujette à moins d'inconvéniens, et que, quand à la forme, celle de M. *Gelieu*, modifiée par M. *Bosc*, me paroît la plus avantageuse aux cultivateurs; cependant elle n'est pas sans défauts. Ce savant lui reproche d'être plate dans sa partie supérieure, forme gênante pour les abeilles. J'ajouterai qu'elle est trop large dans cette partie; qu'on ne peut la visiter qu'en l'ouvrant, parce qu'elle a un fond (1), et qu'il n'est pas facile de juger quand elle est bien garnie de miel,

(1) J'observe que M. *Bosc* n'a conservé le fond de ses ruches que pour avoir la facilité de les suspendre.

parce qu'on ne voit que les deux rayons du milieu ; enfin qu'elle n'est pas facile à récolter, parce qu'il faudroit couper ces deux rayons qui contiennent ordinairement le couvain pour atteindre les autres et les enlever en entier.

Si M. *Bosc* ne s'étoit occupé que d'abeilles, au lieu de se livrer à tant de parties d'histoire naturelle et d'agriculture, d'une importance majeure, il m'auroit évité le travail dont je m'occupe maintenant. Son article *Abeille*, du *Cours complet d'Agriculture*, en est la preuve.

Ruches à la Bosc.

Je vais, à son défaut, essayer de modifier cette ruche, et les cultivateurs jugeront si j'ai réussi à la rendre plus commode pour les abeilles et pour eux. Je crois l'avoir fait par les proportions suivantes, qui ne compliquent pas plus la ruche ; mais mon amour-propre pourroit m'induire en erreur.

On donnera à la ruche composée de planches d'environ 27 millimètres (1 pouce) d'épaisseur, environ un tiers de mètre (1 pied) de profondeur en dedans, et un neuvième de moins sur la largeur, ce qui la porte à 29 centimètres (10 pouces 8 lignes) de large en dedans*. Le derrière de la ruche aura 43 à 46 centimètres (16 à 17 pouces) de long, et le devant seulement, 38 centimètres (14 pouces). Le devant et le derrière seront un peu inclinés, de manière à réduire la profondeur de la partie supérieure de la ruche à 16 centimètres (6 pouces) ; mais la

* pour que la Ruche puisse contenir 8 rayons, il faudroit que la largeur fût de 8 pouces, plus 9 fois 4 lignes, ou, en total, de 11 pouces dans-œuvre.

largeur restera la même. La couverture aura conséquemment 33 centimètres (1 pied) de largeur en dedans; mais comme elle doit recouvrir les côtés, elle aura près de 38 centimètres (14 pouces) en dehors, sur 24 centimètres (9 pouces). Comme la couverture aura 5 à 8 centimètres (2 à 3 pouces) de pente sur le devant, à raison de la différence de longueur du devant et du derrière, et qu'elle les recouvrira, les 9 pouces en dehors se trouveront réduits à 6 en dedans, profondeur de la ruche. Les côtés recouvriront le devant et le derrière; ils seront mobiles. On placera dans l'intérieur huit baguettes, parallèlement aux côtés et dans l'emplacement des rayons; elles traverseront l'épaisseur des planches de devant et de derrière, et on les y maintiendra en enfonçant un petit coin dans leurs extrémités. Ces baguettes, élevées de 6 à 8 pouces, serviront à soutenir les rayons et à empêcher l'écartement du devant et du derrière. A la rigueur, quatre baguettes pourroient suffire, ou même deux, en les faisant fortes et en les traversant par une baguette plus mince, à angle droit. La ruche n'aura pas de fond, et sera divisée sur sa largeur en deux parties égales. On les réunira avec du fil de fer, et on attachera les côtés de la même manière. Pour cet effet, on place à un demi-pouce du bord de la division, au haut et au bas de chaque côté, un clou ou une cheville un peu plus grosse en dehors qu'en dedans. Les deux parties de la ruche réunies, la distance entre ces chevilles sera d'un pouce au plus. On tournera autour du fil de fer en le croisant, et lui faisant faire deux ou trois tours. On conçoit que plus les chevilles seront rapprochées, et moins les deux parties de la ruche joueront.

On mettra sur le haut de la ruche deux poignées faites avec de la moyenne corde ; il faudra les rapprocher assez pour les prendre toutes les deux avec la même main. Il y en aura une sur chaque partie de la ruche. On fera dans la couverture, à chaque partie, deux ou trois trous placés entre les rayons, qui auront une ligne et demi de diamètre. On le bouchera avec une cheville assez lâche pour la retirer à volonté, et assez longue pour pénétrer d'une ligne au moins dans la ruche. Ces trous serviront à renouveler l'air et à faire sortir la fumée. Si on fait l'entrée dans le plateau, il sera inutile d'en établir dans la ruche. S'il n'y en avoit pas, on feroit sur le devant et au bas de la ruche une entaille de 15 à 16 lignes de large sur 5 à 6 lignes au plus de hauteur en dehors, et de 9 à 10 en dedans. Je préfère augmenter la largeur et réduire la hauteur, parce que les abeilles y font plus facilement la garde, et les ennemis des abeilles ont moins de facilité à pénétrer dans la ruche.

On aura des portes de même largeur, mais trois fois plus hautes ; d'un côté, on y fera des entailles pour le passage d'une abeille ; de l'autre, des trous pour donner de l'air. Ces portes seront mobiles et s'attacheront avec un simple clou d'épingle placé au milieu.

Les planches seront blanchies en dedans, mais

brutes en dehors, à l'exception de la couverture, et si les ruches sont à l'air, couvertes d'une ou deux couches de peinture blanche grossière (1). Les dimensions de cette ruche pourront varier suivant les cantons. Les proportions que j'ai établies sont pour les plus petites ; elles n'ont pas tout-à-fait 1 pied cube ; mais la largeur ne pourra augmenter que dans la proportion de 2 pouces 8 lignes, 5 pouces 4 lignes, etc., parce que la largeur est calculée sur le nombre des rayons, et qu'il faut 16 lignes pour un rayon et la distance d'un rayon à l'autre.

On tracera dans chaque partie intérieure de la couverture, et à deux lignes du bord du côté où elles s'unissent, un trait parallèle aux côtés, lorsqu'on voudra se servir de la ruche. On placera en dedans de ce trait un morceau de rayon qu'on attachera à la couverture avec du fil de fer (les abeilles couperoient le fil de lin), qui passera dans des trous pratiqués dans la couverture. On aura l'attention de les mettre bien perpendiculairement, et le long du trait.

Ces morceaux de rayon ne toucheront la couverture que sur deux ou trois points. Pour cet effet, au lieu d'unir le rayon du côté de la couverture, on le creusera un peu. Cette disposition est essentielle pour que les abeilles aient de la place pour attacher ces morceaux de rayon ; autrement elles détruiroient quelques-unes des alvéoles qui touchent la couverture ;

(1) La peinture blanche à la colle peut suppléer à celle à l'huile. Comme la couleur est plus blanche, elle réfléchira mieux la chaleur en été, et la retiendra plus dans l'hiver.

et, dans ce travail, elles seroient exposées à déranger le morceau de rayon.

Il est également utile de placer le morceau de rayon comme le font les abeilles, c'est-à-dire qu'il faut que les alvéoles aient le bord plus élevé que le fond; si on les mettoit en sens contraire, les abeilles, ne pouvant s'en servir, les détacheroient.

On peut compter que la première opération des abeilles dans la ruche sera d'attacher les morceaux de rayon, qu'elles prolongeront ensuite et qui leur serviront pour la direction des autres rayons, de sorte qu'on pourra ouvrir la ruche sans rien briser, parce que les rayons étant parallèles aux côtés, et n'étant point établis sur le point de réunion des deux parties de la ruche, ne mettront aucun obstacle aux opérations.

Avantages de cette Ruche.

Cette ruche me paroît réunir les avantages des autres, et n'a aucun de leurs inconvéniens; elle est simple, sans division pour les abeilles, et d'une construction facile. L'épaisseur des planches y conserve une température assez égale. Son rétrécissement dans la partie supérieure, qui n'a que 6 pouces de profondeur, facilite le travail des abeilles, et comme les rayons n'ont que la largeur de la profondeur de la ruche, la chaleur y est concentrée, quoique la largeur de la ruche soit d'un pied, parce que les rayons ne sont pas dirigés dans ce sens.

La pente de la couverture sur le devant détermine

l'écoulement des vapeurs condensées du côté de l'entrée de la ruche.

La mobilité des côtés et la division de la ruche en deux parties fournissent les moyens de la nettoyer, de la visiter et d'en détruire les fausses-teignes et leurs œufs. Comme elle n'a pas de fond, il suffit de la soulever un peu pour s'assurer si ces insectes destructeurs y ont pénétré, et pour nettoyer le plateau.

Il est très-aisé d'en récolter le miel, au moyen des précautions que j'indiquerai ci-après. C'est la seule, avec celle de M. *Delatre*, propre à former des essaims artificiels, parce que c'est la seule où les abeilles, le couvain et le miel sont également répartis dans les deux parties de la ruche; elle a en outre l'avantage de mettre les abeilles à l'abri des attaques de leurs ennemis; enfin elle n'est pas fort chère, et ce n'est que dans les lieux où la paille est commune et le bois rare, que la grande différence de prix de ces deux matières pourra déterminer les cultivateurs pauvres à préférer celles en paille; mais l'augmentation du prix sera bien compensée par leur durée et les avantages qu'elles procurent. Cette ruche a encore sur les autres un avantage que les circonstances pourront seules faire apprécier.

Le sucre est aujourd'hui si cher, que le miel est d'un usage plus commun, et a augmenté de prix. Tous les miels sont maintenant de défaite; mais si le sucre perd de sa valeur actuelle, comme on doit l'espérer à la paix, les miels seront moins recherchés; alors les bonnes qualités seront seules vendues, et les mauvaises, telles que celui de sarrasin, rebutées.

Mais comme les miels de sarrasin fournissent une belle cire, et qu'ils sont très-abondans, il ne s'agira que de forcer les abeilles à travailler en cire pour tirer parti du miel. Or la ruche que je propose en fournit le moyen : comme les côtés en sont mobiles, et qu'elle s'ouvre par le milieu, il est facile d'en couper les rayons à mesure que les abeilles les formeront avant qu'elles y aient mis du miel, et de renouveler cette opération autant de fois que les circonstances le permettront. J'en indiquerai la manière en parlant de l'exploitation.

Les Abeilles travaillent en Cire dans la belle saison, quand le miel est abondant.

Je sais que plusieurs cultivateurs pensent que les abeilles ne travaillent en cire qu'au printemps, et qu'on ne pourra pas les forcer à en faire dans les autres saisons; mais cette objection n'est qu'illusoire. Les abeilles ne travaillent en cire qu'autant qu'elles en ont besoin, et elles le font pendant toute la belle saison, pour couvrir leurs larves et leur miel de couvercle. Le défaut de matériaux peut seul les arrêter dans leurs travaux; mais tant qu'elles auront du miel, et que la saison sera douce, elles feront de la cire, si elles ont besoin d'augmenter le nombre des alvéoles de la ruche. Ce genre de ruche donne, en outre, la facilité de changer les rayons du centre en les plaçant sur les côtés de la ruche. Il ne faut, pour cet effet, que changer la position des portions de la ruche, et mettre sur les côtés ce qui étoit au centre; mais alors il est nécessaire que la couverture ne déborde pas pour couvrir les côtés; il faut, au contraire, que les côtés remontent jusqu'au niveau de la couverture. Il est également indispensable que l'entrée de la ruche soit pratiquée dans le plateau, et non dans la ruche; autrement, le changement ci-dessus placeroit chaque moitié de l'ouverture sur les côtés.

Pour distinguer ces ruches de celles en deux parties, à la *Gelieu*, je les nommerai ruches à la *Bosc*, parce que ce savant les a le premier modifiées.

Je désire qu'elles justifient le nom que je leur donne; leur usage prouvera qu'elles ne sont pas plus difficiles à soigner que les autres.

Objections contre cette Ruche.

Je prévois qu'on me fera quelques objections sur la forme de cette ruche. Quoique plus favorable pour y concentrer la chaleur et la conserver égale que les ruches carrées, les ruches en paille qui se terminent en demi-sphère sont plus avantageuses, il faut en convenir; mais je n'ai pas prétendu présenter le plan d'une ruche supérieure aux autres dans tous les points. J'ai seulement essayé d'en faire connoître une qui réunît à-la-fois le plus d'avantages et le moins d'inconvéniens pour les cultivateurs et les abeilles.

L'embarras de placer un morceau de rayon n'a lieu que la première fois quand on fait un essaim artificiel, les rayons du côté plein dirigent le travail des abeilles dans le côté vide. Si la ruche avoit servi une fois, et qu'on eût eu la précaution de ne pas enlever le propolis, les abeilles y rétabliroient le travail comme il étoit auparavant, sans avoir besoin d'un morceau de rayon.

La grande objection à laquelle je m'attends est la difficulté d'opérer la taille et de faire la récolte pendant que les deux tiers des abeilles sont dans la ruche. Je puis assurer que, lorsqu'on a mis les mouches en état de bruissement, on travaille aussi tranquillement que si la ruche étoit vide, on le fait même sans danger. Il ne s'agit que d'approcher la fumée quand quelques abeilles viennent sur le rayon qu'on veut couper pour les en écarter. Mais comme il est difficile de détruire toutes les craintes, et de tranquilliser tous les cultivateurs, voici un moyen que je propose pour faciliter l'opération.

Cloison pour cette Ruche.

On a une cloison mobile de 4 à 5 lignes d'épaisseur dans les proportions d'un côté de la ruche. On y fera à un fort pouce ou plus au-dessous de la partie la plus basse de la couverture une première ouverture de 4 pouces de large sur 9 lignes de hauteur, une seconde dans les mêmes proportions 2 pouces $\frac{1}{2}$ au-dessous de la première, une troisième égale 2 pouces $\frac{1}{2}$ au-dessous de la seconde, et la quatrième dans le bas de la cloison.

On disposera quatre morceaux de fer-blanc de 5 pouces de long sur 1 pouce de large. Ces morceaux seront soudés sur deux forts fils de fer, et à une distance telle qu'en les appliquant sur la cloison ils bouchent toutes les ouvertures. On les maintiendra contre la cloison au moyen de quatre pitons dans lesquels on passera les deux fils de fer. Ces pitons ne sont autre chose que quatre morceaux de fil de fer pliés en deux, et dont on a enfoncé les pointes dans la cloison. Les fils de fer doivent être un peu serrés dans les pitons, mais pas trop pour qu'ils puissent monter et descendre. Ils dépassent la partie supérieure de la cloison de $\frac{1}{2}$ pouce quand les ouvertures sont bouchées, et de 1 pouce $\frac{1}{2}$ quand elles sont ouvertes. On met deux clous ou chevilles de chaque côté de la cloison pour l'attacher à une des parties de la ruche.

Au moyen de cette cloison, dont j'expliquerai l'usage en parlant de l'exploitation des ruches, les cultivateurs pourront faire leur récolte après avoir écarté les abeilles, et sans éprouver la moindre gêne.

Comme les quatre ouvertures sont assez grandes pour ne pas gêner le passage des abeilles d'un côté de la ruche à l'autre, il seroit possible que la cloison ne fût pas un obstacle à la ponte égale de la mère-abeille dans les deux parties de la ruche, et qu'on pût la laisser toute l'année. Dans ce cas il faudroit peindre les clôtures de fer-blanc. Mais je n'en répondrai pas. L'expérience seule pourroit en fournir la preuve. Le mieux est de s'en passer, et de n'employer cette cloison qu'au moment de l'exploitation. On évite des frais puisqu'il ne faut qu'une seule cloison, au lieu d'une par ruche. Si le fer-blanc diminuoit de prix on pourroit la faire avec cette matière. Mais si on la laissoit à demeure, il faudroit la peindre pour éviter la rouille.

Telles sont les ruches employées jusqu'à ce jour, et celle que je propose, ainsi que les avantages et les inconvéniens de chacune que j'ai cru y apercevoir. Comme l'amour-propre de chaque auteur le détermine à donner la préférence à la ruche qui est de son invention ou qu'il croit telle parce qu'il l'a modifiée, et que je ne suis pas plus exempt de ce défaut que les autres, je pense qu'il seroit utile qu'on fît des expériences comparatives dans différentes parties de la France, pour décider enfin quelles sont la forme et la matière les plus propres pour les abeilles et les cultivateurs.

Les avantages qui résulteroient pour la France de l'adoption de la ruche la meilleure, et du mode de culture le plus productif, me paroissent assez grands pour faire intervenir le gouvernement dans cette affaire, et le déterminer à charger les Préfets de chaque département et les Sociétés d'Agriculture de s'occuper d'un pareil travail. Un modèle de la ruche ou des ruches reconnues les plus avantageuses pourroit être envoyé dans tous les départemens avec une instruction. On rira peut-être de cette idée qu'on trouvera ridicule; mais ceux qui savent qu'il n'est point de bénéfices à dédaigner en agriculture, et que la Hollande se soutenoit par la vente de ses oignons de fleurs pendant que son commerce de l'Inde lui étoit autant à charge qu'utile, jugeront probablement qu'une bonne culture des abeilles produiroit de bons effets en France, et lui fourniroit des ressources pour payer une partie des denrées qu'elle tire de l'étranger, ou au moins éviteroit une exportation de numéraire.

J'ai dit un modèle de la ruche ou des ruches, parce que je ne me permettrai pas de décider si, à raison du climat, de l'abondance de la nourriture et peut-être même de la rareté de tels ou tels matériaux, on ne seroit pas obligé d'en adopter plus d'une. C'est pour cela que j'en ai fait connoître plusieurs, et que je parlerai de la manière d'y soigner les abeilles. Il faudroit avoir parcouru tous les départemens de la France, avoir examiné leur température, les plantes qu'on y cultive, les soins que les cultivateurs donnent aux abeilles et les effets qui en résultent pour résoudre cette question. Il est bien facile d'établir des systèmes dans le cabinet où tout vous rit et où vous ne rencontrez aucunes difficultés. Mais quand il faut les mettre en pratique, tout s'écroule, et ces projets si séduisans dans la théorie, ces ouvrages si nécessaires aux cultivateurs, et ces inventions qui doivent faire la fortune de ceux qui les exécuteront, tombent d'eux-mêmes après quelques expériences qui ont ruiné ceux qui ont eu la foiblesse d'y croire, et ont déterminé les autres à s'en tenir aux pratiques usitées par leurs ancêtres, sans oser par la suite admettre de nouvelles méthodes, quelque bonnes qu'elles soient, par la crainte d'un sort pareil.

§. IV. *Du Plateau, ou Tablier, ou Siège, ou Tablette.*

Les ruches en bois, en vannerie et en paille se posent sur un plateau ou tablier. Ce plateau ou tablier est en pierre platte, ou en bois, ou en plâtre, ou même en ardoise dans les lieux voisins des carrières où on peut s'en procurer des grandes et épaisses; les meilleurs sont en bois. Ils sont ronds ou carrés suivant la forme des ruches, et doivent avoir 2 pouces de diamètre de plus que celui des ruches. Il leur faut environ 18 lignes d'épaisseur tant pour leur solidité que pour donner la facilité de creuser sur le devant une rainure de 15 à 18 lignes de large sur 6 de profondeur au point d'entrée de la ruche. Cette rainure ou refouillement commence à 8 pouces du bord du plateau et se prolonge jusqu'au bord en pente douce, de manière qu'elle a sur le bord du plateau environ 9 lignes de profondeur.

Ces plateaux, indépendamment de leur solidité, ont un grand avantage sur les plateaux minces, parce qu'on n'a pas besoin de faire de coupe aux ruches, et que les abeilles ont plus de facilité pour jèter les ordures dehors à raison de la pente. Ils sont en quelque sorte indispensables pour les ruches à hausses, sans quoi on seroit obligé de faire une coupe à chaque hausse.

Plateaux en Bois.

Tous les bois peuvent servir parce qu'ils sont couverts; le chêne est préférable parce qu'il est lourd, n'est pas aussi bon conducteur du calorique, et que conséquemment il conserve une température plus égale.

Dans les cantons où le bois est cher, on peut employer des douvelles de barriques après les avoir redressées sur le feu pour en faire. On peut également se servir des bois les plus communs, pourvu qu'ils aient 10 à 12 lignes d'épaisseur. On leur donne seulement ½ pouce de plus que le diamètre de la ruche, et on adopte sur le devant un morceau de planche de 3 pouces en tout sens pour que les abeilles puissent s'y reposer. Comme ces plateaux sont foibles et de plusieurs morceaux, on place deux traverses dessous pour les maintenir. On les met parallèlement si le plateau est carré, et en V un peu ouvert à la pointe s'il est rond.

M. *Palteau* recommande de faire au milieu du plateau une ouverture. On place dessous un tiroir à coulisse où l'on met de la nourriture pour les abeilles quand elles en manquent. Mais ce moyen est trop dispendieux pour être généralisé.

En Pierre ou en Plâtre.

Les plateaux en pierre consistent en une pierre plate proportionnée aux ruches. Il en est de même de ceux en ardoises. Ces deux espèces de plateau sont froids, beaucoup d'abeilles sont exposées à périr à la fin de l'automne et dans les jours d'hiver quand elles s'y reposent.

Ceux en plâtre sont peu dispendieux dans les cantons où le plâtre est commun, et les meilleurs après ceux en bois. Il est bon d'apprendre la manière de les confectionner aux habitans des lieux où cette matière est à bas prix, et où le bois est rare et cher.

On a un moule composé d'un morceau de planche carré ou rond, suivant la forme de la ruche. On cloue autour une latte qui fait un rebord d'environ 18 lignes de haut. Quand on veut faire un plateau, on répand dessus une poignée de plâtre bien fin et fort sec; ensuite on délaie du plâtre grossier mais nouveau et bon, et quand il est pris on le verse dans le moule. On y enfonce aussitôt trois baguettes de 5 à 6 lignes d'épaisseur, et 6 à 7 pouces de long si les plateaux sont ronds, et 4 s'ils sont carrés. On les place de manière qu'elles se trouveront sur les supports. On unit la partie supérieure avec une truelle, et on laisse le tout une demi-heure en l'état. Le plâtre est alors assez consolidé pour retirer le plateau et en faire un second (1).

Si on désire faire le passage des abeilles dans le plateau, et il est utile de le faire, on taille un morceau de bois de 8 pouces de long, et de 15 à 18 lignes de large. Il a 9 à 10 lignes d'épaisseur par une extrémité, et se réduit insensiblement à ½ ligne. On le saupoudre de plâtre fin, et après avoir versé le plâtre dans le moule on pose horizontalement cette petite pièce, la partie la plus épaisse sur le bord du plateau, et la plus mince dirigée vers le centre. On

(1) On peut se contenter d'un cadre si on a une pierre plate et unie pour le poser. Un des côtés du cadre doit être mobile pour le séparer plus facilement du plateau.

l'enfonce dans le plâtre pour la mettre de niveau avec le rebord du moule, et on égalise le plâtre avec la truelle (1). Il est bon de donner une couche de peinture à l'huile à ces plateaux quand ils sont secs.

Au moyen des plateaux qui ont une entaille, on peut se dispenser de portes aux ruches, en faisant les plateaux plus longs que larges. L'entaille étant plus profonde sur le bord, et se réduisant à rien dans l'intérieur de la ruche, il est évident qu'en reculant ou en avançant la ruche on réduiroit ou on augmenteroit la hauteur de l'ouverture.

Supports.

On pose les plateaux sur trois supports, s'ils sont ronds, et sur quatre s'ils sont carrés. Ces supports sont des pieux de 2 à 3 pouces de diamètre, et de 3 à 4 pieds ½ de longueur, suivant que le terrein est plus ou moins humide. On enfonce ces pieux en terre de 18 pouces, on les met en triangle, deux sur le devant et un sur le derrière s'il y en a trois, et en carré s'il y en a quatre. Le plateau doit déborder les supports de 1 pouce ½ pour empêcher autant qu'il est possible les rats, souris, mulots, etc. de monter dessus.

Ces supports peuvent être faits avec toutes sortes de bois; mais on fera bien d'employer, s'il est possible, ceux qui pourrissent le moins en terre. Si on désire

---

(1) On peut ne faire l'ouverture dans le plateau qu'après l'avoir coulé; l'opération est facile avec un ciseau de menuisier.

qu'ils durent long-temps, on les fait équarrir, goudronner dans la partie qu'on enfonce en terre, et peindre dans celle qui est à l'air. On fait des trous, on met une pierre plate au fond, on pose les pieux dessus et on remplit les trous avec de la terre qu'on tasse bien.

Mais si on veut économiser, on peut employer des piquets faits avec des branches d'arbres de deux à trois pouces de diamètre. On enlève l'écorce, on les affile par un bout ; on charbonne ce bout sur un feu clair, et on les enfonce ensuite.

On peut se servir pour supports, au lieu de pieux, de cônes tronqués en terre cuite. La base du cône porte à terre. Après les avoir posés, on les remplit de terre ou de sable pour les rendre plus solides, et on met le plateau dessus.

Enfin on peut faire les supports en maçonnerie ; ils sont même nécessaires pour les ruches en terre cuite.

J'ai dit que les supports pouvoient avoir de 3 à 4 pieds $\frac{1}{2}$, qui se réduisent, déduction faite de la partie enfoncée en terre, à 1 pied $\frac{1}{2}$ ou 3 pieds. En effet les abeilles craignent l'humidité, et les ruches doivent être plus ou moins élevées, suivant que le climat est humide ou sec. Cette élévation ne leur nuit pas, comme on le suppose. Dans l'ordre naturel, les abeilles se logent dans des troncs d'arbres à des hauteurs considérables, et n'en réussissent pas moins bien.

§. V. *Surtouts, Chemises ou Enveloppes des Ruches.*

Le surtout des ruches est une enveloppe de paille

de seigle ou de bois qui sert à les garantir des grandes chaleurs, des grands froids ou de la pluie.

Manière de les faire en Paille.

Pour faire un surtout de paille, on en prend une poignée plus ou moins forte, suivant l'épaisseur qu'on veut donner au surtout; on en coupe les épis, on la lie à la hauteur nécessaire pour couvrir la ruche, avec de l'osier, de la ficelle ou du fil de fer. On ouvre la paille au-dessus du nœud; on la rabat de tous les côtés sur celle inférieure, et on la lie de nouveau au même point; ensuite on l'ouvre pour la placer sur la ruche, et on l'étend également sur tous les points. On l'y retient au moyen d'un cercle qu'on met par-dessus; on place une tuile ou une pierre plate sur la partie supérieure de la paille, ou mieux, on la fait entrer dans un pot renversé. Si la paille gêne le passage des abeilles, on la raccourcit devant l'ouverture de la ruche. Quand on manie souvent les surtouts, la paille est exposée à se déranger. Pour éviter cet inconvénient, je mets un cercle en dedans et un en dehors; je les lie ensemble, et la paille qui est entre les deux ne peut plus bouger.

Si c'est pour une ruche carrée, après avoir lié la paille à la hauteur nécessaire, on lui donne la forme carrée au lieu de la ronde, en disposant à cet effet deux morceaux de cerceau.

Méthode de M. Lombard.

M. *Lombard* les fait différemment: « Je prends, dit-il, successivement six poignées de paille de seigle, dont je remonte les épis autour de la main ; je bats chaque poignée au-dessus des épis, dans la longueur de 6 à 8 pouces ; je lie séparément chaque poignée avec une petite ficelle. Les six poignées battues et liées chacune séparément, je les réunis, et au milieu de ces poignées, je mets l'étui à tête creusée, de 5 à 6 pouces, comme l'exige la pointe des couvercles. Avec une corde moyenne, j'assujettis les six poignées autour de l'étui au-dessous de la tête ; alors je retire la ficelle des six poignées. Je prends un fil de fer, que l'on connoît dans le commerce sous le N°. 16 ; je le place auprès de la corde moyenne qui réunit les six poignées ; je tords le fil de fer en réunissant les deux bouts. Je retire la corde, et, avec le manche de la tenaille, je tords encore le fil de fer du côté opposé aux deux bouts déjà tordus. Je remets la corde plus haut pour me faciliter le placement d'un second lien de fil de fer que je tords comme le premier, de manière que la tête de l'étui se trouvant engagée dans les deux liens, la paille ne peut glisser. Je retranche avec une serpe la moitié de la longueur des épis ; je retranche l'autre extrémité de la paille à environ 2 pieds $\frac{1}{2}$, à partir du lien le plus bas ; j'ouvre le surtout et je le fixe sur la pointe du couvercle, au moyen de l'étui dans lequel cette pointe entre de la longueur de 5 pouces. Je tiens la paille assujettie dans le pourtour du surtout avec deux cerceaux attachés l'un sur l'autre ; je coiffe le surtout avec un pot de jardin dont je bouche les trous, etc. Si l'on craint que la tête de l'étui ne glisse au-dessous du lien, il faut faire dans cette tête un trou dans lequel on mettra une broche de bois qui débordera de chaque côté. »

Lecteur, je vous entends murmurer, en me voyant entasser les citations et en ne trouvant qu'une compilation au lieu d'un ouvrage nouveau ; vous avez de l'humeur de ne rencontrer dans ce volume que des détails et des faits épars dans cent autres ; mais si vous calculiez que ce n'est pas une jouissance pour un auteur d'en citer un autre, et qu'il faut sacrifier son amour-propre pour copier, lorsqu'en retournant la phrase, il pourroit s'approprier les idées d'autrui ; si vous considériez quel doit être l'ennui d'un écrivain qui, pour vous satisfaire et vous être utile, compulse des volumes sans nombre pour y chercher quelques idées dont vous puissiez profiter ; si vous comptiez enfin tous les sacrifices qu'il faut faire pour vérifier toutes les expériences, tout le temps qu'il faut perdre pour examiner tous les faits, et tous les systèmes qu'il faut suivre, et ensuite abandonner, avant de découvrir la vérité, vous auriez quelque indulgence pour celui qui n'a eu d'autre but que de rechercher la vérité et de vous la faire connoître ; qui ne fait de citations qu'en choisissant dans les auteurs les plus estimés tout ce qui peut faciliter vos opérations et les rendre plus lucratives, et se fait enfin un devoir et même un plaisir de copier, quand il s'aperçoit qu'il ne pourroit faire aussi bien.

Au surplus, ce n'est pas mon opinion particulière qui me fait citer M. *Lombard;* la Société d'Agriculture de la Seine a manifesté la sienne pour lui de la manière la plus honorable. Ce n'est pas seulement la conviction que j'ai des talens de M. *Bosc* qui me détermine à le copier souvent; la même Société, l'Institut et les savans de l'Europe ont réglé la place qu'il devoit tenir parmi les naturalistes et les cultivateurs, et le degré de confiance qu'on devoit avoir dans ses opinions, etc. Bien loin de vous plaindre, vous me devez quelque reconnoissance de toutes ces citations, tirées d'ouvrages dont quelques-uns sont très-volumineux, puisque l'acquisition d'un seul volume vous épargne des frais et des recherches.

Je reviens aux surtouts.

Surtouts en Bois.

Ceux en bois sont des boîtes carrées assez grandes pour recouvrir les ruches en bois, et particulièrement celles à hausses; il vaudroit mieux faire la couverture en toiture. Si le plateau n'est pas refouillé, on fait un passage aux abeilles. Dans les lieux tempérés, on se contente de deux planches qui forment une toiture, qu'on réunit avec deux tringles, et qu'on pose sur la ruche; quand ces ruches sont le long d'un mur, on établit un petit toit en planches ou en chaume qui les recouvre.

La ruche que j'ai proposée aura besoin d'un surtout, soit en toiture, soit en paille, si elle est en plein air, quoique son épaisseur paroisse suffisante pour la chaleur, et la pente de la couverture propre à en écouler les eaux, parce que le soleil donnant à plein sur la couverture dans les grandes chaleurs pourroit amollir la cire de la partie supérieure, et qu'il faudroit que la couverture déborde pour préserver le devant des eaux, qui couleroient le long des parois sur le plateau et y entretiendroient l'humidité.

§. VI. *Des Ruchers*.

Le rucher est un lieu où l'on réunit les ruches, soit en plein air, soit à couvert. Il est bon que le fond de ce terrein soit garni de quelques pouces de sable dans les terreins humides et un peu en pente pour l'écoulement des eaux. Il faut en détruire les plantes qui pourroient servir de pâture ou donner une retraite aux ennemis des abeilles et aux insectes qui viendroient s'y établir, tels que les guêpes, les araignées, les fourmis (1), les limas et limaçons.

La plus grande propreté y est nécessaire.

---

(1) *Moyen de détruire les Fourmis de M.* Rast-Maupas.

Prenez un pot à confiture, très-évasé; mettez-y un gros de muriate de mercure corrosif (sublimé corrosif), ou même poids d'arsenic, l'une ou l'autre de ces substances en poudre très-fine : ajoutez-y une cuillerée d'eau chaude, remuez bien avec une spatule de bois et faites dissoudre votre poudre autant que possible. Ajoutez à cette dissolution trois cuillerées de bon miel un peu liquide; continuez de remuer assez longtemps, pour que le tout soit intimement mêlé et que les plus petites portions de miel contiennent votre poison; recouvrez alors votre pot d'un parchemin bien mouillé que vous assujettirez par plusieurs tours de ficelle. Laissez bien sécher ce parchemin, et quand il le sera, percez-le de plusieurs trous avec une aiguille d'un calibre assez fort, pour que le trou ne

Choix de l'Exposition du Rucher.

L'exposition du rucher peut varier du levant au couchant. Les points d'où viennent les vents les plus ordinaires, et la pluie dans les climats tempérés, et les chaleurs étouffantes dans les latitudes plus chaudes, doivent déterminer le choix.

Effets de l'Humidité et du Vent sur les Abeilles.

L'humidité est nuisible aux abeilles. On doit donc, dans les climats pluvieux, éviter de placer l'entrée des ruches du côté d'où les pluies sont les plus longues et viennent le plus souvent; les vents leur sont aussi contraires. Si le temps est froid, et que le devant des ruches soit exposé aux vents, les abeilles, au moment d'entrer dans la ruche, en sont souvent écartées par le coup de vent, et se posent ou à terre ou sur le premier appui qu'elles rencontrent. Le froid les y engourdit, et elles périssent.

A l'époque de l'essaimage, les vents qui frappent l'entrée de la ruche s'opposent à la sortie des essaims. La différence d'exposition est telle, sous ce rapport, que les ruches qui sont garanties des vents (1)

---

permette que l'entrée d'une fourmi et non celle d'une abeille : placez votre pot ainsi arrangé dans la terre et enfoncez-le jusqu'au collet à rase terre. Si les fourmis sont très-multipliées, il faut plusieurs pots.

(1) *Principio sedes apibus statioque petenda,*
Quò neque sit ventis aditus (nam pabula venti
Ferre domum prohibent) neque oves, hœdique petulci
Floribus insultent, aut errans bucula campo

auront toutes essaimé, pendant que celles qui ne jouissent pas de cet avantage n'ont pas encore fourni un essaim, ou même n'essaimeront pas.

On ne doit plus s'étonner de cette différence, depuis qu'on sait ce qui se passe dans l'intérieur de la famille au moment de l'essaimage.

Un essaim est près de partir. Les vents qui frappent le devant de la ruche le retiennent. La mère-abeille en profite pour détruire les jeunes reines. Si les vents durent, aucune n'échappe au carnage, et il n'y a plus lieu à l'essaimage. S'ils cessent, on a encore l'espoir d'en obtenir, mais les essaims sont retardés; au

---

Decutiat rorem, et surgentes atterat herbas.
Absint et picti squalentia terga lacerti
Pinguibus à stabulis, meropesque, aliæque volucres,
Et manibus Procne pectus signata cruentis.
Omnia nam latè vastant, ipsasque volantes
Ore ferunt, dulcem nidis immitibus escam.

D'abord de tes essaims établis le palais
En un lieu dont le vent ne trouble point la paix :
Le vent à leur retour feroit plier leurs ailes
Tremblantes sous le poids de leurs moissons nouvelles.
Que jamais auprès d'eux le chevreau bondissant
Ne vienne folâtrer sur le gazon naissant,
Ne foule aux pieds les fleurs, et des feuilles humides
Ne détache en courant les diamans liquides.
Loin d'eux le vert lézard, les guêpiers ennemis,
Progné sanglante encor du meurtre de son fils,
Tout ce peuple d'oiseaux avide de pillage;
Ils exercent par-tout un affreux brigandage,
Et saisissant l'abeille errante sur le thym,
En font à leurs enfans un barbare festin.

lieu que dans les ruches bien abritées, les abeilles ne sont pas sujettes aux mêmes inconvéniens. Or quinze jours de retard nuisent beaucoup aux essaims, et décident souvent de leur sortie.

En effet, les mois de mai et de juin sont, dans beaucoup de cantons, les plus favorables pour l'essaimage, parce qu'ils sont les plus abondans en miel, et qu'il y règne une chaleur tempérée. Les abeilles pouvant sortir de bonne heure, rentrer tard, et trouvant du miel et du pollen en abondance, travaillent avec beaucoup d'ardeur, et font, dans l'espace d'un mois, des approvisionnemens qui étonnent.

Il faut observer que le temps leur est d'autant plus précieux, que la mère-abeille n'est pas longtemps dans une nouvelle ruche sans y pondre; souvent on y trouve des œufs dès le second jour, et dans des alvéoles à peine ébauchés. Il faut pourvoir au logement, à la subsistance de la famille, aux besoins à venir, et quinze jours ou trois semaines peuvent décider du sort d'un essaim qui sera abondamment pourvu de provisions, et passera facilement le plus mauvais hiver, ou qui périra à la fin de l'hiver, ou même à la fin de l'automne, suivant l'époque où il sera sorti de la ruche-mère.

Exposition.

On peut juger, par ces résultats, combien il est essentiel de choisir une bonne exposition. Il est donc essentiel d'abriter les ruches des vents, soit par de grands arbres, soit par des haies épaisses et élevées, soit par des murs. Le sort du rucher et les bénéfices du cultivateur en dépendent. Qu'on consulte la nature sur ce point, et l'on verra qu'elle a placé les abeilles dans les forêts où les vents se font à peine sentir.

Plusieurs cultivateurs condamnent l'exposition du levant, parce que les abeilles y sortent de trop bonne heure, sur-tout dans les temps froids, et sont exposées à périr.

Je pense que cette objection n'est que plausible, parce que les abeilles ne sortent que lorsqu'une chaleur suffisante les y invite. Ce n'est pas le moment de la sortie des abeilles de la ruche qu'il faut craindre, elles sauront bien le choisir; c'est celui de la rentrée.

En supposant que cette exposition avance la sortie des abeilles, il est certain que dans le printemps et l'été, elles sont de meilleure heure aux champs, et doivent faire une plus ample provision, puisque le soleil, en s'élevant, fait évaporer les sucs mielleux qui sont au fond du calice des fleurs ou sur les feuilles. Elles ne sortent guères dans les temps froids avant neuf à dix heures du matin; mais le soleil continue à échauffer l'atmosphère jusqu'à trois heures, où ses rayons, devenant plus obliques, perdent leur force.. Ces rayons cessent de donner sur l'entrée des ruches exposées au levant ou sud-est, une, deux et trois heures auparavant, ce qui arrête la sortie des abeilles. Elles ne sont donc dehors que pendant la grande chaleur du jour, et si quelques imprudentes étoient sorties assez tôt pour être surprises par le froid, l'augmentation de la chaleur leur rendroit leurs forces, pendant que celles exposées au sud ou au sud-ouest, sortant plus tard, parce qu'elles sont plus échauffées et que les rayons du soleil frappent plus long-temps l'entrée de la ruche, sont plus exposées à être surprises par le retour du froid.

D'une autre part, les ruches exposées au midi étant plus échauffées qu'à la position du levant, les abeilles y sont moins engourdies, et consomment alors plus de miel; consommation qui leur est souvent funeste. C'est aussi à l'exposition du sud, sud $\frac{1}{4}$ sud-ouest, que les ruches sont exposées à ces coups de soleil, assez vifs pour fondre la cire des ruches.

Chaque cultivateur doit donc consulter les localités pour l'exposition de son rucher. Dans la partie du département que j'habite, le sud-est est la meilleure, les vents les plus ordinaires, ainsi que les pluies, venant du sud-ouest.

Le cultivateur doit aussi les rapprocher de son habitation pour être plus à même de les surveiller, mais cependant de manière à les écarter des grands bruits et des passages très-fréquentés.

Distance des Ruches.

L'exposition choisie, on dispose les ruches suivant l'étendue du terrein, et les dangers auxquels les abeilles sont exposées. Si le terrein est grand et le nombre des ruches petit, on met beaucoup de distance entre elles; mais dans le cas contraire, on peut se contenter de 2 à 3 pieds entre chaque ruche. Pour les disposer avec ordre, on place un cordeau à

3 pieds de distance du mur ou de la haie ; on enfonce les supports de derrière ; on met ensuite le cordeau devant pour placer les autres. Les supports de devant doivent être plus bas que ceux de derrière de 2 ou 3 lignes, pour procurer un peu de pente aux plateaux, et déterminer, par l'entrée de la ruche, l'écoulement des vapeurs condensées.

Si l'on fait un second rang, on place les ruches en quinconce, celles du second rang devant les vides du premier, et à une distance au moins de 6 pieds. On environne le rucher d'une palissade, d'une haie ou même d'un mur. Si l'on se contente d'une palissade ou d'une haie, il faut qu'elles soient assez serrées pour que les oiseaux de la basse-cour ne puissent passer à travers, parce qu'ils sont grands destructeurs d'abeilles. Il faut, en outre, qu'elles soient assez fortes pour que les grands animaux, les enfans, et sur-tout les fripons, ne puissent les forcer facilement. Les animaux pourroient renverser des ruches ou en être attaqués sans que leurs forces et leur agilité pussent leur être d'un grand secours. Les enfans iroient les tracasser, et paieroient cher leur audace ; enfin, les fripons qui, dans quelques cantons de la France, ont assez de connoissance pour se préserver du danger des piqûres, viendroient les piller pendant la nuit.

Plantations autour du Rucher.

Il est bon de planter des arbustes autour du rucher, quand on ne fait pas d'essaims artificiels, pour que les essaims naturels s'y reposent. S'il n'y en avoit pas, on feroit bien de mettre, dans la saison des essaims, des branches de 5 à 6 pieds, garnies de leurs branchages et bien consolidées; autrement, les essaims se placeroient dans les grands arbres des environs, et il seroit très-difficile de les ramasser.

Il est encore utile de planter autour du rucher les plantes que les abeilles aiment, telles que le thym (1), le romarin, la marjolaine, la sariette vivace, etc. Elles se plaisent dans un rucher environné de plantes qui leur fournissent beaucoup de nourriture, sans être obligées de s'en éloigner.

Un petit courant d'eau (2) leur seroit utile auprès

---

(1) *Hæc circùm casiæ virides, et olentia latè*
Serpylla, et graviter spirantis copia thymbræ
Floreat; irriguumque bibant violaria fontem.

Près delà que le thym, leur aliment chéri,
Le muguet parfumé, le serpolet fleuri
S'élèvent en bouquets, s'étendent en bordure,
Et que la violette y boive une onde pure.

(2) *At liquidi fontes et stagna virentia musco*
Adsint, et tenuis fugiens per gramina rivus,
Palmaque vestibulum, aut ingens oleaster obumbret:
Ut cùm prima novi ducent examina reges,
Vere suo, ludetque favis emissa juventus,
Vicina invitet decedere ripa calori,
Obviaque hospitiis teneat frondentibus arbos.
In medium, seu stabit iners, seu profluet humor,
Transversas salices, et grandia conjice saxa:
Pontibus ut crebris possint consistere, et alas
Pandere ad æstivum solem; si fortè morantes
Sparserit, aut præceps Neptuno immerserit eurus.

Je veux près des essaims une source d'eau claire,

du rucher; on y planteroit du cresson d'eau. Les grandes pièces d'eau leur sont funestes, quand elles sont forcées de s'y approvisionner; beaucoup s'y noient, et d'autres sont la proie de leurs nombreux ennemis. Les plus lourds les saisissent comme les plus légers, parce qu'elles sont tellement occupées de leur travail, qu'elles ne voient le danger que lorsqu'il n'est plus temps de l'éviter.

Il est également nécessaire de les éloigner des fumiers et des eaux croupissantes (1), parce qu'un air corrompu leur est nuisible. Le voisinage des fours à

Des étangs couronnés d'une mousse légère,
Un ruisseau transparent qui baigne leur séjour,
Et l'ombre d'un palmier impénétrable au jour.
Ainsi lorsqu'au printemps développant ses ailes,
Le nouveau roi conduit ses peuplades nouvelles,
Cette onde les invite à respirer le frais,
Cet arbre les reçoit sous son feuillage épais.
Là, soit que l'eau serpente, ou soit qu'elle repose,
Des cailloux de ses bords, des arbres qu'elle arrose,
Tu formeras des ponts où les essaims nouveaux
Dispersés par les vents ou plongés dans les eaux,
Rassemblent au soleil leurs bataillons timides,
Et raniment l'émail de leurs ailes humides.

(1) *Neu proprius tectis taxum sine, neve rubentes*
Ure foco cancros, alta neu crede paludi,
Aut ubi odor cœni gravis, aut ubi concava pulsu
Saxa sonant, vocisque offensa resultat imago.

Que l'if ne croisse pas près de leur édifice;
Loin d'elles sur le feu fais rougir l'écrevisse;
Crains les profondes eaux, les vapeurs du limon,
Et ces bruyans échos qui redoublent le son.

chaux et à plâtre, des tanneries et corroieries, et des moulins, leur est également nuisible; mais la proximité des raffineries à sucre leur est encore plus funeste. Elles s'y rendent par milliers, attirées par l'odeur miellée, et périssent dans les chaudières en si grand nombre, qu'en peu de temps le plus fort rucher peut être détruit.

Ruchers couverts.

Tel doit être un rucher en plein air. La forme des ruches cylindriques, à hausses, etc.; le désir de mettre ses ruches à l'abri des ouragans, des grandes chaleurs et des pluies, ainsi que des voleurs, a fait inventer les ruchers couverts.

Ce sont des bâtimens étroits et longs. La longueur est déterminée sur le nombre d'essaims qu'on veut cultiver, la largeur sur les dimensions des ruches et l'espace nécessaire à leur exploitation. Quatre pieds me paroissent suffisans, y compris l'emplacement des ruches.

Le rucher est composé sur la longueur de deux murs, celui de derrière doit être plus bas que celui de devant, pour que les eaux de la couverture s'écoulent derrière le rucher; autrement il faudroit des gouttières.

Si le mur du devant est mince, on se contente d'y faire des petites ouvertures devant les ruches pour le passage des abeilles. On les évase un peu en dedans, et l'on y met une planchette qui déborde de 2 ou 3 pouces en dehors, et qui est au niveau du plateau. Cette planchette sert à reposer les abeilles à l'entrée et à la sortie. On pose la ruche sur des supports.

Mais si le mur est épais, on y fait des niches dans l'intérieur, pour y placer les ruches. Cette marche est presque indispensable pour les ruches cylindriques couchées. On ferme les côtés par des murs à l'un desquels on fait une ouverture suffisante pour le passage d'une personne chargée d'une ruche. On y met une forte porte fermant à clef. Il est bon que la clef soit forée, parce qu'il est plus difficile d'introtroduire des crochets dans la serrure. On fait au-dessus de la porte une ouverture de 6 pouces carrés qu'on ferme avec un grillage très-fin, et qu'on peut recouvrir d'un volet, pour s'en servir dans les temps très-froids. On en fait autant à l'autre extrémité du rucher, pour établir un courant d'air.

Si l'on craint que les rats, souris, etc., pénètrent dans le rucher, on fait sous la porte un trou pour le passage des chats.

On élève un peu le sol du rucher dans les lieux humides.

La couverture doit déborder de 2 ou 3 pieds sur le devant.

Il vaut mieux n'avoir qu'un rang de ruches ; on les élève de 3 pieds au-dessus du niveau du sol. Mais si on établit deux rangs, et que le sol ne soit pas humide, on peut mettre le premier à 1 pied de terre, et le second à 3 pieds ou 3 pieds ½. Les ruches à cette hauteur ne sont pas difficiles à soigner. Les ruches du second rang ne se placent pas directement sous celles du premier, mais entre deux.

Je ne conseillerai pas de faire un troisième rang ; il est difficile à exploiter, et les abeilles y réussissent mal.

Construction d'un Rucher suivant MM. Bosc *et* de Lalauze.

M. *Bosc* donne la construction d'un rucher très-économique. On enfonce dans la terre, à 5 ou 6 pieds d'un mur, deux poteaux de chêne. Quelques perches de traverse lient ces deux poteaux entre eux et avec le mur. On établit sur ces traverses un toit en chaume. A droite et à gauche on fixe quelques perches entre les poteaux et le mur. On les lie par un grossier clayonnage qu'on endurcit d'un torchis d'argile, ou qu'on revêt de mousse. On fait la même opération sur le devant. M. *de Lalauze* a donné une construction dans le même genre, et aussi peu coûteuse.

On place des planches dans l'intérieur pour poser les ruches, et si l'on veut les isoler, on les met sur des supports.

Idem *de M.* Lombard.

Au lieu de construire des ruchers d'un entretien coûteux, on pourroit en faire dont la partie supérieure fût très-profitable. Les propriétaires trouveroient plus d'avantages, dit M. *Lombard*, en pratiquant des ruchers sur lesquels ils auroient des logemens et des greniers. Ils placeroient leurs ruches à une hauteur convenable aux abeilles. Ils auroient, s'ils le vouloient, leurs ruches dans leur intérieur, en laissant de petites ouvertures extérieures qui correspondroient à l'entrée de chaque ruche, ou bien ils auroient des coulisses qui s'ouvriroient à volonté, et dans lesquelles seroit une petite ouverture pour l'entrée de chaque ruche. Leurs abeilles seroient ainsi parfaitement à l'abri des injures de l'air et des voleurs.

Si l'on ne veut que préserver les abeilles des grandes pluies ou des rayons du soleil, il suffit d'établir une couverture en apentis soutenue sur quelques poteaux.

Avantages des Ruchers couverts.

On a établi de grandes discussions pour savoir si un rucher couvert étoit préférable à celui en plein air, et la question est restée indécise, parce que les lieux et les circonstances peuvent donner l'avantage à l'un ou à l'autre.

Si l'on est exposé à de grands vents qui peuvent renverser les ruches, si l'on établit un rucher dans un canton bas, humide et fort pluvieux, enfin si l'on est dans une température où l'on éprouve de temps à autre des coups de soleil capables de fondre la cire, les ruchers couverts ont de grands avantages sur les autres, et ces avantages augmentent si la crainte des voleurs exige de grandes précautions. Mais dans les climats où l'on ne craint aucun de ces inconvéniens pour les abeilles, lorsque les ruches sont bonnes et ont des surtouts épais, tous ces avantages des ruchers couverts s'évanouissent, et les ruchers en plein air ont même celui d'avoir les ruches plus écartées les unes des autres.

Les cultivateurs ne doivent donc pas négliger d'avoir des abeilles parce qu'ils n'ont pas de ruchers couverts. Il y a plus de ruches en France en plein air que sous un toit, et les abeilles y prospèrent bien quand elles ne sont pas exposées aux dangers qui mettent dans la nécessité de faire les frais d'un rucher couvert.

Au surplus, ces frais dans les campagnes sont peu de chose, quand on y met de l'économie, surtout lorsqu'il ne s'agit que de garantir les abeilles de l'humidité. Des poteaux pour soutenir une couverture en chaume suffisent à cet effet. On laisse alors le rucher ouvert de tous les côtés, et on l'entoure d'une haie ou d'une palissade. Il est également utile de prendre la même précaution pour le devant des ruchers couverts. Quel que soit le rucher, on doit leur donner les mêmes soins pour la propreté et pour en écarter les animaux destructeurs.

Moyens à employer pour la Destruction des Rats, etc.

Plusieurs cultivateurs n'aiment pas à faire des trous au bas de leurs ruchers couverts pour le passage des chats. Ils doivent alors employer d'autres moyens pour la destruction des rats, souris, mulots, etc. Leurs ruchers étant fermés à clef, et personne ne pouvant y pénétrer sans leur participation, ils peuvent, sans danger, mêler de la noix vomique ou de l'arsenic dans quelques alimens qu'ils déposent dans le rucher avec un peu d'eau.

Si ces moyens leur répugnent, ils ont la ressource des souricières, des quatre de chiffre, des pots ou assiettes placés sur une tuile large, et soulevée avec une noix divisée en deux, dont la partie ouverte est tournée du côté du pot et de l'assiette. Ils peuvent établir sur un baquet à moitié plein d'eau une petite planche à bascule, au-dessus de laquelle on suspend un morceau de lard; enfin, ils placent le long des murs des pots dont le centre est plus large que l'ouverture. Ils les enterrent à 6 lignes au-dessous du niveau du sol, et ils les remplissent à moitié d'eau.

Moyens d'écarter les Voleurs.

Quant aux voleurs, les cultivateurs qui n'entourent pas leurs ruchers de murs assez élevés, et qui n'ont pas de bons chiens de garde, ont imaginé divers moyens pour les écarter, les punir de leur témérité, ou consolider les ruches de manière à rendre l'enlèvement impossible. J'en citerai deux. Voici le premier, qui est de l'invention de M. *Lombard* : il faut, avec une mèche de 1 pied de longueur, faire un trou dans chacun des pieux qui supportent le plateau ou tablier; y introduire un bon fil de fer, afin qu'on ne puisse les scier; clouer les tabliers sur les pieux; passer une chaîne moyenne dans un des tire-fonds qui tiennent aux tabliers; la monter sur la ruche ; la tourner autour du manche et la descendre dans le tire-fond opposé, dans laquelle on la fixera avec un cadenas.

Ce moyen n'est bon que pour les ruches qui ont un manche dans la partie supérieure, comme celles de M. *Lombard*. En voici un autre que j'ai vu pratiquer et qui peut servir pour toutes.

Comme il est bon d'avoir dans les ruchers éloignés de la demeure des propriétaires une petite cabane pour s'y mettre à l'abri des grandes chaleurs, y surveiller les essaims naturels, et y placer les ruches et les instrumens nécessaires à l'exploitation des abeilles, on en construit une sur un des côtés du rucher. A la rigueur on peut se contenter de la faire de 5 ou 6 pieds carrés, mais elle doit être solide et bien fermée. On y place un ou deux fusils couchés horizontalement et bien fixés, les canons tournés de façon que le gros plomb ou les balles coulent à 4 pieds de distance des ruches, le long du premier rang, et à environ 3 pieds d'élévation. On place dans la même direction, et seulement 6 pouces plus bas, un fil de fer qu'on soutient sur des pieux le long du premier rang, et dont les extrémités sont attachées à la gachette ou détente du fusil. Ceux qui la nuit viennent pour s'emparer des ruches, s'appuient contre le fil de fer, qui cède un peu et lâche la détente ; le coup part, peut blesser un voleur, épouvanter les autres, et donner l'alarme.

Si le rucher peut être attaqué de deux côtés, on place deux armes.

Le premier soin du propriétaire en entrant dans son rucher doit être de désarmer les fusils. Sans cette précaution, il seroit lui-même exposé au danger.

Ruchers naturels.

Je terminerai l'article *rucher* en rappelant le projet de quelques cultivateurs, qui, voyant les abeilles prospérer dans les vastes forêts du nord, ont proposé de les multiplier dans les nôtres, et d'y rétablir les ruchers de la nature.

Cette idée philantropique fait honneur à ceux qui l'ont émise, mais je doute qu'elle eût le succès qu'ils en attendent. Les forêts de la France ne sont plus très-considérables, et pour peu que les riverains cultivent une certaine quantité d'abeilles, et que les habitans des cantons voisins en rapprochent les leurs, en les faisant voyager, le but qu'ils désirent atteindre, celui de tirer parti des forêts pour multiplier et nourrir les abeilles, sera à-peu-près rempli.

Les forêts de la France, divisées en coupes réglées, ne doivent pas contenir un grand nombre d'arbres creux, les essaims qui y seroient répandus seroient très-exposés dans un pays aussi peuplé. Il faudroit les étouffer pour en tirer parti, à moins de disposer à l'avance ces arbres creux comme dans le nord.

Il seroit, je crois, plus utile d'instruire les gardes forestiers de la bonne direction des abeilles, et de les engager à en avoir. L'administration forestière pourroit leur faire quelques avances, dont elle seroit bientôt remboursée, et nos forêts se trouveroient peuplées d'abeilles placées dans les ruchers des gardes, sans crainte de perdre les essaims et de voir détruire les ruches-mères.

Ruchers dans les Jardins paysagistes.

Cette idée m'en a fait naître une autre. Tous les propriétaires riches font maintenant des jardins paysagistes, dont beaucoup sont fort étendus et remplis de plantes, d'arbres indigènes et exotiques, qui peuvent fournir beaucoup de miel et de miellée. On y construit des temples, des kiosques, des cabanes, des ruines qui n'ont d'autre but que le coup-d'œil; ne pourroit-on pas les rendre utiles en y établissant des ruchers? Les abeilles ajouteroient un nouvel agrément à ces lieux, et les propriétaires en retireroient du plaisir et du profit.

§. VII. *Achat et Transport des Abeilles.*

Les cultivateurs qui désirent former un rucher doivent s'occuper de bonne heure de l'achat des abeilles. Ils doivent donner la préférence aux essaims de l'année et examiner si le temps a été favorable, tant pour faire sortir les essaims de bonne heure que pour leur procurer beaucoup de nourriture.

Quand je parle d'essaims de l'année, de deux ou trois ans, ce n'est pas que je croie les abeilles d'une ruche plus âgées que celles d'une autre, puisque la durée de leur vie n'est que d'un an. J'entends seulement par ces expressions des essaims mis dans une ruche depuis tel temps, et dont la cire a réellement cet âge. Si on la renouveloit comme la nature renouvelle les abeilles, tous les essaims seroient toujours nouveaux. Aussi je ne recommande d'acheter des essaims de l'année que relativement à la cire, qui peut être ancienne, chargée de vieux pollen, de beaucoup de toiles, et qui peut renfermer des œufs de fausse-teigne.

On peut acheter les abeilles à l'essaimage, ou en automne, ou à l'entrée du printemps; la distance des lieux, le temps et les circonstances déterminent le temps de l'acquisition et du transport.

Si l'acheteur désire placer ses abeilles dans d'autres ruches que celles du vendeur, il doit faire son marché avant la sortie des essaims, à la charge pour le vendeur de loger ses abeilles dans les ruches qu'il lui fournira. Il fera peser ses ruches et pourra fixer le poids des essaims à cinq livres dans les positions médiocres, et à six dans les bonnes positions où les ruches doivent être plus grandes, parce que la force des essaims est proportionnée aux dimensions des ruches jusqu'à un certain point.

Il indiquera l'époque passé laquelle il n'en recevra plus. Dans ce département, par exemple, il pourroit fixer le 10 au 15 juin, et recevoir tous les premiers essaims jusqu'à cette époque. Si, avant ce temps, il en sortoit des seconds, il ne feroit pas difficulté de les recevoir, au cas que le vendeur, pour leur donner de la force, eût l'attention d'en réunir deux.

Enlèvement des Essaims à l'Essaimage.

Si l'acquéreur demeure à peu de distance, il ne manquera pas de faire enlever les essaims le soir même de leur sortie de la mère ruche. Cette précaution est d'autant plus indispensable, que les abeilles enlevées au moment de l'essaimage s'accoutument facilement dans les lieux où on les porte; mais si on tarde de quelques jours à les enlever, et que la distance ne soit pas grande, beaucoup d'abeilles retournent dans l'endroit où étoit leur ruche, et ne l'y trouvant pas, elles se jettent sur les ruches voisines; elles y occasionnent un grand mouvement, et finissent par se faire tuer. Leur mort, qui affoiblit les essaims de l'acquéreur, produit également des effets funestes pour le vendeur. Comme ces abeilles cherchent à entrer dans plusieurs ruches, si elles sont en grand nombre, les combats qui ont lieu aux portes, et les mouvemens qui se font autour de ces ruches, excitent les abeilles des ruches voisines, qui se mêlent souvent aux combattans, et si l'entrée de quelques ruches est forcée, elles sont pillées et perdues pour le propriétaire; pendant que les abeilles des ruches voisines se sont affoiblies par leurs victoires, qu'elles n'ont souvent obtenues que par la mort de plusieurs milliers de leurs compagnes. Souvent le mouvement se prolonge plusieurs jours, et alors le rucher entier est en danger.

Le vendeur et l'acquéreur ont donc le même intérêt de faire transporter les essaims sur-le-champ, ou d'attendre à la fin de l'automne.

Pour exécuter ce transport, on soulève doucement la ruche; on la pose sur une toile claire, un canevas ou une serpillière, dont on relève les extrémités autour de la ruche avec de la ficelle ou de l'osier. Si la ruche a un fond, telles que quelques ruches en bois ou en terre cuite, on bouche l'entrée avec la partie de la porte ci-dessus indiquée, du côté où elle n'a que des trous pour donner de l'air. Les abeilles peuvent passer deux jours en cet état.

Si on a plusieurs ruches à emporter, on peut se servir d'une charrette; on met dans le fond un bon lit de paille, on place quelques fortes tringles pardessus, et on pose les ruches sur les tringles, pour qu'elles aient de l'air.

Mais un cheval ou un âne suffit, si on a peu de ruches. Si la route n'est pas longue, il vaut mieux faire le transport par des ouvriers. Un homme peut en porter jusqu'à quatre, parce qu'elles ne sont pas lourdes. Il les attache dans leur direction verticale à une gaule forte, qu'il porte sur l'épaule, ayant deux ruches devant et deux derrière. Si on arrive dans le milieu de la journée, on n'ôte les toiles que le soir. Il est bon de faire ces transports pendant la fraîcheur, et de ne marcher que le soir et la nuit; l'agitation des abeilles, jointe à la chaleur du jour dans cette saison, pourroit leur nuire.

On pourroit, si on avoit des sacs pour recevoir les essaims, comme je l'expliquerai plus bas, emporter les essaims dans les sacs; on éviteroit le transport des ruches.

Telle est la marche à suivre, si on veut employer des ruches d'une forme différente de celles en usage dans le canton où on achète. On peut encore l'observer, si le canton qu'on habite est plus favorable aux abeilles, principalement si on a l'espoir que les abeilles pourront y récolter pendant l'été et une partie de l'automne.

Enlèvement des Essaims pendant l'Automne.

On le doit également, si le canton où on achète est infesté par la fausse-teigne. Dans ce cas, il faut exiger, si on n'a pas fourni les ruches, que les essaims soient placés dans des ruches neuves, dans la crainte d'emporter des œufs de la fausse-teigne et de multiplier cet insecte dans un canton où il n'y en avoit pas. Mais si aucune de ces raisons ne détermine à acheter à cette époque, on doit attendre à la fin de l'automne, et, dans ce cas, bien examiner les ruches, pour s'assurer si ce sont des essaims ou de vieilles ruches. A cet effet on examine les rayons, en plongeant la vue aussi bas qu'il est possible. Si les rayons sont blanchâtres, et ayant seulement une légère teinte de roux dans le fond, c'est une preuve que la ruche est de l'année.

Mais si les rayons sont d'un roux brunâtre, c'est une vieille ruche. Cet examen fait, il faut peser les ruches, et on doit à cet effet être muni d'une romaine dont on soit sûr. Si elles sont lourdes, on a l'espoir non seulement de les conserver, mais encore qu'elles pourront recommencer leurs travaux de bonne heure au printemps suivant. Si elles sont légères, ce qui arrive ordinairement quand l'année, comme la présente, a été contraire à la récolte du miel, elles ont peu de provisions, et on doit craindre qu'elles ne puissent passer l'hiver sans secours, ou qu'elles n'essaiment que tard l'année suivante. On doit rejeter ces ruches et attendre au printemps à faire son acquisition, à moins qu'on ne veuille absolument se monter de suite, que les ruches ne soient bien garnies d'abeilles, et qu'à raison du bas prix, on ne puisse donner à chaque essaim quelques livres de miel.

On prétend, je n'en ai pas la preuve, que quelques marchands poussent la friponnerie au point d'attacher une pierre de quelques livres au fond de la ruche pour la rendre plus lourde. Si on avoit quelques doutes à cet égard, il suffiroit de vérifier la ruche en la sondant avec une broche de fer.

En suivant ces erremens, on n'est pas trompé, et on a l'espoir de voir réussir les essaims qu'on achète.

Observations sur la différence de valeur d'un Essaim fort et d'un foible.

J'observerai ici que la différence d'un fort essaim bien approvisionné à un essaim foible, et qui n'a ramassé que peu de miel, est plus considérable qu'on ne le suppose communément. On ne doit pas, par une économie mal entendue, donner la préférence à ces derniers, parce que le vendeur les cède à 20, 30 et jusqu'à 50 pour 100 au-dessous du prix des premières. On doit considérer que le froid, qui ne nuira pas à un fort essaim bien approvisionné, peut en détruire un foible. Il faudra, si l'hiver est doux et le commencement du printemps contraire aux abeilles, faire une consommation considérable de miel qui augmentera d'autant la dépense principale. Ces essaims foibles, ayant besoin de se renforcer, ne pourront essaimer qu'après les autres, et il y a à parier qu'ils finiront par coûter davantage.

Il faut prendre plus de précautions pour le transport de ces ruches, remplies de gâteaux chargés de miel, que pour celles qui ne contiennent que des abeilles. Avant de les envelopper, on place des bois entre les rayons pour les empêcher de se rapprocher et d'écraser les abeilles.

On doit choisir un temps doux pour le transport des ruches, parce que si les abeilles étoient engourdies, les secousses de la voiture pourroient en détacher un grand nombre des rayons, et toutes celles qui tomberoient sur la toile périroient. Dans les temps froids, il faut transporter les ruches renversées.

Quand les ruches sont arrivées à leur destination, on les pose sur les plateaux; mais on attend la nuit pour tirer la toile qui les enveloppe. Si on donnoit la liberté plus tôt aux abeilles, on seroit exposé à en perdre beaucoup qui s'écarteroient de la ruche. Le lendemain matin, on vérifie les ruches, on retire les bâtons et les portions de rayons qui pourroient être brisés, et on les dresse bien sur le plateau.

§. VIII. *Soins à donner aux Abeilles pendant l'Hiver.*

Je ne suivrai pas les auteurs qui m'ont précédé dans la marche qu'ils ont suivie pour régler les temps où il faut donner tels et tels soins aux abeilles. Ils indiquent mois par mois ce que les cultivateurs doivent faire. Cette marche me paroît contraire à l'ordre de la nature, qui, bien loin d'être uniforme dans toutes les latitudes, varie dans le même canton d'une année à l'autre. Il faut donc la suivre dans ses variations et calculer les saisons, non comme elles sont réglées dans les almanachs, mais comme elle nous les donne année par année.

Pesée des Ruches.

Je suppose un rucher garni d'essaims à l'entrée de l'hiver. Le premier soin d'un cultivateur doit être de s'assurer si ses essaims sont suffisamment approvisionnés de miel, eu égard à leur force, non seulement pour vivre l'hiver, mais encore pour nourrir le couvain dans les climats où la température varie beaucoup à la fin de cette saison, et devient souvent assez chaude pour déterminer la reine à pondre, quoique les campagnes ne fournissent encore aucune nourriture. Cette attention est d'autant plus essentielle que, pour établir une bonne culture d'abeilles et en tirer un bénéfice honnête, il ne s'agit pas seulement d'avoir beaucoup de ruches et de multiplier les essaims, il faut encore multiplier les abeilles pour l'époque où le nectar et la miellée sont abondans dans les campagnes, afin qu'elles puissent faire une riche récolte, que les essaims soient primes et puissent également se bien approvisionner pour la mauvaise saison.

Jusqu'à présent les auteurs ont conseillé de ne pas les nourrir l'hiver ou de ne leur donner de nourriture que pour les empêcher de mourir de faim. J'établis aujourd'hui en principe qu'il faut leur fournir des provisions si elles en manquent, non seulement pour les nourrir, mais encore pour les mettre à même, si la fin de l'hiver est belle, d'alimenter leur couvain, quoique les fleurs ne paroissent pas encore.

La prospérité d'un rucher dépend de la multiplication des ouvrières à l'entrée de la belle saison. Si elles sont nombreuses, elles vont en grand nombre butiner dans les champs et rapportent assez de nourriture, non seulement pour nourrir le couvain, mais encore pour remplir les magasins.

Si elles sont, au contraire, en petit nombre, elles suffisent à peine à nourrir le couvain. Quelquefois le premier couvain périt; les essaims sont tardifs, et les abeilles ne sont très-multipliées qu'au moment où la nature ne leur fournit presque plus de nectar et de miellée. Leur grand nombre leur est alors plus nuisible qu'utile, puisqu'il faut vivre des foibles approvisionnemens qui existent dans les magasins.

Un exemple suffira pour démontrer ce que j'avance.

De deux ruches, la première contient vingt mille

abeilles, et la deuxième seulement dix mille au moment où la terre se couvre de fleurs. En supposant qu'il sort tous les jours de chacune la moitié des ouvrières pour butiner, et qu'il y ait la même quantité de couvain, il est certain que, si le travail de cinq mille abeilles suffit pour les nourrir, la première ruche aura un excédant de vivres de moitié, moins la quantité nécessaire pour la nourriture des abeilles, quantité peu considérable, à raison de la foible consommation des abeilles comparée à celle du couvain; pendant que la seconde n'aura fait que s'entretenir sans avoir rien ménagé. C'est sur cet excédant que le cultivateur doit fonder son bénéfice.

La première ruche ayant le jour dix mille abeilles, concentrera une chaleur favorable au couvain; la deuxième, qui n'en aura que cinq mille, ne pourra conserver une chaleur aussi forte.

Si, au contraire, le couvain de la seconde ruche est en moindre quantité que celui de la première, les essaims seront plus tardifs, et ne pourront pas profiter du moment le plus favorable pour s'approvisionner.

Il est en conséquence indispensable, pour tirer le plus grand parti de ses abeilles, de leur fournir les moyens de commencer leurs travaux aussitôt que la saison le permet, si l'automne ne leur a pas été favorable, ou si on les a trop châtrées. C'est, il est vrai, une dépense, mais nécessaire, et dont elles dédommagent au décuple.

La première attention des cultivateurs doit donc être

de peser toutes leurs ruches, dont ils ont dû prendre note du poids quand elles sont vides. Ils ajoutent au poids de la ruche vide celui des abeilles qui, dans un essaim ordinaire, doit être de cinq livres dans une ruche moyenne, de six à sept, s'il est fort, et de trois ou quatre, s'il est foible. Ils y joignent en outre celui de la cire, et ils retranchent ce poids de la ruche pleine; la différence donne à-peu-près la quantité de miel contenue dans la ruche, quand c'est un essaim de l'année; mais si la ruche a deux ou trois ans, on doit encore faire une réduction sur le poids supposé du miel, parce qu'il y a alors plus ou moins de pollen et de toiles dans les alvéoles.

Pour me faire mieux entendre, je vais donner un exemple :

Une ruche pèse à l'entrée de l'hiver. .		30 livres.
Le poids de la ruche vide est de.	8 liv.	
Celui de l'essaim, de .	5	
Celui de la cire, 2 liv., si les rayons remplissent la ruche. . . .	2	17
Pour le pollen et la toile, si la ruche est ancienne.	2	
Différence. . . .		13 livres.

Cette différence donne la quantité de miel contenue dans la ruche.

Quantité de Miel nécessaire aux Abeilles pour passer l'Hiver.

La quantité de miel connue, il s'agit de savoir celle qui est nécessaire à l'essaim jusqu'aux premières fleurs du printemps. Ici il est impossible de préciser la quantité, puisqu'elle varie suivant la température des divers climats, et que la consommation présente des différences de plus de moitié d'une année à l'autre dans les mêmes lieux. Ainsi dans les cantons où il gèle pendant plusieurs mois de suite, il faut très-peu de miel aux abeilles pour passer l'hiver, parce qu'elles sont engourdies pendant ce temps. Mais dans les lieux où il ne gèle à glace que par intervalles, les abeilles mangent pendant les deux tiers de l'hiver, et il leur faut des magasins bien approvisionnés. Tout ce que l'expérience a appris, c'est qu'un bon essaim peut manger deux livres de miel par mois dans les temps doux, et tels cependant que la mère-abeille ne ponde pas; dans le cas de la ponte, la consommation seroit plus considérable. Il en résulte qu'un bon essaim qui a douze livres de miel est bien approvisionné pour l'hiver dans les cantons où il consomme le plus, et qu'il est nécessaire que cette quantité existe dans ses magasins à la fin de l'automne. Il est possible que cette provision ne soit pas mangée, mais il faut toujours calculer sur la plus forte consommation. Ce qui restera au printemps servira aux abeilles pour le couvain, ou on le trouvera dans le magasin au moment de la récolte. Il n'y a pas à craindre de gaspillage de la part des abeilles.

D'après ces données, et la connoissance des localités, les cultivateurs seront à même de juger s'il faut donner du miel aux abeilles, ou si elles en ont suffisamment.

Sirop pour les Abeilles.

Comme dans cette saison il ne s'agit que de nourrir les abeilles qui manquent de miel, il faut le leur mettre dans l'intérieur de la ruche pour qu'elles en profitent seules. On fera bien de mêler dans le miel un peu de vin, et, à défaut, d'une autre liqueur fermentée, telle que du cidre, du poiré. Ce mélange empêche les indigestions qui sont très-nuisibles à ces insectes, et peuvent causer leur perte; il donne du ton à leurs estomacs et prévient la diarrhée.

Il est également utile à la fin de l'automne de sacrifier quelques livres de ce mélange, qu'on place devant le rucher si l'abondance de quelques fruits, comme les prunes, fait craindre la dyssenterie. Mais il faut alors augmenter la quantité de vin, y ajouter quelques coings, un peu de sel, et faire cuire ce mélange. Quand il a la consistance de sirop, il est bon pour les abeilles. On fait ordinairement ce sirop avec le gros miel qu'on a retiré de la cire par la presse, mais alors il faut l'écumer.

Dans les cantons où le miel est cher, on peut employer d'autres matières pour nourrir les abeilles à l'automne ou au printemps, en leur préparant divers sirops qu'on fabriqueroit à l'automne.

Tout le monde sait tirer parti des poires, pommes, coings, prunes pour en faire des sirops ; il ne s'agit que de couper en rouelles minces les poires, pommes et coings, d'enlever les noyaux des prunes, etc., de les faire cuire avec de l'eau, et de les presser ensuite pour en extraire le jus qu'on fait cuire jusqu'à consistance de sirop, après y avoir joint un peu de liqueur fermentée.

Quant au raisin, on se contente de l'écraser cru, on le presse et ensuite on cuit le jus jusqu'à consistance de sirop avec un peu de sel.

Je pense que les carottes, les betteraves et même les navets pourroient servir pour le même objet. On lave et on racle bien ces racines ; lorsqu'elles sont propres, on les coupe par tranches bien minces, ou on les écrase, et on les fait cuire avec de l'eau ; quand elles sont réduites en bouillie, on les presse pour en exprimer le jus. On jette un peu de sel et de liqueur fermentée dans le jus : on y ajoute un dixième de miel pour le rendre plus agréable aux abeilles, on le cuit ensuite jusqu'à consistance de sirop.

On doit cuire tous ces sirops à petit feu, et les surveiller, parce qu'ils s'élèvent comme du lait, et se répandent hors du vase. On peut les passer à travers un linge et les mettre dans des pots de terre bien couverts ou des bouteilles pour s'en servir au besoin. On fait ces sirops à l'automne en assez grande quantité pour les besoins du printemps, et souvent de l'été dans certains cantons.

On fait tiédir ces sirops avant de les donner aux abeilles, si le temps est un peu froid.

Si les betteraves et les carottes peuvent remplacer les autres matières, pour faire du sirop, il y auroit de l'avantage à n'en pas laisser manquer les abeilles, lorsque la saison leur est contraire, ou que les vivres leur manquent. Ce sirop seroit à si bon marché dans certains cantons, à raison du prix des terres, de la main-d'œuvre et du bois, qu'il y auroit beaucoup de profit à en fournir aux abeilles pour les nourrir, avancer le temps de l'essaimage, augmenter sa récolte de miel et peut-être pour les faire travailler en miel et en cire. Pour affirmer ce dernier fait, il faudroit avoir nourri quelque temps les abeilles exclusivement avec ces sirops pour juger de la qualité du miel et de la cire que ces matières fournissent.

Moyens de leur donner de la Nourriture.

Pour donner de la nourriture aux abeilles, on remplit un vase tel qu'une assiette, d'un de ces sirops. On couvre le sirop de brins de paille ou d'une feuille de papier dans laquelle on a fait beaucoup de trous ou des coupes longues et étroites, ou même d'une toile claire.

J'emploie ce dernier moyen quand je n'ai pas de grands rayons vides; mais j'ai toujours l'attention d'en conserver, et je préfère les remplir de sirop d'un seul côté, et les poser à plat sur le plateau ou dehors. Les abeilles ne s'y engluent pas le corps et les ailes, comme cela leur arrive souvent dans les assiettes, à moins qu'on se serve de toiles pour couvrir le miel.

Des cultivateurs mettent le sirop dans une bouteille, ils la bouchent avec un linge pour que le sirop puisse couler lentement, ils la renversent et la font entrer dans un trou pratiqué à cet effet dans la partie supérieure de la ruche. D'autres font faire des gobelets de fer-blanc dont le fond est percé de petits trous. Ils le placent à demeure dans le haut de la ruche et le recouvrent avec une bonde. Quand ils veulent donner à manger aux abeilles, ils mettent un linge clair dans le fond du gobelet et versent le sirop dedans.

M. *Lombard* condamne avec raison ces deux méthodes. Le sirop coule trop vite dans les temps chauds, et englue les abeilles. Il peut même nuire au couvain en entrant dans les alvéoles qui en contiennent. Au contraire si la température est froide, il coule très-lentement ou pas du tout. Le goulòt de la bouteille brise les rayons sur lesquels on le place, et le gobelet a le défaut de ne contenir qu'une petite qnantité de miel. Or il est à observer qu'il faut fournir de suite aux abeilles la quantité de miel nécessaire pour leur approvisionnement d'hiver, parce qu'elles le placeront sur-le-champ dans leurs alvéoles sans le gaspiller. Mais si on le leur donne peu-à-peu, la cueillette de ce miel les mettra en mouvement, augmentera la chaleur de la ruche, et la consommation de miel sera plus grande.

Précautions à prendre quand on nourrit les Abeilles.

Quel que soit le mode qu'on emploiera pour les nourrir, il faut placer la porte devant l'ouverture de la ruche qu'on approvisionne, et n'y laisser que les petits passages pour une abeille, ou seulement les trous pour établir la communication avec l'air extérieur, autrement les abeilles voisines, attirées par l'odeur du sirop, pénètreroient dans la ruche et la pilleroient.

§. IX. *Enfumer les Abeilles, Instrumens.*

Après s'être assuré de la quotité des provisions de ses abeilles pour leur en fournir, si elles en manquent, il est bon, si l'air est humide, de les enfumer un peu. Pour cet effet on place quelques charbons bien allumés dans un réchaud, et on jette dessus un peu de bouze de vache bien sèche. On veille à ce que cette matière ne s'enflamme pas. A défaut on y met quelques morceaux de vieille toile. On peut employer la toile d'une autre manière : on la roule à l'extrémité d'une baguette, on l'y maintient avec un lien d'osier, de ficelle ou de fil de fer. On y met le feu sans l'enflammer. C'est le moyen le plus commode pour celui qui opère. La toile ou serpillière la plus grossière est la meilleure. On passe le fumeron à l'entrée de la ruche, et on fait entrer la fumée en l'y soufflant ; on soulève un peu la ruche, et on passe le fumeron dessous.

La crainte que la bouze de vache ou le linge ne

vinssent à s'enflammer, et à brûler quelques abeilles ou à mettre le feu à leur habitation, a fait inventer deux instrumens.

Le premier a les dimensions et la forme des chaufferettes de terre cuite, dont les habitans pauvres se servent en France, 8 pouces de long, 6 de large, 4 de hauteur d'un côté et 5 de l'autre. Du côté le moins élevé, il y a un trou par lequel on introduit l'air avec un soufflet. A l'autre extrémité, il y a un tuyau de 3 ou 4 pouces de long, et qui s'élève presque verticalement. Ce tuyau est aussi en terre cuite, fort large dans le bas et retréci à l'extrémité. C'est le conducteur de la fumée.

Un trou de 3 pouces carrés sert à y introduire le charbon et la bouze de vache, ou le linge. Cette ouverture se rétrécit pour que la couverture qu'on y place ne tombe pas dedans.

L'autre instrument fumigatoire est de l'invention de M. *Vérité*, qui en a fait insérer la description dans la *Gazette d'Agriculture*, du 18 décembre 1779.

On imaginera deux tuyaux cylindriques de tôle de 6 pouces de longueur, l'un ayant 2 pouces $\frac{1}{2}$ de diamètre intérieur, et le second s'introduisant dans le premier de manière à le remplir, et y être mû librement. Pour former ces tuyaux, on joint par ses côtés opposés une feuille de 8 pouces 4 lignes de largeur, de la longueur susdite. On recroise, on recouvre l'un par l'autre d'environ 6 lignes, et on les arrête dans cet état par trois clous rivés en dedans et en dehors. A l'un des bouts de chaque tuyau, on établit un cône ou entonnoir tronqué de manière à laisser vers son sommet une ouverture circulaire de 9 lignes de diamètre. La hauteur des entonnoirs ainsi tronqués est de 2 pouces. Pour les fixer et les contenir solidement sur leurs tuyaux, après avoir arrêté la feuille croisée qui les forme avec un clou rivé comme aux tubes, on rabat d'équerre et en dehors les bords de l'orifice du tuyau de 2 lignes ou environ. On rabat de même, mais en dedans et par-dessus le tuyau le bord qui fait la base de l'entonnoir, de manière que la réunion d'un tube et de son entonnoir forme un cordon circulaire qui fait la jonction de l'un et de l'autre.

A l'extrémité tronquée de l'entonnoir du premier et du plus gros tuyau, on soude encore un second cône de tôle ou de fer-blanc de 1 pouce $\frac{1}{2}$ de hauteur, tronqué comme le premier. On l'aplatit vers sa base et dans le sens de son diamètre, de manière à n'y laisser qu'un petit jour d'environ $\frac{2}{3}$ de ligne sur une largeur diamétrale de 22 lignes. On sent que ces deux entonnoirs sont réunis à leurs sommets tronqués et opposés. On soude également à l'extrémité de l'entonnoir du second tuyau un tube de fer-blanc de forme conique de 5 pouces de longueur, d'une base égale à l'orifice supérieure de celui auquel il est adapté et tronqué à son sommet, de façon à n'y laisser qu'un trou circulaire de 1 ligne $\frac{1}{2}$ ou 2 lignes seulement de diamètre. On place dans l'intérieur de chaque tuyau, à l'extrémité qui porte l'entonnoir, un grillage rond, à cinq barres, fait de tôle comme les tuyaux, et de même diamètre que leur intérieur.

Le tout étant ainsi construit et disposé, les deux grands tubes s'introduisent l'un dans l'autre. Il se forme alors intérieurement et entre les deux grillages un espace cylindrique plus ou moins long, selon que l'un des tuyaux est plus ou moins introduit. On y met un bouchon de vieux linge dans lequel on place un charbon ardent. On excite le feu dans le linge jusqu'à l'inflammation; on ferme aussitôt la machine, et on place à l'instant un petit entonnoir aplatie dans l'entrée de la ruche sans la déplacer. On met la bouche au tube opposé. Dès le moment qu'on y souffle, il se répand sur la ruche une nappe de fumée qui s'y élève, chasse les abeilles, les remplit et les force de se tenir à son sommet.

Il faut souffler modérément, et ranimer le feu de temps en temps.

Tels sont les deux fumigatoires inventés. Le premier, simple et à bas prix, me paroît mériter la préférence; et si j'ai cité l'autre, c'est plutôt pour les amateurs que pour les vrais cultivateurs, qui sont forcés de ménager sur tous les points qui ne sont pas indispensables.

Placer les Portes et luter les Ruches.

Quand le temps est beau et bien sec, on peut tirer les chevilles qui bouchent les trous de la couverture pour renouveler l'air de la ruche.

On répare aussi les surtouts qui en ont besoin ; on lute bien sur le plateau les ruches en paille et d'osier avec du pouget, et on place les portes, ou on tire les ruches sur le derrière du plateau, pour diminuer la hauteur de l'ouverture.

La précaution de luter les ruches ne vient pas du besoin de garantir les abeilles du froid, mais de prévenir les ravages des rats, souris, etc., qui, trouvant une petite ouverture, l'auroient bientôt augmentée pour pénétrer dans la ruche. Bien loin de diminuer la circulation de l'air, si les hivers sont doux et humides, il seroit utile de l'augmenter pour renouveler l'air de la ruche, qui est continuellement chargé de vapeurs, à raison de la grande population, si les ruches étoient voisines de l'habitation principale, et qu'on eût de bons chats ou qu'on eût employé d'avance des moyens sûrs pour la destruction de la famille des rats.

C'est pour obvier à cet inconvénient que j'ai recommandé d'élever les ruches dans les températures humides, de trois ou au moins de deux pieds de hauteur, d'y renouveler l'air et de les enfumer. Quelques auteurs ont tellement senti la nécessité du renouvellement d'air, qu'ils ont proposé de soulever les ruches pendant l'hiver d'un pouce au-dessous du plateau ; mais, pour éviter cet inconvénient, ils sont tombés dans un autre, celui de livrer les abeilles à leurs ennemis pendant leur engourdissement, et de les exposer à un froid trop vif quand les vents d'est et de nord règnent trop long-temps.

Comparaison des Abeilles sauvages et de celles cultivées.

On m'objectera peut-être que les abeilles, dans l'ordre naturel, n'ont personne pour s'en occuper, leur donner tous ces soins, et qu'elles n'en profitent pas moins.

La réponse est aisée (1). Dans les températures humides et douces, les abeilles passent l'hiver dans des trous d'arbres, élevés de terre de 15 à 30 pieds; elles vivent en conséquence dans un air plus pur; Comme l'épaisseur des parois de ces trous les garantit mieux du froid que nos ruches, elles s'y engourdissent moins et peuvent se défendre de leurs ennemis. Si le froid devient assez vif pour les engourdir, elles craignent peu que, pendant ce temps, la famille des rats, qui peut faire tant de ravages dans nos ruches placées presqu'au niveau de la terre, et où ils se mettent à l'abri du froid et de la faim, aillent les troubler dans des retraites aussi élevées. Il est vrai qu'elles doivent consommer davantage; mais comme elles n'ont travaillé que pour elles, et que l'homme n'a

---

(1) Plus foibles qu'autrefois, des ruches domestiques
On voit dans les hivers périr les républiques;
Elles souffrent encor des trop brûlans étés,
Des ennemis sans nombre assiègent leurs cités;
De Pomone et de Flore on amoindrit l'empire,
On détruit les abris et Palès en soupire.
De cette destinée arrête les effets;
Des abeilles du moins respecte les bienfaits.

La B.

pas partagé leurs provisions, elles ont des approvisionnemens plus considérables, et sont en état de pourvoir à cette grande consommation.

L'état des abeilles sauvages n'est donc pas le même que celui des nôtres ; et, en modifiant leur manière d'être, nous sommes forcés à des précautions et à des soins souvent inutiles dans l'état de nature.

Effets des variations de l'Atmosphère sur les Abeilles.

Les variations de l'atmosphère pendant l'hiver exposent les abeilles à deux dangers plus ou moins grands, suivant les lieux. Des froids très-piquans et longs succèdent à des temps doux, et peuvent faire souffrir les abeilles qui sont dans des ruches minces et dont les surtouts sont foibles. J'ignore jusqu'à quel degré elles en sont susceptibles, quand la chaleur et le froid se succèdent fréquemment. Je suppose qu'elles sont dans le cas de tous les animaux, sans en excepter l'homme, qui souffrent plus volontiers un froid vif sans éprouver d'incommodités, que ces variations continuelles de chaud et de froid. Je sais d'ailleurs que, lorsque les froids commencent à la fin de l'automne et durent plusieurs mois sans interruption, ils ne nuisent pas aux abeilles. On en a la preuve par celles qui vivent et prospèrent dans les forêts du nord de la Pologne et dans celles de la Russie.

Dans les climats tempérés, l'hiver s'annonce par des gelées blanches qui prennent peu-à-peu de l'intensité. Le soleil, qui a de la force, les fond dans la journée, et les abeilles peuvent sortir de dix à onze heures du matin jusqu'à trois heures du soir. Alors l'air commence à se rafraîchir, et les abeilles qui ne sont pas rentrées et se sont reposées à quelque distance du rucher s'y engourdissent et périssent.

Effets de la Neige.

Si, pendant que la neige couvre la terre, le temps s'éclaircit, le soleil peut encore suffisamment réchauffer le rucher qui est à l'abri des vents du nord; les abeilles se mettent en mouvement; elles sortent en assez grand nombre. Mais malheur à celles qui se posent sur la neige, quoique au plein soleil; elles y périssent promptement si on ne les en retire. Un autre danger les menace : les oiseaux qui en sont avides, et qui ne trouvent alors que peu de subsistance, leur font la guerre et en détruisent beaucoup.

Effets des Chaleurs qui ont lieu pendant l'Hiver.

Les vents du sud annoncent de prompts dégels et donnent souvent une température qui semble annoncer le printemps. La sève se met en mouvement, et tout annonce que la nature va sortir de l'état d'engourdissement dans lequel les vents du nord et les rayons obliques du soleil l'avoient plongée.

Les abeilles trompées par ces apparences recommencent leurs travaux. La reine se met à pondre; les œufs éclosent; il faut nourrir les larves, et la consommation des vivres quadruple au moins, quoique les abeilles ne trouvent rien ou presque rien dans la campagne. Les magasins se vident et exposent les abeilles

les mieux approvisionnées à souffrir de la disette. Tout-à-coup le froid se fait sentir de nouveau. Le travail est interrompu; les abeilles remontent au haut de la ruche, où elles s'engourdissent, et le couvain est exposé à périr, particulièrement celui qui est dans la partie inférieure de la ruche.

Ces évènemens sont assez communs dans le département de Seine-et-Oise, principalement dans le mois de février, qui est souvent aussi beau que le mois de mai, et qui est fréquemment suivi de gelées pendant les mois de mars et d'avril.

Cette année, le beau temps y a duré si long-temps, et les gelées qui ont succédé aux beaux jours ont été telles, que les cultivateurs ont perdu une grande partie de leurs abeilles. Il n'y a que ceux qui leur ont donné beaucoup de nourriture qui les ont sauvées.

Consommation des Abeilles pendant les beaux jours de l'Hiver.

J'ignore quelle est au juste la consommation d'une bonne ruche, lorsque les abeilles sont en pleine activité et que le couvain est nombreux; mais je sais qu'elle est considérable, et j'en tire la preuve de deux faits.

On a constaté que, dans le mois de mai, temps de la grande floraison, les abeilles d'une ruche bien peuplée pouvoient ramasser une livre de pollen; la quantité de miel doit être à-peu-près la même, puisqu'on voit rentrer autant et plus d'abeilles chargées de miel que de pollen; qu'elles mêlent ces deux matières pour la nourriture de leurs petits, et que si l'on enlève quelques rayons, elles les rétablissent en peu de jours.

On ne doit pas être surpris que des insectes aussi petits fassent tant d'ouvrage par jour; le nombre supplée à la force, et leur diligence est extrême. Il y a constamment aux provisions huit à dix mille abeilles; elles se chargent promptement, et reviennent d'un vol très-rapide à leur habitation. Comme elles peuvent faire plusieurs voyages dans la journée, il est facile de concevoir que ces milliers de charge, qui peuvent être de cinquante à soixante mille, peuvent former le poids d'une livre de pollen et autant de miel; ce qui, dans un mois, monteroit à soixante livres. Cependant, au bout du mois, la quantité de pollen contenu dans la ruche est peu considérable, et l'augmentation du miel n'y est pas très-forte. Le surplus a donc été consommé.

J'avois pesé à l'automne des ruches dont le poids annonçoit en miel et pollen trente à quarante livres. Je n'avois pas voulu m'emparer d'une partie de ces provisions, dans l'espoir que j'en obtiendrois, au printemps, des essaims primes, et peut-être deux bons essaims de chaque ruche.

L'hiver fut doux et suivi de fortes gelées. Je ne m'occupois pas de ces ruches, persuadé qu'il étoit impossible qu'elles manquassent de vivres, et je donnai seulement des soins aux autres. A la mi-avril, une de ces ruches fut abandonnée. Je supposai, premièrement, que la perte de la reine en étoit cause; mais l'ayant trouvée sans miel, quoiqu'il n'y eût point eu de pillage, et voyant beaucoup d'abeilles mortes à l'entrée des ruches voisines, je soupçonnai la vérité. Pour m'en assurer, je vérifiai les autres. Celle qui pesoit le plus à l'automne n'avoit pas plus d'une demi-livre de miel, et si j'avois encore attendu à leur en donner, je les aurois également perdues.

J'ai cru pouvoir conclure de ces faits que la consommation des abeilles étoit très-forte pendant la ponte, et que dans certains climats, où la température varie beaucoup l'hiver et au commencement du printemps, où souvent la fin de l'hiver est superbe, pendant que le premier mois du printemps est froid ou pluvieux, il faut prendre des précautions inutiles dans les climats plus favorables aux abeilles.

Soins à prendre.

Les auteurs ont conseillé divers moyens pour obvier à ces inconvéniens. Les uns, pour les mettre à l'abri des grands froids, proposent de les tirer du rucher en plein air pendant l'hiver, et de les mettre dans un lieu couvert et bien clos, où le jour ne puisse pas pénétrer; d'autres veulent qu'on les renferme tout l'hiver dans leurs ruches.

Clôture des Ruches pendant les grands froids.

J'ai déjà observé que les froids continus ne nuisoient pas aux abeilles, et qu'en couvrant les ruches avec de bons surtouts, il n'y avoit rien à craindre. Il devient donc inutile de les tirer du rucher pour les mettre dans des lieux bien clos. La seule précaution à prendre, si le froid augmentoit d'intensité, seroit de fermer l'entrée des bonnes ruches avec le côté de la porte où il n'y a que des petits trous, et d'intercepter toute communication avec l'air extérieur dans les ruches très-foibles, qui ne sont remplies qu'à moitié. Ces précautions ne peuvent nuire à cette époque, parce que les abeilles, dans l'état d'engourdissement, ne mangent pas, transpirent très-peu, et corrompent moins l'air de la ruche.

Il n'est pas à craindre que les fortes ruches souffrent, dès qu'il y a une communication quelconque avec l'air extérieur; et, quant aux essaims qui ne remplissent que la moitié de la ruche, la masse d'air qui y est contenue suffit pendant l'engourdissement des abeilles.

Si, lorsque la neige couvre la terre, ou que, pendant la gelée, un air pur et un ciel sans nuages laissent aux rayons du soleil la liberté d'agir, l'influence des rayons très-obliques sera nulle dans le nord; mais elle produira de grands effets dans les climats plus tempérés, où l'obliquité des rayons solaires n'est pas si grande, et elle tirera les abeilles de leur engourdissement, d'autant plus que l'exposition des ruches sera plus favorable, telle que celle du plein midi, ou du sud $\frac{1}{4}$ sud-ouest.

Retourner les Surtouts.

Pour prévenir cet inconvénient, on doit retourner le surtout de la ruche de manière à empêcher les rayons solaires de porter sur le plateau et l'ouverture des ruches, ou faire un demi-tour aux ruches. L'air qui sera sous le surtout ne sera pas assez échauffé pour augmenter la chaleur de la ruche, et tirer les abeilles de leur engourdissement. Ainsi, non seulement elles ne seront pas exposées à sortir et à périr de froid sur la neige, mais elles ne diminueront pas leurs provisions. On pourra suspendre des paillassons devant le rucher couvert pour prévenir le même effet.

Tirer la Neige du Surtout et du Plateau.

J'invite les cultivateurs à nettoyer le devant du plateau et même le surtout, lorsqu'ils sont couverts de neige, et que le soleil commence à la fondre. Je les engage aussi à enlever la neige du terrein des ruchers en plein air, et quelques pieds devant les ruchers couverts, pour diminuer l'humidité résultant de sa fonte.

Donner la liberté aux Abeilles.

Mais si la chaleur, au lieu d'être partielle, comme dans le cas ci-dessus, où elle n'a lieu que sur les points frappés directement par les rayons du soleil, réchauffe toute la masse de l'air, comme lorsque les vents tournent au sud et que le soleil paroît, alors il devient impossible de tenir les abeilles dans l'engourdissement. Elles se mettent en mouvement, et ce mouvement contribue à augmenter la chaleur de l'intérieur de la ruche; elles mangent et ont besoin de se vider. Leur transpiration augmente, et l'air de la ruche se charge de vapeurs. C'est donc le moment de retourner les portes pour rendre la liberté aux abeilles; autrement, elles feroient leurs ordures dans la ruche, et ces matières, jointes à leur transpiration, infecteroient l'air de la ruche et nuiroient aux abeilles. On doit aussi profiter de ces momens pour déboucher les trous de la couverture, et ensuite enfumer un peu les abeilles. Ces opérations renouvellent l'air et le purifient. Il est essentiel de vérifier l'état de ses ruches. Il faut retrancher sans ménagement toutes les portions de rayon qui sont moisies.

Détruire les jeunes Vers et Œufs de la Fausse-Teigne.

Si l'on craint les fausses-teignes, c'est également le moment de nettoyer le plateau et les parois de la ruche aussi loin qu'on peut y atteindre; on les lave ensuite avec un mélange d'urine de sept à huit jours, de très-fort vinaigre et de poivre. On prétend que cette composition détruit les jeunes vers et les œufs. Son odeur suffit au moins pour écarter les phalènes de la ruche pendant quelques jours, et ne nuit pas aux abeilles.

Lorsqu'on emploie les ruches d'une pièce ou celles composées du corps de la ruche et d'un couvercle, je pense qu'il seroit bon de profiter de ce moment pour enlever environ la moitié des rayons au moins dans la partie où il n'y a pas de miel. En suivant cette méthode, on renouvelleroit la cire en deux ans. Les jeunes larves de la fausse-teigne, qui sont toujours à cette époque dans les rayons des côtés, seroient enlevées, et les ruches qui en contiennent beaucoup et qui sont exposées à être détruites par ces ennemis dangereux seroient sauvées. On parviendroit par cette méthode à en purger le rucher, ou au moins à diminuer considérablement ces insectes. Comme les rayons sont à plus des trois quarts vides à cette époque, et qu'il n'y a pas de couvain, il resteroit assez d'alvéoles pour l'époque de la ponte, et dès que les abeilles trouveroient des provisions dans la campagne ou qu'on leur en fourniroit, elles auroient bientôt construit de nouveaux rayons. Le vide produit dans la ruche ne leur nuit pas, parce qu'alors elles se retirent de l'autre côté de la ruche. Voyez page 276, 2d alinéa.

Utilité de la Ruche à la Bosc *sous ce rapport.*

La ruche que je propose a un grand avantage sous ce rapport, puisqu'on peut détacher les côtés et les nettoyer aisément sans dégrader les gâteaux, s'ils sont nouveaux, ou en couper quelques-uns, sans toucher aux autres, ce qui est fort difficile dans les ruches d'une pièce. Elle évite un autre inconvénient majeur, qui est souvent la cause de la perte des essaims, c'est celui de vérifier par le centre, comme par les côtés, la provision de miel; point essentiel, puisque si le poids des ruches est un indice essentiel et sûr pour indiquer la provision de miel, il ne l'est pas pour en connoître la qualité. Or le miel se candit quelquefois, et alors les abeilles ne peuvent en faire usage, au moins l'hiver; car j'ignore si, dans l'été, elles en tirent parti au moyen de l'eau.

Les ruches anciennes et en paille, ainsi que celles dont on ne prend que le couvercle, et dont le corps de la ruche reste intact plusieurs années, m'ont paru plus sujettes à cet accident que celles à hausses, et celles dont on renouvelle les rayons de temps en temps.

Miel Candi.

Il ne suffit donc pas de peser ces ruches, il faut encore les sonder pour s'assurer si le miel est liquide; autrement, en jugeant seulement par le poids, on ne donnera aucun secours à une ruche, parce qu'elle est lourde, quoique le miel soit candi, et les abeilles mourront de faim. J'en ai eu deux fois la preuve. J'ai trouvé deux ruches dont les abeilles étoient mortes de faim, quoiqu'il y eût beaucoup de miel candi dans les alvéoles dont les abeilles avoient enlevé le couvercle; tout le miel liquide avoit été consommé. J'ai remis ces ruches en place, après en avoir enlevé les abeilles mortes. Elles y ont resté jusqu'à ce que les fausses-teignes, et par suite les fourmis, y aient pénétré. Les abeilles des ruches voisines y entroient tous les jours, mais sans une réduction sensible du poids de la ruche; ce qui m'a fait présumer que, même au printemps, elles ne pouvoient tirer parti de ce miel candi qu'avec les plus grandes difficultés.

Nourrir les Abeilles dans les beaux jours de l'Hiver.

Si le beau temps dure à l'époque précitée assez long-temps pour faire craindre que les abeilles ne consomment leurs provisions, il faut leur fournir du miel ou du sirop. On y gagne de plusieurs manières; on conserve les abeilles; le couvain est également sauvé, et s'il survient du froid, moins exposé à périr ; enfin on a des essaims de bonne heure, et ces essaims primes ayant quinze jours ou trois semaines de plus que les autres dans la saison abondante du miel, font de plus amples provisions, et passent facilement l'hiver, pendant que les essaims tardifs sont exposés à périr, même à l'automne, si on ne les nourrit pas.

Je donnerai ici un exemple frappant de ce que j'avance. Le mois de février dernier a été fort beau, comme je l'ai déjà observé. Les mères-abeilles ont commencé leur ponte, et il y avoit déjà des jeunes abeilles au retour du froid. Deux cultivateurs de ma connoissance, persuadés qu'il ne falloit pas nourrir les abeilles, parce que, dans leur pays natal, qui est plus favorable à ces insectes que ce département, et où l'on n'a pas besoin de le faire, ne voulurent leur rien donner, et perdirent les trois quarts de leurs essaims. M. *Béville* me cita dans le temps un cultivateur qui en perdit plus de quatre-vingts sur cent.

J'en avois vingt-deux à qui je donnai environ trente-cinq livres de miel qui me restoient, et que je crus devoir suffire. Je me trompai, j'en perdis deux.

Un de mes voisins en possédoit vingt-quatre, à qui il fournit environ cent quarante livres de miel. Il ne perdit pas un essaim. Ses abeilles, déjà multipliées, se défendirent au printemps contre les fausses-teignes qui attaquèrent trois de ses ruches. Elles attaquèrent leurs larves, et les traînèrent hors la ruche après les avoir tuées. Dès le 10 mai, ce cultivateur eut des essaims, et à la fin du mois, il avoit trente nouvelles ruches composées de vingt-trois premiers essaims et de quatorze seconds, dont il avoit réuni deux ensemble, pour les rendre plus forts. A l'automne toutes ses ruches étoient en bon état.

N'ayant employé que trente-cinq livres de miel, et perdu que deux essaims, je pouvois m'applaudir de mon économie; mais les suites me prouvèrent combien j'avois eu tort.

Mes abeilles n'essaimèrent qu'au mois de juin. Je n'eus que neuf essaims, dont deux très-foibles pour des premiers essaims, et l'été n'ayant rien valu pour les abeilles, les miennes sont, en général, mal approvisionnées. Les fausses-teignes ont attaqué deux de mes ruches en paille, et les ont détruites.

J'observe que, voulant faire des expériences, j'ai des ruches de toutes les formes et de toutes les matières, et que ce n'est qu'après beaucoup d'essais que j'ai adopté la ruche à la *Bosc*. Encore une économie mal entendue m'a-t-elle déterminé à employer toutes les ruches que je possédois pour éviter des frais.

Les propriétaires des cantons où l'été et l'automne fournissent d'amples moissons aux abeilles auront peine à comprendre qu'il faille les nourrir, et que j'entre dans tous ces détails. Mais tous les cantons de la France ne sont pas également favorables. Il en est où la nature fait tous les frais, et où le cultivateur n'a en quelque sorte qu'à moissonner. Il en est d'autres, au contraire, où il faut beaucoup de soins pour obtenir quelques bénéfices.

Donner la Nourriture en dehors.

Quand je suis forcé de nourrir les abeilles dans cette saison, je préfère leur donner la nourriture en dehors. Toutes, il est vrai, en profitent. Cependant j'ai remarqué que les abeilles qui ne manquoient pas de miel s'écartoient beaucoup, et rôdoient autour des coudriers et des autres arbres qui fleurissent de bonne heure, pour se procurer probablement du pollen. Mais je leur donne le miel un peu chauffé, à 10 heures du matin, et je cesse de leur en fournir à 2 heures de l'après-midi, afin qu'elles aient le temps de le digérer avant le froid, et que celles qui se sont emmiellées puissent se nettoyer et retourner à la ruche avant la nuit; autrement elles seroient exposées à périr. Quand un changement de temps a lieu, et qu'il s'en trouve beaucoup qui ne peuvent retourner à leur ruche, je prends le parti de les ramasser dans un crible. Je recouvre ce crible d'un linge, et je l'approche du feu. Peu-à-peu les abeilles se réchauffent, et lorsqu'elles sont en état de prendre leur vol, je lève le linge, et je leur rends la liberté de retourner à leur ruche. Il m'est arrivé, après un orage violent et subit, de trouver la terre couverte d'abeilles auprès du rucher. J'en ramassai plusieurs milliers que je soignai comme ci-dessus, et une demi-heure après elles avoient repris leur vol et avoient rentré dans leurs ruches; au lieu que celles qui restèrent dehors moururent pendant la nuit.

Les froids qui surviennent en mars, à la suite des

beaux jours, interrompent les travaux des abeilles. Si elles sont nombreuses, elles couvrent le couvain et le conservent; mais si elles sont en petit nombre, elles se réunissent dans la partie supérieure de la ruche pour y concentrer la chaleur, et le couvain reste découvert. Si le froid est vif et se prolonge, il est exposé à périr, ce qui arrive quelquefois.

Visiter les Ruches après les Gelées.

On doit, en conséquence, quand le froid est passé, visiter ses ruches pour s'assurer de leur état. Si le couvain a péri, il faut couper les parties de rayon où il est placé pour éviter un travail long et pénible aux abeilles, et pour empêcher qu'il ne se corrompe et ne répande une odeur infecte dans la ruche. On ne laisse pas ces morceaux de rayon à leur disposition.

Cette corruption seroit très-nuisible aux abeilles, pourroit les faire périr, et répandre, si la chaleur étoit forte, la contagion dans le rucher entier. On en a vu quelques exemples, quoique rares, dans les latitudes tempérées.

L'abbé *della Roca* parle d'une maladie épidémique qui détruisit dans l'île de Syra presque toutes les abeilles. Cette contagion, d'après la description de l'auteur, eut pour cause le couvain corrompu d'une ruche qu'on eut l'imprudence de jeter aux environs du rucher. Les abeilles allèrent y recueillir quelques matières, et apportèrent la maladie dans leurs ruches. On ne peut arrêter le mal qu'en enterrant les débris de toutes les ruches qui périssent.

M. *Legros*, marchand de miel à Versailles, avoit au commencement du printemps une ruche qui avoit une odeur insupportable. Le couvain en étoit corrompu. Il prit le parti de couper toutes les portions de rayons où il y avoit du couvain gâté. Les abeilles recommencèrent alors leurs travaux, et la ruche fut sauvée.

§. X. *Soins qu'il faut prendre des Abeilles au Printemps.*

Les abeilles, dans cette saison, ne demandent presque aucun soin jusqu'à l'essaimage (1). Il ne s'agit que de retirer les portes, ou, suivant leur forme, de les tourner pour augmenter l'ouverture de la ruche, de tenir les ruches et le rucher propres.

---

(1) *Quod superest, ubi pulsam hiemem sol aureus egit*
Sub terras, cœlumque æstivâ luce reclusit;
Illæ continuò saltus sylvasque peragrant,
Purpureosque metunt flores, et flumina libant
Summa leves. Hinc nescio quâ dulcedine lætæ
Progeniem nidosque fovent: hinc arte recentes
Excudunt ceras, et mella tenacia fingunt.

Mais le printemps renaît, l'hiver fuit, l'air s'épure,
Et l'astre des saisons rajeunit la nature.
L'abeille prend son vol, parcourt les arbrisseaux;
Elle suce la rose, elle effleure les eaux.
C'est de ces doux tributs de la terre et de l'onde
Qu'elle revient nourrir sa famille féconde,
Qu'elle forme une cire aussi pure que l'or,
Et pétrit de son miel le liquide trésor.

Fournir de l'Eau aux Abeilles.

Les abeilles commencent à cette époque à faire une grande consommation d'eau (1). On doit en mettre, à leur portée, dans un vase large et peu profond. On enterre ce vase à fleur de terre. Comme il est utile de la conserver pure et non corrompue, M. *Lombard* a imagné de se servir d'une barrique coupée en deux, qu'il remplit de 6 pouces de terre qu'il recouvre d'eau. Il y plante du cresson d'eau sur lequel les abeilles se posent pour boire. On le coupe de temps en temps, et l'on ajoute de l'eau au besoin.

Cette méthode ménage aux abeilles un temps précieux, et conserve la vie à un grand nombre qui périroit dans les grandes pièces ou les eaux courantes, ou qui seroient la proie de leurs ennemis. On place plusieurs baquets au besoin.

Je dois observer ici qu'il arrive quelquefois que, lorsque les abeilles sont en grand nombre à s'appro-

---

(1) *Nec verò à stabulis, pluviâ impendente, recedunt longiùs; aut credunt cœlo, adventantibus euris,*
Sed circùm tutæ sub mœnibus urbis aquantur,
Excursusque breves tentant, et sæpè lapillos,
Ut cymbæ instabiles fluctu jactante saburram,
Tollunt : his sese per inania nubila librant.

L'air est-il orageux et le vent incertain?
Il ne hasarde pas de voyage lointain;
A l'abri des remparts de sa cité tranquille,
Il va puiser une onde à ses travaux utile,
Et souvent dans son vol, tel qu'un nocher prudent,
Lesté d'un grain de sable il affronte le vent.

visionner d'eau, un coup de vent ou une autre cause peut en entraîner beaucoup qui se noient; lorsque l'on s'aperçoit de cet accident, il faut ramasser toutes ces abeilles, et les poser dans un lieu sec au soleil; elles ne sont qu'asphyxiées, et donnent pour la plupart, en peu de temps, des signes de vie; dans une demi-heure, elles peuvent retourner à leurs ruches. Cette connoissance a déterminée plusieurs cultivateurs à noyer les abeilles d'une ruche pour différentes opérations; ils les séchoient ensuite, et les rendoient à la vie. Mais il résulte deux inconvéniens de cette méthode : le premier, c'est qu'en remplissant la ruche d'eau, on délaie le miel de tous les alvéoles qui n'ont point de couvercle; le second, qu'on détruit les jeunes larves. J'ai vérifié que les abeilles pouvoient être une demi-heure dans l'eau sans périr.

L'expérience a encore appris que les abeilles recherchoient, à cette époque, les marres d'eau corrompue et les urines. On les voit, au printemps, en couvrir les bords. On pourroit leur éviter des dangers et de longues courses en plaçant auprès d'un rucher un vase de quelques pouces de profondeur, et dont les côtés, au lieu d'être verticaux en formant un angle de 90 degrés avec le fond, seroient très-inclinés, pour établir une pente douce. On le rempliroit aux deux tiers d'urine, et l'on y jetteroit une poignée de sel.

Détruire les Insectes, et sur-tout la Fausse-Teigne.

Le plus grand travail jusqu'à l'essaimage consiste

à détruire les insectes qui peuvent nuire aux abeilles, et à écarter les oiseaux qui s'en nourrissent. Dans les cantons où la fausse-teigne est à craindre, il faut visiter les ruches, et principalement les plus foibles, pour s'assurer si elles n'en sont pas attaquées, en les soulevant par derrière, et les inclinant sur le devant. A cette époque, la destruction de quelques larves ou phalènes prévient la multiplication de plusieurs milliers d'insectes qui porteroient la désolation dans le rucher.

Il est facile de s'apercevoir que la fausse-teigne s'est multipliée dans une ruche. Les abeilles se découragent, et ne travaillent plus avec activité.

Si l'on se doute de l'existence de ces ennemis dangereux, on soulève doucement les surtouts où les phalènes se placent assez communément, ou contre les parois extérieures de la ruche. On tue tous les papillons ou phalènes qu'on y trouve. Ces visites se font après le soleil levé. La visite des surtouts terminée, on soulève les ruches, et si l'on voit sur le plateau des débris de cire, des grains jaunâtres ou rouges qui ne sont que des portions de pollen, et des grains noirs, excrément de la larve de la fausse-teigne, on est certain qu'il existe des larves de fausse-teigne dans la ruche. On peut même être assuré qu'il y en a, si l'on voit la petite fourmi s'introduire dans la ruche, parce que cet insecte ne commence jamais les dégâts dans les ruches, pas plus que dans les arbres. Mais il en profite comme l'abeille. On doit s'occuper sur-le-champ de leur destruction.

Mais avant de s'occuper des moyens de les détruire, il est bon de faire connoître cet ennemi, le plus dangereux dans nos climats, et qui fait de tels ravages dans certaines années, que leur destruction complète seroit un bienfait inappréciable pour les cultivateurs qui s'occupent spécialement des abeilles.

Description de la Fausse-Teigne.

La fausse-teigne de la cire, nommée *galerie* par *Fabricius*, parce que sa larve ou chenille n'avance que dans une galerie ou tuyau composé de fils couverts de ses excrémens et de cire, est un papillon de nuit ou une phalène. Sa couleur est d'un gris obscur, avec de petites taches ou raies noirâtres sur le bord intérieur de ses ailes supérieures qui sont un peu échancrées. Elle a environ 6 lignes de longueur. Il y en a une espèce plus petite dont la tête est jaunâtre. Les deux espèces s'accouplent pendant la nuit, et les femelles peu de temps après cherchent à s'introduire dans les ruches; ce qu'elles font facilement, si elles ne sont pas peuplées, qu'il n'y ait pas de gardes à l'entrée, ou que l'ouverture de la ruche ait de la hauteur, motif pour lequel j'ai recommandé de ne pas leur donner plus de 6 à 8 lignes de hauteur.

Elles font leur ponte contre les parois intérieures de la ruche, ou dans les ordures qui sont sur le plateau ou même contre les rayons des côtés. Elles sortent ensuite, et on suppose qu'elles périssent peu de temps après. Chaque œuf contient un insecte qui doit devenir papillon à son tour. Il paroît d'abord sous la forme de larve, et c'est dans cet état qu'il commet les plus grands ravages. Il est pour les abeilles ce que la larve du hanneton ou ver-blanc, et tant d'autres, sont pour les plantes légumineuses et les racines des arbres. Ces larves, d'un blanc terne, lisse et à tête brune ont seize pattes, dont elles se servent pour faire leurs mouvemens et filer la soie dont elles forment leurs galeries.

Ces galeries ou tuyaux ne sont d'abord composés que de quelques fils; mais à mesure que les insectes croissent, ils les consolident en augmentant le nombre des fils, et en y ajoutant une partie de leurs excrémens et des parcelles de cire.

Comme ce n'est ni le miel, ni la cire qu'ils recherchent, quoiqu'ils puissent à la rigueur vivre de cire, ils passent d'un rayon à un autre, jusqu'à ce qu'ils soient arrivés à ceux qui ont servi ou qui servent de nid au couvain des abeilles, et où sont contenues les matières qu'ils préfèrent. Alors ils changent de direction, ils s'arrêtent dans un rayon tant qu'ils y trouvent de la nourriture, et vont d'un alvéole dans un autre, jusqu'à ce qu'ils aient pris tout leur accroissement. Leurs galeries augmentent insensiblement de diamètre, et deviennent assez solides pour mettre leurs corps mous, et sans aucune défense, à l'abri des coups d'aiguillon. C'est par ce moyen qu'ils pénètrent impunément au milieu d'ennemis armés, contre lesquels ils n'ont aucun moyen de défense, n'ayant aucune arme offensive, et leur corps, à la tête près, qui est bien cuirassée, ne pouvant résister à la moindre attaque.

Quand le temps marqué par la nature pour leur métamorphose est arrivé, les larves se retirent entre le plateau et le bord intérieur de la ruche, si elle est en paille, ou contre ses parois, ou dans un rayon abandonné par les abeilles. Elles y filent une toile ou coque dont elles s'enveloppent, et où elles se métamorphosent en phalène. Alors elles sortent pour se reproduire. Comme on trouve ces phalènes au commencement de mai, et souvent à la fin d'avril, il est essentiel de leur donner la chasse de bonne heure, parce qu'une seule qui entre dans une ruche y pond assez d'œufs pour en causer la ruine.

Nourriture des Fausses-Teignes; leurs Ravages.

La marche de ces insectes m'a prouvé qu'ils ne recherchoient ni le miel, ni la cire nouvelle, et qu'ils vivoient des dépouilles des nymphes des abeilles, et même de ces nymphes, et peut-être du pollen. Si les fausses-teignes mangent quelquefois de la cire, il me paroît que ce n'est qu'à défaut d'autre nourriture, et les premiers jours de leur naissance. En effet le lieu de leur naissance est précisément placé à côté de la plus belle cire où sont aussi les provisions de miel. S'il n'y a pas de miel dans les rayons des côtés, les larves n'ont qu'à remonter pour se rendre aux magasins. Ainsi la cire les environne, et le miel est à deux pas. Cependant, au lieu de ronger les rayons de cire, de ne passer à un second qu'après avoir détruit le premier, et de se rendre aux alvéoles remplis de miel, elles traversent le premier rayon sans y faire d'autres dégâts que le trou nécessaire à leur passage, et l'enlèvement de quelques parcelles de cire pour consolider leurs galeries. Elles ne remontent pas directement où est le miel, elles paroissent même l'éviter. Mais dès qu'elles arrivent aux rayons qui contiennent le couvain ou ses dépouilles, elles changent de direction, vont d'un alvéole à un autre; et, pour peu qu'elles soient nombreuses, la population de la ruche diminue dans une progression tellement effrayante que je ne puis croire que les fausses-teignes ne détruisent pas une partie du couvain. Les abeilles cèdent du terrein peu-à-peu, et, réduites à un petit nombre, elles abandonnent enfin la ruche.

Si la population est nombreuse, et l'entrée de la ruche très-basse, les abeilles s'opposent à l'entrée de leurs ennemies, et si quelques-unes ont profité d'un moment de négligence pour s'introduire dans la ruche, elles les attaquent dès qu'elles commencent leurs dégâts, les détruisent et réparent le mal qu'elles ont fait.

Moyens de détruire les Fausses-Teignes.

Les cultivateurs peuvent également espérer de sauver leurs ruches, si la population est moyenne, au moment où ils s'aperçoivent de l'existence des fausses-teignes. Ils n'ont pas plutôt coupé quelques portions de rayon et détruit une partie des galeries, que les abeilles attaquent courageusement les larves de la fausse-teigne, les tuent et les jettent dehors.

Mais si l'essaim est foible, la ruche est perdue, à moins que les cultivateurs ne parviennent eux-mêmes à détruire toutes les larves de la fausse-teigne, et si elles ont fait de grands progrès, je ne vois d'autre ressource pour l'essaim, que de le chasser de la ruche et de le faire entrer dans un autre; encore faut-il que la saison soit favorable, ou qu'on le nourrisse.

J'ai donné une recette pour détruire leurs œufs, dont je ne garantirai pas cependant tous les effets; mais comme son odeur écarte les phalènes des ruches pendant plusieurs jours, elle pourroit être utile, en en arrosant de temps à autre la partie extérieure de la ruche, principalement les environs de l'entrée, au moment de la ponte des phalènes. Voyez page 241.

Plusieurs personnes considérant que la plupart des phalènes viennent autour des lumières et s'y brûlent les ailes, ont proposé de mettre une lumière le soir dans le rucher. Ce moyen produiroit de bons effets dans une saison où les phalènes ne sont pas nombreuses, s'il étoit sûr; mais je doute de son effet, et il est dangereux dans un rucher dont les ruches sont en paille ou couvertes de surtout de paille.

La proposition que j'ai faite de se servir de ruches de bois, et sur-tout de bois résineux, produiroit des effets plus sûrs, principalement si on renouveloit fréquemment les rayons.

M. *Lombard* a donné un très-bon moyen pour en détruire une partie. Il consiste à placer dans le rucher une ruche garnie de rayons. J'ajouterai que la plus vieille est la meilleure; car j'en ai mis où les essaims avoient fait de la cire nouvelle, et les phalènes n'y ont point pondu, quoique j'en trouvasse tous les jours dans les surtouts des autres ruches et dans une ruche remplie de vieux rayons.

Quand on a des ruches foibles et que les phalènes sont multipliées dans le canton, on visite tous les seconds jours ces ruches, ainsi que les surtouts. Si on ne détruit pas la totalité des phalènes, on en tue un assez grand nombre pour conserver son rucher. Le point essentiel est de surveiller les ruches foibles jusqu'à ce que les abeilles soient assez nombreuses pour faire la garde à l'entrée des ruches. Cette garde une fois établie, il devient fort difficile aux fausses-teignes de pénétrer dans les ruches, si l'entrée est basse. Si elles y entrent, les abeilles placées au bas des rayons leur donnent la chasse.

§. XI. *Piqûre des Abeilles, soins qu'il faut prendre pour s'en garantir.*

Les visites qu'on rend aux abeilles ne sont pas sans danger pour les cultivateurs (1). Tant qu'elles sont

(1) *Melliferæ tamen haud promptum est cognoscere gentis*
Ingenium, et certas in publica commoda leges:
Nesciri sese gaudent, lucemque perosæ
Flava tenebroso sub cortice mella reponunt,
Nec speculatores oculos arcana domorum
Explorare sinunt; sed in ora manusque volantes,
Visendi cupidos abigunt; monitosque tumenti

engourdies, il n'y a rien à craindre; mais dès qu'elles sont en mouvement, elles attaquent courageusement les personnes qui les troublent dans leurs habitations, et les poursuivent souvent à de grandes distances.

L'état de l'atmosphère et les émanations qui sortent du corps de ceux qui les approchent contribuent à les mettre en fureur et augmentent leur acharnement. Il est tel quelquefois, qu'on a vu des chiens, des ânes et des chevaux périr sous leurs coups, et des enfans et même des hommes avoir des fièvres violentes. Je les ai vues un jour poursuivre un fort

---

Vulnere deterrent, artes quin ampliùs ausint
Attentare suas : atqui tamen agnita magnam
Ferret apis (tanta est operum solertia) laudem;
Una nisi moveat generandi gloria mellis.

Ce n'est pas sans peine qu'on parvient à connoître le savoir-faire de cet insecte laborieux, la nature de son intelligence et les principes de son art et de son industrie. Modèle de la modestie jointe au vrai mérite, l'abeille n'aime point à se trouver en évidence. C'est dans un obscur atelier, dans une chambre noire, que, dérobée à tous les regards, elle donne la blancheur à la cire, au miel son *vermillon*.

Malheur au curieux qui vient épier le secret de ses procédés! Malheur encore plus à l'indiscret qui porte un doigt téméraire sur son ambroisie! L'abeille lui saute aux yeux, aux mains, aux parties nues de son corps, et de cuisantes piqûres de gonflemens douloureux lui ôtent assez l'envie d'y retourner à l'avenir. Quel dommage! L'abeille ne peut que gagner à se laisser approcher. On ne peut voir son travail sans l'admirer, sans la combler d'éloges: mais la louange n'est pas ce qui la flatte; elle n'a d'autres motifs que celui de faire de bonnes choses et de les bien faire.

mâtin que j'avois, et ne le quitter, quoiqu'il eût fait le tour de mon enclos avec la plus grande vitesse, que lorsque, étant entré dans ma chambre, j'en eus fermé les volets et l'eus bien mouillé.

Abeilles plus dangereuses dans les temps d'orage.

Elles sont plus dangereuses lorsque l'air est chargé de fluide électrique, et que le temps est à l'orage, que dans les autres momens. Il est alors très-difficile de les calmer, même en employant les moyens que j'indiquerai ci-après. Toutes mes expériences à ce sujet ont eu les mêmes résultats, et j'ai vu les personnes qu'elles ménagent le plus dans les autres circonstances forcées d'abandonner leurs opérations, quand elles n'avoient pas pris les précautions nécessaires pour se garantir des coups d'aiguillon.

Pour juger jusqu'à quel point (1) elles poussoient leur acharnement, j'ai choisi à deux reprises différentes des temps couverts, où une chaleur sourde annonçoit l'orage. Après m'être mis à l'abri des coups d'aiguillon, la première fois, je soulevai une ruche sans aucune disposition préalable; et, après l'avoir

---

(1) *Illis ira modum supra est, læsæque venenum*
Morsibus inspirant, et spicula cæca relinquunt
Affixæ venis, animasque in vulnere ponunt.

L'abeille est implacable en son inimitié,
Attaque sans frayeur, se venge sans pitié,
Sur l'ennemi blessé s'acharne avec furie,
Et laisse dans la plaie et son dard et sa vie.

détournée et considérée une demi-minute, je la remis en place. J'étois déjà couvert de cinq à six cents abeilles, qui se courboient le corps et dardoient continuellement leur aiguillon contre l'étoffe en battant des ailes et en produisant un bourdonnement différent de celui ordinaire; elles avançoient dans cette position jusqu'à ce que les aiguillons ne fussent arrêtés par les fils.

Je restai dix minutes sans mouvement auprès de la ruche, et voyant que les abeilles n'y retournoient pas, je m'éloignai de trois cents pas, et je restai immobile un quart d'heure. Les abeilles continuèrent leur attaque pendant ce temps, et peu me quittèrent. Je remarquai que toutes celles dont l'aiguillon avoit pénétré dans l'étoffe le retiroient avec assez de facilité, après avoir fait deux ou trois tours autour du point où il étoit fixé; enfin, lassé de perdre tant de temps, je revins dans ma chambre; j'en fermai les volets et j'ouvris un peu la fenêtre. Elles se tranquillisèrent alors et sortirent.

La seconde fois, j'employai les moyens les plus propres à les calmer; mais elles m'attaquèrent, et j'eus beaucoup de peine à les adoucir.

Cependant, dans les temps ordinaires, je les opère sans qu'elles cherchent à me piquer; ce qui ne m'empêche pas de me précautionner contre les coups d'aiguillon. Ce n'est pas que leur piqûre fût douloureuse, si elles se contentoient de percer la peau; mais elles versent dans la blessure une liqueur qui est un véritable poison, et qui occasionne, suivant la qualité du sang et des humeurs, un gonflement plus ou moins considérable, et qui dure environ trois jours.

Elles attaquent certaines personnes.

J'ai remarqué que tous ceux de mes ouvriers qui avoient les cheveux rouges ne pouvoient pas travailler à 10 ou 12 pieds des ruches sans être attaqués par les abeilles, et qu'ils étoient forcés de quitter leur travail. Les personnes dont les cheveux sont très-noirs et dont la sueur a une odeur forte sont souvent dans le même cas.

Cette conduite des abeilles doit déterminer les cultivateurs à se prémunir contre les piqûres lorsqu'ils les soignent, parce qu'ils n'ont pas toujours la certitude qu'elles ne les attaqueront pas. Leurs piqûres, quand elles sont multipliées, peuvent donner un accès de fièvre, indépendamment de la douleur et du gonflement, et les abeilles qui ont blessé laissent ordinairement leur aiguillon dans la plaie et périssent.

L'urine dont on se frotte les mains et le visage, ainsi que l'éclaire ou chélidoine, peuvent être utiles pour prévenir les attaques, mais ne sont pas toujours des moyens suffisans.

Vêtemens pour se garantir des piqûres.

Lorsqu'on soigne les abeilles, il faut avoir un vêtement assez épais pour que leurs aiguillons ne puissent pas le traverser. Les jambes doivent être couvertes, et, à défaut d'un pantalon bien long et même à pied, on met des guêtres grossières; on prend des gants de laine très-épais ou de fort cuir; mais il est rare d'en trouver de cette dernière espèce que l'aiguillon ne traverse pas; aussi j'ai pris le parti d'en faire une paire très-longue de toiles, que je mets sur ceux de peau, et que j'arrête au milieu du bras avec des lacets.

On se garantit la figure avec un masque à jour fait avec de l'osier, du crin, du fil de fer ou de laiton. Ce masque est composé d'un cercle un peu ovale, de 7 à 8 pouces de longueur sur 6 de large. On peut former ce cercle avec une baguette de bois souple, ou mieux avec un morceau de fil de fer. On remplit le vide avec un grillage bombé qui permet de voir, mais dont les mailles sont assez petites pour que les abeilles ne puissent passer à travers. On place ce masque dans un camail de toile, ou mieux de coutil, qui enveloppe la tête et le cou, et retombe un peu sur les épaules et la poitrine. Quand on le place, on en fait passer l'extrémité sous le vêtement; mais comme il pourroit se déranger, il vaut mieux y attacher des lacets qu'on tourne au milieu du cou, et qu'on arrête en faisant une rosette, à moins qu'on ne le fasse juste et boutonnant par devant.

Dans cet état, on n'a rien à craindre des abeilles, et on peut opérer avec tranquillité; point essentiel pour ne pas trop les irriter par des mouvemens brusques, qui en font en outre périr un grand nombre.

Moyen de rendre les Abeilles paisibles.

Il ne suffit pas d'être à l'abri des piqûres, il faut encore pouvoir examiner l'intérieur de la ruche; ce qu'on ne peut faire si les abeilles en couvrent toutes les parties, et si, sortant en foule de la ruche, elles empêchent d'y voir. Pour y parvenir, on prend le parti de les épouvanter au point de les forcer de se tenir sur la défensive. Il suffit à cet effet de leur faire craindre pour la reine.

L'expérience a démontré que les ouvrières ont un attachement tel pour la mère-abeille, qu'elles se sacrifient pour la mettre à l'abri du moindre danger; elles la couvrent de leurs corps et ne la quittent que lorsque le danger est passé (1).

On sait encore que la mère-abeille est très-vigilante, et qu'elle accourt dans la partie de la ruche

---

(1) . . . . . . *Spes et fortuna penatum*
Illius ex vitâ pendent: opera omnia cessant
Reginâ languente: dolens plebs assidet ægræ;
Et si fata ferunt ut morbo concidat, uno
Exequias luctu decorant, nec funera ducunt:
Exanimum circa corpus glomerantur in orbem;
Et tristes querculo gemitus dant murmure, donec
Has quoque vel tollat mœror, causamve dolorum
Auferat ex oculis manus officiosa cadaver.
Ultima reginæ post fata, juvencula princeps
Matris in imperium succedit læta; novoque
Cincta satellitio, vacuâ dominatur in aulâ.

L'espoir et la prospérité d'une ruche dépendent de la vie de la reine. Au moindre accident qui lui survient on tremble, on ne dort plus, on ne travaille plus, on ne s'occupe que d'elle. La ruche ne retentit plus que des accens de la douleur. Point de convoi comme pour les autres abeilles, elles n'auroient pas le courage d'enlever le corps mort; elles la laissent là. Consternées, désespérées, elles le couvrent,

où il y a le moindre bruit. C'est d'après ces données qu'on opère.

On porte avec soi un morceau de toile grossière attaché au bout d'une baguette ; on y met le feu sans l'enflammer ; on enlève le surtout de la ruche et on frappe quelques petits coups dans la partie de la ruche où on veut attirer la reine et les abeilles. On présente de suite à l'entrée le morceau de toile, et on y dirige la fumée pour empêcher la sortie des abeilles. Bientôt elles arrivent en foule à la porte ; alors on frappe fortement la ruche et on souffle sur la fumée pour la faire entrer dans la ruche et mettre obstacle à la sortie des abeilles. Si on a bien opéré, les abeilles remontent, entourent leur reine qu'elles croient en danger, et celles qui ont les ailes libres font un bruit sourd, qui a fait dire à M. *Bosc* qu'elles étoient en état de bruissement. On soulève ensuite la ruche et on l'enfume, ce qui étourdit les abeilles. On peut alors ouvrir la ruche, la manier, la châtrer avec facilité, sans que les abeilles s'y opposent, tant qu'elles sont dans cet état. Si quelques-unes viennent

---

elles y restent collées, et elles y resteront en masse jusqu'à ce que la mort les saisisse à leur tour, à moins qu'une main charitable ne leur rende le bon office de l'enlever et d'ôter de leurs yeux la cause subsistante de leur douleur mortelle. Peut-être alors une jeune reine remplacera la défunte, mais il faudra que cette héritière du trône attende le renouvellement de la génération qui gît dans les alvéoles avant de pouvoir dire qu'elle a une souveraineté ; en attendant elle n'aura que bien peu de sujets.

dans la partie où l'on opère, un peu de fumée les écarte.

M. *Bosc*, auteur de cette théorie aussi ingénieuse qu'utile, est tellement sûr de la tranquillité des abeilles dans l'état de bruissement, qu'il opère ses ruches sans masque ni sans gants, et il est très-rarement piqué; ce n'est que dans le cas d'orage, ou lorsqu'il presse involontairement une abeille entre ses doigts: aussi rejette-t-il les gants et le masque. Mais comme il peut arriver qu'après avoir opéré dix fois sans danger, les abeilles peuvent être furieuses, faire vingt piqûres la onzième et forcer d'abandonner l'opération, je conseillerai toujours aux cultivateurs de se prémunir contre les coups d'aiguillon. Rassurés contre les piqûres, ils travailleront tranquillement, et ne seront pas exposés à se sauver après avoir commencé l'opération.

Ces précautions prises, on opère sans perte d'abeilles. J'ouvre fréquemment ma ruche d'expérience, et je visite les autres de temps en temps. Il est rare que des abeilles soient victimes de mes soins, et je les taillerois ou je ferois des essaims artificiels, sans éprouver plus de perte.

J'avoue que j'ai fait long-temps ces opérations, au hasard et sans connoître la cause de la tranquillité des abeilles. C'est M. *Bosc* qui m'a appris que le danger de la mère étoit le motif de l'état des abeilles pendant l'opération.

M. *Serain* n'a pas réussi à écarter les abeilles avec de la fumée; mais s'il suivoit la méthode ci-dessus, il se convaincroit de la facilité qu'on a pour opérer lorsque les abeilles sont en état de bruissement.

Remède pour la guérison des Piqûres.

Il est bon d'avoir chez soi un peu d'alcali volatil fluor quand on cultive des abeilles ; des imprudens peuvent les tracasser et en être piqués ; des personnes qui s'arrêtent pour les examiner de très-près peuvent l'être également.

Aussitôt qu'on a reçu une piqûre, il faut arracher promptement l'aiguillon de la plaie, tant parce qu'il s'enfonce de plus en plus, quoique détaché de l'abeille, que parce qu'on empêche le poison de se répandre en totalité dans la plaie ; on verse sur la piqûre une goutte d'alcali. On vante pour ces blessures les feuilles de plusieurs plantes, comme cassis, persil, etc., qu'on écrase, et avec lesquelles on frotte la plaie. Le miel, l'huile d'olive ont aussi des partisans ; mais l'alcali volatil, la chaux, et à défaut l'eau fraîche, me paroissent les moyens les plus sûrs, si on ne peut pas sucer la plaie après l'avoir un peu pressée avec les doigts pour en faire sortir le poison.

Ce dernier moyen est le plus efficace de tous ; mais il faut l'appliquer de suite, ainsi que l'alcali et la chaux, qui neutralisent le venin ; autrement, il se mêle avec le sang, et tous les remèdes sont insuffisans, au moins pour moi.

Au reste, le venin est plus ou moins actif, suivant la température et le tempérament ; les abeilles sont également plus douces dans les climats tempérés que dans ceux très-chauds. C'est ce que l'abbé *della Roca* a été à même de vérifier, ayant vécu dans les îles de l'Archipel grec et dans le département de Seine-et-Oise, où la température est plus douce. Il affirme que les abeilles de ce département sont moins méchantes que celles de l'Archipel, et il cite en faveur de ces dernières quelques traits dignes d'être consignés dans l'histoire.

Un petit corsaire de quarante à cinquante hommes d'équipage, ayant à son bord quelques ruches de terre cuite, forma le projet d'aborder une galère turque de cinq cents hommes d'équipage qui le poursuivoit. Le corsaire jeta de la hune de son grand mât les ruches dans la galère turque. Les Turcs, qui ne purent se garantir des piqûres de ces insectes, en furent si effrayés, qu'ils ne songèrent qu'à se mettre à l'abri de leur fureur; mais l'équipage du corsaire, muni de gants et de masques, se jeta sur eux à coups de sabre et s'empara de la galère, sans presque aucune résistance.

Il ajoute qu'Amurath, empereur des Turcs, ayant assiégé Albe la grecque, et renversé des pans de muraille, trouva les brèches défendues par les abeilles, dont on avoit apporté les ruches sur les ruines. Les janissaires, quoique les milices les plus braves de l'Empire ottoman, n'osèrent jamais franchir cet obstacle.

M. *Pingeron* ajoute que les Espagnols éprouvèrent la fureur des abeilles au siège de Tanly. Comme ils se disposoient à donner l'assaut, les assiégés garnirent les brèches avec des ruches, et il fût impossible aux assiégeans de passer outre.

Annonce de l'Attaque des Abeilles.

Nos abeilles ne sont pas si terribles; celles que nous appelons petites hollandoises sont assez douces, et n'attaquent ordinairement que pour repousser une agression; elles piquent même rarement ceux qui les soignent (1). Cependant, si on se place à quelques pieds d'une ruche pour les examiner, et si on fait des mouvemens brusques, ou que le temps soit à l'orage, on entend bientôt le bourdonnement d'une ou de deux abeilles qui tournent autour de la personne. Ce bourdonnement diffère de celui ordinaire; il est plus clair et plus bruyant. Le meilleur parti qu'on puisse prendre est de s'écarter ou de se baisser, parce que le nombre des assaillans augmente et que l'attaque commence assez promptement. Si, quoique baissé, elles continuent leur mouvement autour de la personne, il faut qu'elle se retire tranquillement.

Animaux attaqués par les Abeilles.

En suivant cette marche, les enfans et les hommes évitent facilement les coups d'aiguillon des abeilles, qui ne peuvent les attaquer qu'à la figure; mais les

---

(1) Sensibles à tes soins tu les verras t'aimer,
De ta main sur leurs toits ne jamais s'alarmer;
Les abeilles enfin à leurs maîtres fidèles,
Des meilleurs serviteurs sont les touchans modèles.

La B.

animaux courent quelquefois de grands dangers, s'ils entrent dans un rucher ouvert, sur-tout s'ils se frottent ou renversent une ruche, ou même si on les attache auprès d'un rucher. Dans ce dernier cas, une abeille vient à la tête de l'animal, et semble, par ses mouvemens et son bourdonnement, vouloir l'éloigner du rucher. Plusieurs autres se réunissent à la première, et les mouvemens de l'animal les mettant en fureur, elles l'attaquent et le blessent dans toutes les parties qui ne sont pas couvertes de poils, les oreilles, les naseaux, etc. S'il ne peut rompre ses liens, et qu'on ne vienne pas à son secours, il est exposé à périr en peu de temps.

S'il est libre, qu'il entre dans un rucher, et surtout qu'il renverse une ruche, il court le même danger.

Remèdes pour les Animaux piqués par les Abeilles.

Comme peu de vétérinaires connoissent la marche à suivre pour soigner les animaux attaqués par les abeilles, je vais joindre ici, à raison de leur utilité, les instructions que MM. *Chabert* et *Flandrin* ont publiées par la voie du *Mercure*, quoiqu'elles soient un peu longues; mais je craindrois de n'être pas assez clair dans une partie qui m'est étrangère, en les analysant.

« Les chevaux, les ânes, les bœufs, tous les herbivores domestiques, sont exposés, lorsqu'ils pâturent auprès des ruches, à être assiégés par les essaims qui couvrent toute la surface de leurs corps, et les tourmentent le plus souvent, jusqu'à ce qu'enflés, ils succombent dans les convulsions après s'être agités en tout sens. On a même vu, ce qui est aussi extraordinaire que certain, des essaims se jeter sur des animaux éloignés des habitations de plus de quatre à cinq cents toises. »

(Le fait n'est pas aussi extraordinaire que ces messieurs le pensent. Il suffit que la reine, fatiguée, s'arrête et se repose dans un lieu pour que toutes les ouvrières s'y réunissent. Si l'homme ou l'animal ne faisoit pas de mouvement, et qu'on recueillît l'essaim avec tranquillité, il n'en résulteroit aucun mal pour les personnes ou les animaux sur lesquels l'essaim se seroit fixé).

« Lorsque l'un ou l'autre de ces accidens arrive, l'animal attaqué fuit, s'il est en liberté. Il se roule à terre, se livre à des bonds désordonnés et se plaint. On en a vu se précipiter, d'autres se jeter dans les eaux qu'ils rencontroient sur leur passage, et n'y pas trouver le soulagement qui paroîtroit devoir résulter du bain qu'ils prenoient, car ils en sortoient tout couverts de mouches qui bourdonnoient encore pour la plupart. »

(Je trouve ici un peu d'exagération. Quand les abeilles sont bien mouillées, elles ne bourdonnent plus; mais l'animal souffre de ses piqûres et n'est pas soulagé par l'élément, parce que les aiguillons qui sont dans les plaies les bouchent, et, par l'effet des muscles, y pénètrent encore, quoique séparés du corps de l'abeille; d'ailleurs, les mouches qui n'ont pas été mouillées peuvent l'attaquer à sa sortie de l'eau).

« On a vu plusieurs de ces animaux, le cheval surtout, succomber après une demi-heure de souffrance, et y résister rarement au-delà d'une heure et demie.

» L'expérience a constaté que l'effroi qu'éprouvent ces animaux par le bourdonnement des mouches, le trouble, l'essouflement qui résultent de l'inquiétude, de l'agitation extrême à laquelle ils s'abandonnent, sont les causes principales de leur mort, et non pas la violence des douleurs qu'ils ressentent, et qu'ils meurent plutôt suffoqués qu'épuisés par l'excès des souffrances.

» Le premier moyen de remédier à cet accident est de chercher à aborder l'animal. On le fait en s'armant d'un brandon de paille allumée, ou d'une poupée de linge embrasé fixé à l'extrémité d'un bâton, dont la fumée, moins efficace que la flamme, mais plus durable, écarte seulement ces insectes pendant que l'autre les détruit. Alors on saisit l'animal par son licou, ce qui est facile à exécuter s'il est fixé à un pieu. Il n'en est pas ainsi lorsqu'il est en liberté, sur-tout s'il est sans licou, parce qu'il fuit à toutes jambes et par bonds pour échapper à ses ennemis. Il devient alors très-dangereux, et quelquefois même il est impossible de l'arrêter. L'animal saisi on achève d'en écarter les mouches avec la torche allumée, on promène celle-ci autour de lui; on la dirige sur les parties couvertes de poils, comme la crinière, la queue dans le cheval, le chignon dans le bœuf : car les mouches s'y logent, et s'y embarrassent. Elles entrent aussi dans les oreilles, les nazeaux, le fourreau, cavités où il faut les chercher, et les poursuivre. »

(Si on pouvoit couvrir la tête de l'animal après en avoir écarté les abeilles, ainsi que le reste du corps, les abeilles quitteroient prise, ou au moins ne pourroient plus le piquer. Il seroit également bon de lui mouiller la tête et les autres parties du corps à défaut de couverture. Les abeilles qui l'attaqueroient encore abandonneroient les parties mouillées où elles n'aiment pas à se reposer).

« Pendant cette opération, et dès qu'elle est finie, il faut enlever les abeilles attachées à l'animal, et retirer de suite tous les aiguillons implantés dans la peau, quoique détachés des abeilles. On distingue aisément leur extrémité blanchâtre. On les trouve principalement sur les lèvres, les nazeaux, les environs de l'anus, le dehors des cuisses, sur le corps au défaut du coude. On les enlève avec le doigt ou des pinces à poils.

» L'animal reste tranquille pendant cette opération. Il s'abandonne à son abattement et s'essouffle ; mais dès qu'une mouche engagée et couverte par les poils aperçoit un jour pour se dégager, et qu'elle bourdonne en cherchant à s'échapper, l'animal se tourmente de nouveau, ce qui prouve ce qui a été dit précédemment sur la cause de la suffocation. »

(Si on pouvoit faire entrer les animaux dans un lieu

qu'on rendroit obscur, aussitôt qu'on s'aperçoit qu'ils sont attaqués, on préviendroit une partie des accidens, parce que les abeilles cesseroient le combat, et se retireroient par la partie de la porte ou de la fenêtre qu'on laisseroit entr'ouverte).

« Cette extraction achevée, il faut bassiner les parties piquées avec de l'eau tiède, si on peut s'en procurer. A son défaut on se sert de l'eau froide, et on continue les lotions le plus long-temps possible.

» Si, après les premiers soins, le flanc ne se calme pas, que le pouls reste dur et élevé, et si l'animal a souffert pendant long-temps, on le saigne à la jugulaire. On tire quatre à cinq livres de sang à un cheval de moyenne taille et dans la vigueur de l'âge. Il faut lui présenter de l'eau pure : il seroit plus convenable de lui faire avaler de l'eau acidulée avec le vinaigre, à laquelle on ajouteroit du sel commun une cuillière à bouche sur une pinte ; au reste, il faut lui donner ce breuvage dès qu'on le peut.

» Ces premiers soins donnés, on ramène le cheval à l'écurie : on répète les lotions sur les piqûres, et on fait celles-ci avec de l'eau tiède. Il est bon de les continuer long-temps.

» L'animal séché le mieux possible à la suite de cette opération, on bassine les parties du corps les plus maltraitées par les piqûres avec de l'eau vinaigrée. Ce moyen très-bon est plus à la portée des gens de la campagne que l'eau où on étend de l'alcali volatil fluor ; mais ce dernier mélange est préférable.

» Si le pouls reste encore élevé, et si la respiration est accélérée trois heures après la saignée, il faut en pratiquer une seconde aussi forte que la première, et répéter une demi-heure après le breuvage mentionné.

» Il faut avoir soin de tenir le ventre libre par des lavemens d'eau tiède, de présenter à l'animal, et même de lui faire boire de l'eau blanche, de lui donner une petite quantité de nourriture choisie, de faire de quatre en quatre heures les lotions prescrites sur les piqûres, dont les enflures qui les accompagnent pour l'ordinaire, et qui à l'aide de ces soins perdent leur caractère douloureux, se résolvent les troisième et quatrième jours.

» Il faut tenir l'animal couvert, le promener au pas de quatre heures en quatre heures pendant le traitement. Cette dernière précaution importe surtout les premiers jours, afin d'éviter l'engourdissement qui succède inévitablement aux mouvemens violens et désordonnés auxquels l'animal s'est livré. »

§. XII. *Transvasement des Ruches villageoises.*

Voyez page 353.

Tels sont les soins à donner aux abeilles jusqu'à l'essaimage. Mais dans les ruches villageoises, il est en outre essentiel de préparer le transvasement du corps des ruches dont la cire est vieille. Cette opération a lieu au commencement de la belle saison.

Pour réussir, on met les abeilles dans une position qui les oblige de travailler dans une nouvelle ruche. A cet effet, on enlève le couvercle de la ruche pleine; on bouche les fentes du plancher et le trou du milieu avec une petite planchette, de manière que les abeilles ne puissent plus passer sur ce plancher. On met sur la ruche un couvercle vide, afin de pouvoir replacer le surtout.

On enlève la ruche pleine de dessus le tablier, on en met une vide à sa place; et sur cette nouvelle ruche, on place et on lu te la vieille, dont on bouche l'entrée.

Les abeilles n'ayant plus d'issue que par la ruche nouvelle s'y habitueront aussitôt. Comprimées par le haut de l'ancienne ruche, ne pouvant passer à travers le plancher, leur nombre augmentant par la naissance du couvain, gênées dans la ruche pleine, et leur instinct les forçant à travailler dans cette saison, elles s'établiront bientôt dans la nouvelle ruche. La reine étant dans sa grande ponte, attirée par la pureté des cellules, viendra s'y établir aussi.

Il faut laisser les deux ruches en cet état jusqu'à ce que les édifices aient été construits dans la ruche nouvelle, et que le couvain de la veille ait eu le temps de se développer, et de prendre son essor, ce qui arrive au bout de cinq à six mois, ou dans l'été de l'année suivante. Telle est la marche indiquée par M. *Lombard*. En examinant les soins et les embarras que donnent cette méthode, ceux qui sont la suite des essaims naturels; en calculant la difficulté de maintenir en plein air des ruches aussi élevées, et qui donnent tant de prise au vent; en comptant la perte des essaims que ces transvasemens occasionnent, et les autres inconvéniens de cette ruche que j'ai détaillés plus haut, et en pesant dans une exacte balance le pour et le contre, les cultivateurs seront à même de se décider pour cette ruche, une des meilleures, ou celle que je propose.

Cependant la difficulté du transvasement pourroit disparoître par le procédé suivant :

Moyen d'éviter le Transvasement.

Au moment où les abeilles sortent de leur engourdissement pour recommencer leurs travaux, on pourroit visiter ses ruches, et enlever à toutes celles qui seroient pleines de cire la moitié des rayons d'un seul côté du corps de la ruche. Comme il n'y a, à cette époque, ni couvain, ni même de provisions dans le corps de la ruche, à moins que les abeilles n'aient pas travaillé dans le couvercle, ce qu'on vérifieroit auparavant, on ne leur feroit aucun tort par cette opération, parce qu'il resteroit assez d'alvéoles pour recevoir le nouveau couvain, et que, lorsqu'il augmenteroit, les nouvelles fleurs fourniroient aux abeilles les moyens de rétablir de nouveaux rayons. L'année suivante, on renouvelleroit cette opération sur l'autre côté de la ruche ; et indépendamment de la récolte de cire, on n'auroit jamais que des rayons d'un ou deux ans dans la ruche.

Pour faciliter l'opération, on chasseroit les abeilles dans le couvercle, qu'on pourroit détacher du corps de la ruche, et poser sur une ruche vide. Si les abeilles n'avoient pas travaillé dans le couvercle, et qu'il y eût du miel dans le corps de la ruche, on l'y laisseroit, après s'être assuré qu'il n'est point candi. Si on l'enlevoit, il faudroit le leur rendre pour peu que le temps leur fût contraire.

On profiteroit de ce moment pour bien nettoyer la ruche, et frotter ses parois intérieures, afin de détruire les œufs de la fausse-teigne.

§. XIII. *Récolte des Essaims.*

Considérations générales.

Les soins que les cultivateurs prennent des abeilles ont deux motifs. Le premier, de les conserver et multiplier; le second, de partager leurs provisions. S'ils réussissent à multiplier les abeilles en temps favorable, ils parviendront aisément à la fin principale de leurs travaux. Jusqu'ici je n'ai parlé que de leur conservation, de manière cependant à faciliter l'augmentation du couvain. Maintenant je vais m'occuper des ressources que la nature nous fournit pour augmenter le nombre de nos ruches.

Le point essentiel des cultivateurs, pendant la fin de l'automne et l'entrée du printemps, est, après la conservation des abeilles, de les traiter de manière à avancer autant que possible la sortie des essaims. C'est pour cette raison que j'ai recommandé de ne pas ménager le miel ou le sirop à l'entrée du printemps, et d'en donner plus que moins, principalement dans les cantons où l'été et l'automne fournissent peu de vivres aux abeilles, et où le printemps est le moment le plus favorable pour la récolte du miel.

L'expérience constate que la ponte des mères-abeilles est en quelque sorte relative à l'abondance de la nourriture pour le couvain, et que plus il y a d'abeilles, plus la récolte est considérable. Elle paroît même dans une proportion plus grande que l'augmentation de la population. Il ne s'agit donc pas seulement de conserver les abeilles au printemps, il faut encore qu'on les aide à élever un couvain nombreux, afin que les essaims sortent de bonne heure, aient le temps de faire d'amples provisions, et que les ruches-mères aient celui de réparer leurs pertes.

La consommation du miel peut être considérable dans certaines années ; mais c'est une avance nécessaire et qu'on retireroit avec usure. Il en est des cantons médiocres pour les abeilles, comme des terres de qualité inférieure pour les blés, les légumes et les fruits. On ne réussit qu'en faisant des dépenses qui seroient inutiles, ou même dangereuses pour les bonnes positions ou les excellentes terres.

On a dû calculer d'avance les avantages ou les inconvéniens d'un grand nombre d'essaims, et donner à ses ruches des dimensions relatives aux localités, très-grandes dans les excellentes positions, médiocres dans les bonnes, et petites dans les médiocres positions.

J'ai dit que la mère-abeille commençoit sa ponte par des œufs d'ouvrières, et qu'après en avoir fait une grande quantité, elle en faisoit de mâles. Si le couvain des ouvrières a bien réussi, et que la population soit forte, les abeilles pendant la ponte des mâles construisent des alvéoles royaux; ainsi dès qu'on aperçoit un ou plusieurs alvéoles commencés, on peut compter sur un ou plusieurs essaims, à moins que des circonstances défavorables et contraires à l'essaimage ne donnent le temps à l'ancienne reine de détruire toutes les jeunes.

Indice de la Saison des Essaims.

L'apparition des mâles annonce la saison des essaims. Dès qu'on les voit paroître, on est certain que la mère-abeille a pondu dans les alvéoles royaux. On peut alors visiter quelques ruches pour vérifier si ces alvéoles sont garnis d'un couvercle. Dans ce cas on doit commencer la garde depuis huit à neuf heures du matin jusqu'à quatre à cinq heures du soir, suivant la température, à l'exception des jours froids, pluvieux et venteux.

Préparation des Ruches ordinaires.

On se munit d'avance d'un certain nombre de ruches, et on les prépare. Si ce sont des vieilles ruches, on en retire les rayons qui pourroient contenir des œufs de fausse-teigne, on les nettoie bien, puis on les tient quelque temps sur un brasier, ou l'on prend une poignée de paille qu'on allume par une de ses extrémités, et qu'on insère dans la ruche en faisant porter la flamme sur toutes ses parties. On les frotte ensuite avec une poignée de thym, ou des extrémités de tiges de fèves, et, à défaut, d'autres plantes dont l'odeur est agréable aux abeilles. Quant aux ruches neuves ordinaires, il ne s'agit que de les frotter.

Dans les îles de l'Archipel grec, on frotte les ruches avec une cire aromatique, tirée de la partie supérieure des rayons du centre, mêlée de propolis. Il faut que ces rayons aient six à sept ans pour que la cire acquiert une odeur propre à attirer les abeilles. Lorsqu'elle a l'odeur forte, il suffit de placer les ruches frottées à quelque distance du rucher quelques jours avant l'essaimage. Les essaims s'y logent.

On pourroit tenter ce moyen dans les lieux où l'on fait des essaims naturels. Quelques jours avant l'essaimage, on prendroit des ruches qui ont déjà servi ; on les mettroit quelques momens sur des charbons allumés pour ramollir la propolis, puis on les frotteroit avec de la cire, et on les placeroit avec leurs plateaux, soit sur quelques piquets, soit sur des troncs d'arbres dans la fourche que forment les branches, soit suspendues à des branches. L'expérience justifieroit la bonté de ce moyen, qui éviteroit souvent bien des embarras, s'il réussissoit.

Préparation de la Ruche à la Bosc.

Les ruches où il est nécessaire de diriger les rayons exigent un autre préalable. C'est d'y placer un morceau de rayon dans le sens où on veut faire travailler les abeilles. Les cultivateurs qui n'ont pas l'usage de ces ruches, et qui craindroient de ne pas bien consolider le morceau de rayon, peuvent prendre les précautions suivantes :

Après avoir tracé dans la partie intérieure de la couverture un trait à 2 lignes des bords qui forment les points de jonction des deux parties de la ruche, ils prolongeront ce trait bien verticalement sur les côtés, à environ 1 pouce à 18 lignes. Ensuite ils couperont des morceaux de gâteaux qui auront toute la largeur de la couverture, et 1 pouce ou 18 lignes de hauteur, et ils les attacheront contre le long du trait avec du fil de fer bien souple, parce que les abeilles couperoient la ficelle ou le fil ordinaire. Ils le maintiendront dans la direction verticale par un autre fil ordinaire, placé de chaque côté à 9 ou 10 lignes au-dessous de la couverture. Une alène rougie ou une petite vrille leur serviront à faire les trous pour passer le fil de fer. Le morceau de rayon maintenu dans le haut de la ruche, et sur les côtés, ne pourra plus varier, et on sera plus sûr de son opération. Les cultivateurs qui auroient encore des craintes pourront mettre un morceau de rayon à chaque portion de la ruche, et s'ils sont placés comme je l'ai indiqué, lorsqu'on joindra les deux parties de la ruche ensemble, les deux morceaux de rayon seront à 4 lignes de distance, et la réussite est infaillible.

Si cependant, contre toute attente, un des morceaux de rayon s'étoit un peu écarté de la ligne verticale, et que les abeilles en le prolongeant se fussent rapprochées du bord, on ne doit pas s'en inquiéter. Il n'y auroit d'inconvénient qu'autant que les abeilles auroient fait biaiser le rayon de manière à l'attacher aux deux parties de la ruche, ce qui empêcheroit de l'ouvrir. Pour s'en assurer, quatre à six jours après avoir fait entrer un essaim dans une ruche neuve, on l'ouvre par un des côtés pour vérifier la direction du rayon, et s'il étoit mal tourné on le détacheroit sur les côtés avec une lame bien mince, et on le redresseroit. Un petit morceau de cire ou un petit coin de bois suffiroit pour le maintenir dans sa nouvelle position, et les abeilles l'attacheroient de suite. Elles n'y manquent pas, et je ne leur ai jamais donné un morceau de rayon, quoique posé sur le plateau, et seulement appuyé contre un des côtés de la ruche, qu'elles ne l'aient attaché.

Si on n'avoit pas un morceau de rayon pour commencer l'opération, on mettroit un petit morceau de bois saillant dans la direction indiquée plus haut. Deux jours après l'entrée d'un essaim dans une ruche, on l'ouvriroit, et si les abeilles n'avoient pas bien dirigé leurs rayons, on les détacheroit, on les placeroit comme on le désireroit, et on gratteroit l'endroit où elles l'auroient attaché, pour enlever la propolis et les empêcher de recommencer dans la même place.

Cette opération n'est nécessaire que pour les premières ruches neuves qu'on emploie, parce que celles dont on fera usage par la suite seront toujours disposées une moitié vide avec une moitié pleine, dont les rayons suffiront pour diriger les abeilles. Quant aux ruches qui ont déjà servi, si on n'en a pas enlevé la propolis, on peut être sûr que les ouvrières, pour en tirer parti, y disposeront les rayons comme la première fois. Tout consiste donc à diriger les rayons la première année dans les ruches neuves, et quand on a disposé ou vu préparer une ruche, ce n'est plus qu'un jeu, qui ne prend pas la sixième partie du temps que j'ai mis à décrire l'opération.

§. XIV. *Essaims naturels.*

Tout étant préparé pour le logement des essaims, on fait provision d'un peu de sable fin, d'un seau plein d'eau, et les cultivateurs qui ont de petites pompes pour laver les feuilles des arbres ou éteindre le feu des cheminées basses, les tiennent prêtes.

Ils doivent en outre préparer leur camail et leurs gants, parce que, quoique les abeilles soient en général fort douces au moment de l'essaimage, étant en état de bruissement pour l'ordinaire, il peut arriver qu'un temps orageux, ou un faux mouvement de celui qui opère, excite leur colère.

Préparation pour recevoir les Essaims.

On ajoute à ces préparatifs un morceau de linge grossier attaché à une baguette, une plume à poils longs, ou un plumasseau, ou même une petite branche garnie de feuilles souples. On pourroit y joindre un sac fait d'un canevas clair, tel que celui qui sert à passer la cire et le miel. Ce sac a un fond circulaire de 15 à 16 pouces de diamètre, et 2 pieds $\frac{1}{2}$ environ de hauteur. On le ferme au moyen d'une coulisse, dans laquelle on passe un lacet qu'on serre au besoin. Il seroit bien d'insérer dans le sac, à

10 pouces du fond, un cercle du même diamètre, et placé parallèlement à ce fond pour maintenir l'écartement des côtés. Un brin d'osier formant le cercle suffit à cet effet.

Enfin, il peut être utile d'avoir une ou deux branches d'un pied et demi de long, auxquelles on conserve leurs petits rameaux, dont on coupe l'extrémité, et qui ne doivent former qu'un ensemble de 8 à 10 pouces au plus de diamètre. On attache à l'autre extrémité une ficelle pour suspendre au besoin la branche.

On peut encore joindre à tout cet attirail un couvercle de ruche.

Surveillance et moyens de diriger les Essaims.

Ces dispositions établies, on fait une garde exacte pendant le temps prescrit, et dès qu'un essaim part d'une ruche, on le laisse tranquillement se balancer dans l'air; mais dès qu'il est sorti, on examine le côté où il se dirige, et s'il paroît vouloir s'éloigner ou se porter vers une partie du local dénuée d'arbrisseaux, on l'arrête avec l'eau ou le sable que l'on lance pour diriger le vol des abeilles d'un autre côté. Le sable et l'eau sont pour les abeilles des avant-coureurs de l'orage. Elles se détournent pour les éviter et se fixent promptement.

On ne se contente pas de ces moyens dans beaucoup de cantons, on fait encore un très-grand bruit en frappant sur des vases de cuivre. Cet ancien usage (1),

---

(1) *Hinc ubi jam emissum caveis ad sidera cœli*
Nare per æstatem liquidam suspexeris agmen,

fort répandu, a paru ridicule à plusieurs auteurs qui l'ont condamné, comme plus propre à éloigner les abeilles qu'à les arrêter. J'ai eu la même opinion; mais les réflexions suivantes m'ont déterminé à penser qu'il étoit mieux fondé qu'il ne le paroissoit au premier coup-d'œil.

Beaucoup d'observations réunies confirment l'opinion que j'ai émise, que les abeilles se préparoient d'avance à émigrer, et que leur sortie n'étoit pas spontanée. J'ajouterai ici, en faveur de cette opinion, que les abeilles sont chargées de miel au moment du départ, et qu'elles font de suite des portions de rayons assez grands, quoiqu'elles ne soient pas sorties de la nouvelle ruche pour aller aux provisions; ce qui n'a pas lieu lorsqu'on fait un essaim forcé, en

---

Obscuramque trahi vento mirabere nubem,
Contemplator, aquas dulces et frondea semper
Tecta petunt: huc tu jussos asperge sapores,
Trita melisphylla, et cerinthæ ignobile gramen:
Tinnitusque cie, et matris quate cymbala circùm.
Ipsæ consident medicatis sedibus, ipsæ
Intima more suo sese in cunabula condent.

Bientôt abandonnant les ruches maternelles,
Ce peuple, au gré des vents qui secondent ses ailes,
Fend les vagues de l'air et sous un ciel d'azur
S'avance lentement tel qu'un nuage obscur:
Suis sa route; il ira sur le prochain rivage
Chercher une onde pure et des toits de feuillage:
Fais broyer en ces lieux la mélisse ou le thym;
De Cybèle à l'entour fais retentir l'airain.
Le bruit qui l'épouvante et l'odeur qui l'appelle
L'avertissent d'entrer dans sa maison nouvelle.

chassant une partie des abeilles d'une ruche pour les faire entrer dans une autre, comme je l'expliquerai plus bas. M. *Bosc* pense qu'elles s'approvisionnent pour trois jours.

On ne peut aussi rejeter le témoignage de plusieurs personnes qui ont vu des abeilles chercher un logement avant le départ de l'essaim, qui s'est rendu en droite ligne dans le lieu désigné.

On ne peut également se dissimuler que le bourdonnement des abeilles varie beaucoup; elles rendent des sons plus ou moins aigus et graves, plus ou moins prolongés, suivant les circonstances, et la ruche que j'ai dans ma chambre m'en fournit fréquemment la preuve. Ces variations dans les sons ont nécessairement un but. Nous en avons la preuve lorsqu'elles nous attaquent et lorsqu'elles font le rappel à l'entrée de la ruche. Nous savons également qu'elles choisissent toujours un lieu solitaire et éloigné du bruit, quand elles en ont la liberté; enfin le chant de la reine ne peut être révoqué en doute. *Huber* soutient y avoir distingué des intonnations, tantôt plus fortes et tantôt plus foibles.

On veut en vain repousser ces faits, en prétendant que si l'on accordoit aux abeilles la préméditation dans le départ, le soin de se chercher des logemens, l'attention d'emporter des provisions, enfin la faculté de s'entendre, on accorderoit à ces insectes une intelligence égale à celle de l'homme.

Ce raisonnement ne me paroît pas plus fondé pour les abeilles que pour l'oiseau qui choisit un lieu pour construire un nid, pour la poule qui, habituée à pondre dans un endroit préparé par l'homme, cherche un endroit plus retiré pour y cacher ses œufs et les couver, ramène ensuite ses petits dans le lieu où elle est habituée à trouver sa nourriture, la leur indique par ses mouvemens et ses cris, et varie les intonnations de son chant pour conduire sa couvée, les préserver du danger, etc.; enfin on peut appliquer ce raisonnement aux mulots et autres animaux qui s'approvisionnent de vivres.

Tous ces animaux ont reçu de leur créateur l'instinct nécessaire à leur conservation, et l'abeille en a été pourvue comme les autres, sans qu'on puisse les assimiler à l'homme sous les rapports d'intelligence et de raisonnement.

Or la conservation des abeilles exige que, vivant en société et concourant aux mêmes travaux, elles puissent s'avertir par des sons de leurs besoins et de leurs dangers.

Cette conservation exige qu'elles ne sortent pas sans être approvisionnées, puisqu'un beau jour peut être suivi de quatre ou cinq autres très-mauvais, qui les empêcheroient de sortir de leur demeure.

Cette conservation demande encore, qu'avant de sortir de la mère ruche, elles aient été à la découverte d'un nouveau logement, et que si elles n'ont pas pu en trouver avant cette époque, elles envoient de nouveau à la découverte quelques abeilles, qui leur serviront ensuite de guides; autrement les essaims seroient exposés à vaguer çà et là en allant en masse chercher une retraite, et la plupart périroient.

Enfin, il est indispensable qu'elles puissent reconnoître les guides qui doivent les diriger vers le logement, et que le bourdonnement de ces abeilles les détermine à les suivre.

Mais si, au moment où elles viennent de sortir de la ruche mère, on leur jette du sable et de l'eau, on les force de s'arrêter pour éviter le danger dont elles se croient menacées. Il doit en être de même si on les empêche de s'entendre par un grand bruit qui les met dans l'impossibilité de reconnoître le signal que les guides leur donnent. La mère-abeille ne pouvant se diriger va se placer sur un arbuste ou un arbre; les ouvrières parcourent rapidement les parties voisines du lieu où s'est placée la reine, comme pour vérifier s'il n'y a pas de danger, et bientôt l'essaim s'y réunit en totalité.

Au surplus, quelle que soit la solidité de ce raisonnement, le législateur a fait un devoir aux cultivateurs de faire un grand bruit à la sortie de leurs essaims, en leur donnant le droit de les suivre et en déterminant que celui qui auroit fait connoître par ce moyen la fuite d'un essaim, auroit seul le droit de les réclamer en justice.

Soins à prendre pour ramasser les Essaims.

Dès qu'on a déterminé l'essaim à se porter vers le lieu qu'on lui a fixé, et qu'on voit les abeilles se poser sur une branche et la parcourir avec rapidité, on s'écarte un peu et on les laisse tranquilles, jusqu'à ce que la plus grande partie des abeilles s'y soit fixée. Lorsqu'on n'aperçoit plus que quelques ouvrières tourner autour de l'essaim, on doit le ramasser de suite, sur-tout si le soleil est très-chaud, et si ses rayons portent directement sur l'essaim; autrement, si les abeilles avoient d'avance une habitation choisie, les guides prendroient leur vol, et l'essaim entier les suivroit. Il ne seroit pas alors facile de les arrêter, parce qu'au lieu de tourner çà et là autour du rucher, les abeilles iroient d'un vol rapide, élevé et direct vers le lieu où les guides les dirigeroient.

Si l'essaim s'est arrêté à peu de distance du rucher, et qu'il soit attaché à une branche foible et à hauteur d'homme, le cultivateur, couvert de son camail et ganté, choisit le plus près possible du lieu où s'est fixé l'essaim une place abritée, et, à défaut, il la garantit des rayons solaires avec un paillasson; il y pose un plateau ou une serviette ou un paillasson. Il prend alors la ruche, l'ouverture en haut, et, la plaçant directement sous l'essaim, il saisit la branche et la secoue vivement à deux ou trois reprises. L'essaim s'en détache et tombe dans la ruche. Il la porte de suite sur le plateau ou le linge, et il l'y pose en la retournant doucement et en la mettant dans sa position naturelle; mais, au moyen d'un petit morceau de bois, d'une pierre ou même d'une motte, il la tient un peu élevée d'un côté.

Les abeilles qui, pour la plupart, ne sont point attachées contre les parois de la ruche, roulent comme du grain sur le plateau et sortent par flots de la ruche;

mais ce mouvement ne doit pas inquiéter le cultivateur. Il attend deux ou trois minutes pour s'assurer si la reine est au nombre des abeilles restées dans la ruche. Il en a bientôt connoissance. Si elle y est, quelques ouvrières se placent à l'entrée de la ruche, et, s'élevant sur les pattes de derrière, la tête baissée, elles battent les ailes et sonnent le rappel. Plusieurs abeilles placées plus loin et même contre les parois extérieures de la ruche, suivent leur exemple. A ce signal, les abeilles sorties de la ruche y rentrent en foule; celles qui volent autour y descendent peu-à-peu, et il a la certitude que son opération a réussi. Il la termine promptement, en forçant avec de la fumée les abeilles qui sont autour de la branche, de l'abandonner et de se réunir aux autres. Comme l'odeur de la reine peut les y attirer long-temps, il frotte la branche avec de l'éclaire ou chélidoine, s'il en a à sa disposition. L'odeur de cette plante écarte les abeilles. On prétend également que la camomille puante ou maroute, et la persicaire âcre ou poivre d'eau, produisent le même effet. Si la branche où est l'essaim est foible, et qu'il soit difficile de mettre la ruche dessous, il la coupe, la met dans la ruche, l'y secoue et pose ensuite la ruche sur le plateau ou le linge.

L'Essaim mis en place.

L'essaim étant ramassé et l'opération terminée entre neuf heures du matin et midi, le cultivateur, une demi-heure après, tire le morceau de bois ou la pierre qui soutenoit la ruche, et la place bien doucement comme elle doit être sur le plateau, et il la porte sans secousse dans le lieu qui lui est destiné. Si c'est un linge, il le saisit par ses extrémités et l'enlève pour le mettre à sa place. Cette place doit être aussi éloignée qu'il est possible de la mère ruche. Il ne retire le linge que quelque temps après, et souvent même le soir; mais comme il pourroit gêner l'entrée de la ruche, il la soulève un peu d'un côté. Il la couvre ensuite d'un surtout, qu'il place de manière à garantir l'entrée de la ruche des rayons du soleil jusqu'au soir seulement.

Les abeilles qui volent autour de la ruche la suivent pendant le déplacement, et y entrent dès qu'elle est mise sur le plateau.

En opérant ainsi, on met les abeilles à même de connoître dans la journée non-seulement leur ruche, mais encore sa place. On empêche que le lendemain et le surlendemain beaucoup d'abeilles n'aillent rôder autour du lieu où l'essaim s'étoit posé, et où elles auroient déjà mis de propolis, si on l'avoit laissé jusqu'au soir, et qu'elles ne se rendent ensuite à la mère-ruche, où le second jour elles sont tuées.

Enfin, on n'est pas exposé à ce qu'un essaim qui part quelque temps après l'autre se mêle avec lui sur la branche, ou vienne se loger dans la ruche.

Si l'essaim ne sort qu'après midi, on peut attendre jusqu'au soir pour porter la ruche dans le rucher; mais on la couvre d'un paillasson, pour éviter qu'elle soit frappée des rayons du soleil, qui pourroient déterminer l'essaim à quitter une habitation qu'il trouveroit trop chaude. Ce paillasson cache, en outre, la ruche à un autre essaim qui sortiroit après.

C'est un spectacle agréable que la sortie d'un essaim, et quoique j'y sois accoutumé, je ne le vois jamais sans plaisir. C'est également un jeu de le ramasser et de le faire entrer dans la ruche quand il est facile à cueillir; mais on éprouve souvent des difficultés qui en rendent la cueillette incommode, et qui font perdre un temps précieux.

Difficultés dans la Cueillette de quelques Essaims, et Moyens pour les recueillir.

Il arrive qu'en secouant la branche la mère-abeille, qui n'est pas ordinairement au milieu du groupe, ne tombe pas dans la ruche, ou s'envole, et se replace sur la branche. Toutes les abeilles qui voltigent autour de la branche l'entourent aussitôt, et celles qui sont dans la ruche, s'apercevant au bout de quelques minutes que la reine n'y est pas, retournent à la branche.

Alors on se munit d'un couvercle de ruche, et lorsqu'on voit un groupe un peu gros formé sur la branche, et que celles qui sont dans la ruche, au lieu de sonner le rappel, la quittent peu-à-peu, on prend le couvercle, on le pose sur la branche et on le secoue de nouveau. On porte promptement ces abeilles à la ruche, en appuyant le couvercle contre le plateau et en le redressant doucement contre la ruche. Les abeilles et la reine, si elle y est, ne tardent pas à entrer dans la ruche. A défaut de couvercle, on prend la ruche dans laquelle on fait tomber les abeilles.

Quand les abeilles, au lieu de se placer sur une branche qu'on peut secouer, s'attachent contre un gros tronc d'arbre, on les force à se ramasser, soit avec la plume qu'on appuie légèrement sur les groupes séparés pour les réunir en un seul, soit avec un peu de fumée. Du vent produiroit le même effet; mais il faudroit se servir d'un soufflet, parce que l'air, après avoir été décomposé dans nos poulmons, déplaît aux abeilles et excite leur colère. On ne doit se servir de l'haleine que pour diriger la fumée.

Quand les abeilles forment une grosse pelotte ou une grappe, telle qu'on puisse en détacher les trois quarts ou la moitié à-la-fois, on appuie la ruche renversée contre le tronc, pour y faire entrer le plus grand nombre possible d'abeilles, et puis, en passant la plume entre le tronc et les abeilles, on les en détache. S'il n'en est tombé qu'une partie, on renouvelle l'opération deux ou trois fois avec la plume, et puis on met la ruche sur le plateau. Les abeilles se placent souvent dans la fourche ou le triangle formé par les branches à leur point de jonction avec le tronc ou la tige de l'arbre. Si les angles sont obtus, et que les branches s'écartent assez pour permettre de placer la ruche sur l'essaim, on le fait, et les abeilles y montent d'elles-mêmes, ou on les stimule avec un peu de fumée ou la plume. Dans ce cas, on précipite l'opération en délayant un peu de miel dans un quart de verre d'eau, dont on mouille l'intérieur de la ruche. Les abeilles, attirées par l'odeur du miel, y montent promptement. On la retire quand elles y sont logées.

L'opération devient plus difficile quand les branches forment des angles aigus, sont très-rapprochées et ne laissent pas assez d'espace entre elles pour la ruche. On est alors forcé d'employer la plume et la fumée pour les déterminer à se mettre sur une partie d'où on puisse les faire entrer ou les jeter dans la ruche; mais comme ces moyens sont longs, la méthode grecque peut être employée avec avantage.

On trempe la partie de la branche d'un pied et demi de long, garnie de son branchage, dans de l'eau miellée; on la met au milieu du triangle en la posant doucement sur les mouches et en l'enfonçant peu-à-peu dans le plus épais du groupe. Les abeilles, attirées par le miel, la couvrent bientôt, et on les en rapproche avec la plume ou la fumée. Quand la plus grande partie de l'essaim y est attachée, on l'enlève doucement en forçant ce qui reste d'abeilles à y monter; ensuite on la secoue dans la ruche.

Il est à désirer, lorsqu'on fait des essaims naturels, que les arbres sur lesquels ils peuvent se reposer ne soient pas très-élevés. Dans le cas contraire, les difficultés augmenteroient. Il faudroit monter dans ces arbres ou suspendre la ruche à des perches fort longues, pour déterminer les mouches à y entrer. Si la branche très-élevée où elles se sont placées étoit foible, on la couperoit sans secousses; mais si elles se plaçoient sur une branche qu'on ne pourroit atteindre, il faudroit la secouer avec un crochet si elle étoit foible, ou mettre de la fumée dessous pour en chasser l'essaim.

Il est souvent difficile de les tirer de trous de mur; la branche trempée dans de l'eau miellée peut alors être très-utile.

Mais si l'essaim s'est posé à terre, rien de plus aisé que de les ramasser. Cette position annonce la lassitude de la mère-abeille, et donne l'espoir que l'essaim ne reprendra pas de suite son essor. En conséquence, on pose doucement la ruche sur l'endroit où les abeilles sont en plus grand nombre; on la tient soulevée d'un côté, et on oblige celles qui sont au-dehors d'y rentrer avec la plume ou la fumée. Je me sers toujours du mot plume, quoiqu'on produise le même effet avec un plumaçon ou une petite branche garnie de feuilles souples à son extrémité.

J'ai supposé toutes ces opérations faites autour du rucher; mais, malgré les soins qu'on se donne, les abeilles s'élèvent quelquefois fort haut, et parcourent alors un grand espace de terrein sans s'arrêter. Les seconds essaims y sont plus sujets que les premiers. On est forcé de suivre l'essaim si l'on ne veut pas le perdre, et il faut apporter tout son attirail avec soi.

Les Grecs, que les abeilles exposent plus souvent à ces courses, parce qu'elles sont plus vigoureuses et plus sauvages que les nôtres, ont imaginé le sac dont j'ai donné la description, parce qu'ils ont en outre des ruches qui ne sont pas portatives. Il faut avouer qu'un sac est d'autant plus commode qu'une ruche, et sur-tout qu'une ruche de terre cuite, qu'il est léger, et que l'essaim ramassé peut se rapporter de suite; ce qui économise le temps si précieux dans les campagnes à cette époque.

Voici comme on s'y prend : Lorsque l'essaim est placé sur une branche ou sur un tronc d'arbre, on lui présente la branche miellée ci-dessus; on l'enfonce peu-à-peu dans le groupe d'abeilles, et on la tourne doucement; on en rapproche les abeilles avec la plume ou la fumée, et lorsque l'essaim y est attaché, on la fait entrer dans le sac. On l'y suspend en fermant le sac et en serrant fortement l'extrémité supérieure de la branche, dont un pouce reste en dehors du sac. On emporte ainsi l'essaim; on le suspend à l'ombre. Le soir, au soleil couché, on ouvre le sac et on en retire la branche qu'on secoue dans une ruche. S'il restoit des abeilles dans le sac, on les verseroit préalablement sur le plateau, ou on en placeroit l'ouverture à l'entrée de la ruche.

Ces courses fatigantes, et le temps précieux qu'on emploie souvent inutilement après les essaims, ont fait naître l'idée aux Grecs de préparer des ruches et de les placer aux environs du rucher quelques jours avant la sortie des essaims. Le moment de la sortie des mâles est celui favorable. Les cultivateurs françois qui préfèrent les essaims naturels pourront essayer ce moyen. Ils frotteront ces ruches avec un mélange de cire et de propolis et un peu de miel. Ils les placeront dans les endroits ombragés, éloignés des passages et du bruit; ils pourront les poser sur des piquets ou entre les grosses branches d'arbres, ou même les suspendre à ces branches en attachant le plateau à la ruche. Les abeilles qui cherchent un nouveau logement, attirées par l'odeur, y entrent et servent de conducteurs aux essaims pour les y conduire.

Des cultivateurs françois ont imaginé un autre moyen; c'est celui de rapprocher une ruche vide d'une ruche pleine, et de les faire communiquer par le côté au moyen d'une ouverture faite à chacune, et d'un conduit qui va d'une ouverture à l'autre. Les abeilles, trouvant un nouveau logement auprès du leur, peuvent y travailler, et l'essaim, au lieu de s'élever dans l'air, se loge dans le nouvel emplacement. Cette méthode, qui est incommode à raison des dimensions de nos plateaux, de nos ruches et des paillassons, auroit de grands avantages si elle réussissoit; mais elle n'est pas toujours suivie du succès. Pour obliger les abeilles à s'habituer dans ce nouveau logement, j'ai poussé la précaution jusqu'à boucher la porte de l'ancienne ruche quinze jours avant la sortie des essaims, et j'ai eu le désagrément de voir l'essaim traverser la nouvelle ruche et en sortir.

Au surplus, ces deux moyens ont un inconvénient majeur dans les lieux où les fourmis et les fausses-teignes sont multipliées. Attirées aussi fortement que les abeilles par l'odeur de la cire et du miel, les premières enlèvent les matières qui s'y trouvent, et leur grand nombre dégoûte les abeilles de s'y loger; les secondes y pondent et préparent d'avance la destruction de l'essaim.

Séparation de deux Essaims réunis.

Il peut arriver, quand on a beaucoup de ruches, que deux essaims sortent en même temps et se posent sur la même branche. Ils sont l'un auprès de l'autre ou totalement confondus, et ne formant qu'un groupe.

Dans le premier cas, on parvient facilement avec la plume ou la fumée à écarter un peu les essaims; ensuite on pose deux ruches dessous et on secoue la branche. Si elle est trop grosse pour être secouée, on détache le plus fort essaim et on le fait tomber dans une ruche. On attend, pour détacher le plus foible, que les abeilles qui ont pris leur vol s'y soient réunies pour le renforcer, et on le fait entrer dans une autre ruche. On pose ces ruches à égale distance de l'arbre.

Mais si les deux essaims sont réunis et ne forment qu'un groupe, l'opération est difficile et douteuse; il n'est point aisé de diviser les abeilles en deux parties, encore moins de s'assurer où sont les reines, pour en conserver une dans chaque essaim. Si la position des essaims permet de tenter cette opération, et qu'on réussisse à les diviser, on examine après la division la marche des abeilles. Si celles de chaque groupe y restent, c'est un heureux présage pour la réussite; mais si les abeilles d'un groupe le quittent peu-à-peu pour se rendre à l'autre, c'est une preuve qu'on a laissé les deux reines dans l'un des groupes, et qu'il faut recommencer. Cependant, si un second essaim s'étoit réuni à un premier, cet indice ne seroit pas sûr, parce que toutes les abeilles tendroient toujours à se réunir auprès de la reine du premier essaim qui est fécondée, pendant que celle du second ne l'est pas. Il faut donc, dans ce cas, dès qu'on a formé deux groupes, enlever promptement celui sur lequel les abeilles se portent, et éloigner la ruche, sans quoi les abeilles de l'autre groupe, quoique mises dans une autre ruche, se rendroient toutes dans celles où seroit la reine fécondée.

C'est par cette raison que dans les ruchers dont les ruches sont très-rapprochées, on ne doit pas placer l'un auprès de l'autre deux nouveaux essaims sortis à-peu-près dans le même temps, et dont l'un seroit un premier essaim et auroit une reine féconde, et l'autre un second essaim dont la reine est encore vierge; parce que le second essaim, qui n'est point affectionné pour sa reine-vierge, pourroit se joindre au premier, où il seroit reçu sans difficulté, attendu que les travaux sont à peine ébauchés et les ouvrières trop nouvelles dans la ruche pour en repousser les autres. Ce fait tend encore à prouver que c'est la vieille mère-abeille qui sort avec le premier essaim.

Plusieurs auteurs proposent de ramasser le groupe entier dans une ruche, qu'on apporte de suite sur un linge. On la retourne vivement, et comme le mouvement détache les abeilles et qu'elles tombent sur le linge et le couvrent, on prend une seconde ruche, dont on couvre une partie des abeilles. S'il y a une reine dessous, elle y monte avec une portion des abeilles, et le surplus se rend dans la première ruche.

Si les deux reines se trouvent dans la même ruche, l'opération est manquée et est à refaire; le rappel que les ouvrières sonnent aux deux ruches ou seulement à une, indique s'il y a une reine dans chacune, ou si elles sont dans la même. Cette méthode réussit difficilement, sur-tout s'il y a un premier et second essaims réunis.

Les difficultés que présentent ces opérations, sans la certitude de réussir, m'ont déterminé à adopter la méthode grecque pour séparer les deux essaims. Je prends deux branches miellées. Je les attache par leurs extrémités supérieures, en faisant un angle pour écarter l'autre extrémité, garnie des petits rameaux. Je les approche du groupe, et peu-à-peu je les y enfonce. J'oblige les abeilles à s'y placer, et lorsqu'elles y sont, je sépare les deux branches; je mets celle qui est la plus chargée d'abeilles dans une ruche, où on la secoue, et je conserve l'autre à sa place, pour que les abeilles qui voltigent viennent s'y réunir et rétablir l'égalité entre les deux essaims.

Inconvéniens de la réunion de deux forts Essaims.

Si les deux essaims étoient foibles, on s'éviteroit de grands embarras en les laissant réunis; mais s'ils étoient forts, leur réunion présenteroit de grands inconvéniens. Mis dans une ruche ordinaire, ils l'auroient bientôt remplie, et ils donneroient un second essaim environ un mois après. Ce nouvel essaim partant trop tard dans plusieurs cantons périroit l'hiver;

c'est ce qui arrive quelquefois aux essaims très-primes, qui jettent un mois après leur sortie. Ces essaims secondaires, si précieux dans les cantons où les pâturages sont abondans l'été pour les abeilles, doivent être réunis à la mère ruche dans les cantons médiocres, où elles trouvent peu de miel et de miellée pendant l'été et l'automne.

On empêcheroit la sortie de ces essaims, en plaçant les deux essaims réunis dans une ruche double. Mais il faudroit, au printemps suivant, la réduire ; autrement on seroit exposé à n'avoir point d'essaim, et une première perte en entraîneroit d'autres.

On doit donc éviter ces réunions, à moins qu'on ait autant d'abeilles qu'on en désire, et qu'on veuille augmenter sa récolte de miel.

Division des seconds Essaims.

Les second et troisième essaims, contenant souvent deux ou trois reines, sont sujets à se séparer, parce que, quoiqu'ils soient ordinairement plus foibles que les premiers, une partie des abeilles suit une reine, et le surplus en accompagne une autre. Mais la foiblesse d'un de ces petits groupes détermine assez souvent les ouvrières à abandonner leur reine pour se réunir à l'autre groupe. La reine délaissée est forcée de les suivre, et quand la réunion est opérée on ramasse l'essaim.

Si les deux parties restent séparées, on ramasse la plus forte, et si elles sont rapprochées, on s'empresse également à faire rentrer l'autre dans la ruche avant de la poser. On la place ensuite à une distance à-peu-près égale des lieux où les abeilles s'étoient posées.

Moyen de se procurer des Reines.

Quand je désire une reine-abeille en vie, je profite de ce moment pour me la procurer. Je ramasse une des portions de l'essaim; et, après avoir placé la ruche sur un plateau ou du linge, j'attends que les abeilles, en sonnant le rappel, m'aient fait connoître qu'une reine est dans la ruche. Alors je vais cueillir l'autre groupe dans un couvercle. Je le pose au pied de la ruche, en l'inclinant assez pour que le rebord soit au niveau du plateau, ou touche l'entrée de la ruche. J'examine attentivement les abeilles, pour reconnoître la reine; si je ne la vois pas, je laisse entrer toutes celles qui sont les plus voisines de la ruche, et je stimule les autres avec une plume, en détruisant les petits groupes formés dans le couvercle, pour y chercher la reine. Dès que je l'aperçois, je la saisis; elle est fort douce, et aucune ne m'a jamais piqué. Mais cette opération demande un peu de patience, parce que si la jeune reine est dans le couvercle, les abeilles la couvrent, et on ne peut l'avoir qu'après l'entrée de la plus grande partie des abeilles. Souvent elle s'envole sur la ruche ou le paillasson, et ne rentre qu'une des dernières.

On ne doit pas craindre, dans ce moment, d'exciter la colère des ouvrières en saisissant la reine. Le son du rappel leur annonce qu'il y en a encore une dans la ruche; et comme elles ont peu d'attachement pour ces reines qui ne sont pas encore fécondées, elles ne font aucun mouvement pour les défendre.

Différence du Travail des forts Essaims et des foibles.

Les seconds essaims sont souvent foibles, et l'expérience a constaté que, lorsque le nombre des abeilles n'étoit pas proportionné à la grandeur de la ruche, elles n'y travailloient pas avec ardeur, et qu'elles finissoient quelquefois par abandonner la ruche. On a même vérifié qu'un fort essaim faisoit, proportion gardée, le double de travail, et de provision d'un essaim foible, c'est-à-dire que vingt mille ouvrières faisoient quatre fois, ou environ, autant d'ouvrage que dix mille; et, en supposant qu'elles travaillent autant, il est certain que l'essaim foible consommera ses provisions journalières pour le couvain, pendant que le fort essaim aura un excédant.

Réunion des foibles Essaims.

Il est donc utile, quand on a des essaims de ce genre, d'en réunir deux ensemble. Pour cet effet si on les a eus dans la même journée, on les porte, le soir, tous les deux auprès du lieu destiné à l'une des ruches. On en détourne une, on pose l'autre dessus; on la frappe fortement sur la partie supérieure, pour en détacher l'essaim qui tombe dans celle renversée, qu'on pose de suite sur le plateau, en la tenant un peu soulevée d'un côté avec des petits coins de bois ou des pierres.

Les abeilles des deux essaims, qui n'ont d'autres points d'appui que les parois de la ruche, roulent sur le plateau et le couvrent. Une grande partie sort même de la ruche, et monte sur sa surface extérieure. Mais, au bout de quelques minutes, le calme renaît. Les abeilles qui sont dans la ruche s'apercevant qu'il y a une reine, sonnent le rappel; les abeilles entrent en foule, et s'il s'est formé quelques groupes contre le plateau ou la ruche, on les force, avec de la fumée, à se réfugier dans la ruche. On est bien maladroit si l'opération n'est pas terminée en quelques minutes. On en est quitte pour la perte d'une reine; mais les ouvrières ne s'attaquent pas, et la réunion est faite.

L'opération est plus délicate lorsqu'il y a un intervalle de quelques jours entre la sortie des essaims, sur-tout si le temps n'est pas favorable pour la récolte*. Pour réussir avec peu de perte d'ouvrières, on doit mettre l'essaim, qui est depuis quelques jours dans la ruche, en état de bruissement. On l'enfume bien, et il est bon, après avoir détourné la ruche, d'y faire une aspersion d'eau miellée. Ensuite on pose dessus l'essaim nouvellement sorti, et on frappe sur la partie supérieure de la ruche, pour le faire tomber. On place promptement la ruche sur le plateau, et on en bouche l'entrée pendant quelques minutes. Alors on la débouche pour laisser aux abeilles qui sont dehors la facilité de rentrer. Les abeilles du premier essaim étant en état de bruissement, et étourdies, n'attaquent pas celles du second, et, quand

(*) pour quoi y a-t-il plus de chance de succès lorsque le tems est favorable à la récolte? voyez page 356.

elles en sortent, il faut qu'elles se nettoyent et se débarrassent de l'eau miellée dont elles sont couvertes. La réunion des deux essaims se fait pendant ce temps, et la mort d'une des mères-abeilles termine l'opération.

Essaims qui travaillent séparément dans la même Ruche.

Je préfère ce mode de réunion à celui qui consiste à frapper la partie supérieure qui est posée sur le plateau, pour en détacher l'essaim, et à mettre de suite à sa place la ruche qui contient l'essaim nouvellement recueilli.

Si le premier essaim est depuis quelques jours dans la ruche, on perd tout le travail qu'il y a fait, ainsi que le couvain qui s'y trouve. Si ce sont deux essaims du même jour, il n'y a point de perte. Mais il arrive quelquefois que l'essaim répandu sur le plateau ne se réunit pas à l'autre, et forme un groupe séparé, ce qui n'arriveroit pas si l'on conservoit la ruche où il y a déjà des rayons commencés, ou si l'on mêloit les deux essaims. Les deux reines étant chacune dans leurs groupes ne se combattent pas, et chaque essaim travaille séparément dans la ruche. On s'en aperçoit facilement à la position des rayons, dont environ la moitié forme l'angle droit avec les autres.

Ces ruches réussissent rarement. Les ouvrières des deux essaims se battent souvent à la porte, se dépouillent de leurs provisions, et se tuent jusqu'à ce que les rayons des deux essaims étant rapprochés, et les deux reines s'étant aperçues se battent en duel, sans que leurs sujets se mêlent de la querelle. Celle qui triomphe reste seule souveraine de toute la ruche.

Quelquefois un des essaims séparés sort, et va chercher un autre logement.

Aussi lorsque j'ai réuni deux essaims, ou ramassé des essaims secondaires, j'examine la ruche le lendemain matin. Si je trouve à la porte des reines mortes, c'est un indice qu'il n'en reste qu'une, et que toutes les ouvrières sont réunies. Mais si ma recherche est inutile, je vérifie le soir la ruche, et s'il y a deux groupes, je frappe sur la ruche pour faire tomber les deux essaims, ou portions d'essaims sur le plateau. Cette chute les mêle, et une reine est tuée.

Ces seconds essaims sont fort utiles dans les cantons favorables aux abeilles, et ils doivent être conservés, à moins d'une trop grande multiplication. Mais ils produisent l'effet contraire dans les lieux où l'été et l'automne leur fournissent peu de ressources.

Moyens d'arrêter les seconds Essaims.

Les cultivateurs doivent donc calculer les avantages ou les inconvéniens de ces essaims, et donner à leurs ruches des dimensions relatives à leurs besoins. S'ils désirent plusieurs essaims d'une ruche, ils en réduiront les dimensions relativement à l'abondance de la nourriture; s'ils n'en veulent qu'un, ils la feront plus grande. Veulent-ils arrêter la sortie d'un second essaim, ils examineront le lendemain la mère-ruche, et détruiront tous les alvéoles royaux. Il leur suffira souvent d'augmenter le jour même de l'essaimage les dimensions de la ruche, en lui mettant une hausse, ou d'y faire du vide en enlevant une partie des rayons, sur-tout en s'emparant de la moitié du miel. Ce dernier moyen produit le double effet de donner de la place aux abeilles et d'augmenter leur ardeur (1). Par ces moyens ils augmenteront l'ardeur des abeilles en concentrant dans ces ruches la chaleur nécessaire qui manque quelquefois dans les grandes ruches qui ne contiennent qu'un petit essaim.

Si l'on ne veut leur rien prendre, et qu'on n'ait pas de haussse, ou que la forme de la ruche n'en comporte pas, on pourra le cinquième ou le sixième jour mettre les abeilles en état de bruissement, et les bien enfumer. Celles qui gardent les jeunes reines dans leurs alvéoles qu'on n'a pas vus et détruits, les abandonneront pour se réunir à la mère-abeille régnante, et ces jeunes reines pourront profiter de l'occasion pour s'échapper. Il en résultera des combats qui réduiront le nombre des reines à une seule.

---

(1) Cette observation, fondée sur l'expérience, tend à prouver l'erreur de ceux qui pensent que les essaims forcés faits dans les ruches à hausses ou villageoises, dont on enlève la hausse supérieure ou le couvercle pour le donner à l'essaim, assurent la sortie des essaims secondaires. Ils conservent les jeunes reines par cette opération qui met la reine mère hors d'état de les détruire. Mais en enlevant les provisions et en faisant un grand vide dans la ruche, ils arrêtent la sortie des essaims secondaires, parce que les ouvrières, forcées de s'occuper de rétablir le déficit, négligent la garde des alvéoles royaux dont les jeunes reines sortent et se combattent jusqu'à ce qu'il n'en reste qu'une.

Les second et troisième Essaims affoiblissent la Mère Ruche.

Les second et troisième essaims affoiblissent beaucoup la mère ruche. Les ouvrières, par ces émigrations, s'y trouvent en petit nombre. Elles travaillent avec ardeur à élever le couvain ; mais elles sont trop occupées à fournir aux besoins journaliers pour ramasser des provisions pour l'hiver dans les cantons médiocres. D'une autre part, forcées de conserver les mâles jusqu'à ce qu'elles soient en nombre suffisant dans la ruche pour y concentrer la chaleur suffisante au couvain, elles nourrissent long-temps des bouches inutiles. Leurs approvisionnemens n'étant pas considérables, la ponte de la reine diminue, la ruche s'affoiblit insensiblement par les pertes journalières, et l'essaim est souvent dans l'impossibilité de passer l'hiver. S'il ne périt pas, il est trop foible pour fournir un essaim au printemps, à moins qu'on ne lui prodigue les soins, ou il le donne si tard que ce qu'il y a de mieux à faire est de le rentrer de suite dans la ruche.

Je conseille donc aux cultivateurs qui ont des abeilles dans les cantons médiocres de prévenir et d'empêcher les seconds essaims, ou de les réunir à leur souche. Je pense également que dans les cantons excellens on doit s'opposer à leur sortie, ou au moins à celle des troisièmes essaims, lorsqu'on a le nombre suffisant d'abeilles. Un essaim par ruche est suffisant pour conserver et même multiplier les abeilles. Un plus grand nombre nuiroit à la bonté de la récolte.

Réunion d'un Essaim Secondaire à la Mère Ruche.

Si, malgré les soins qu'on s'est donnés, il sortoit un second essaim, on le réuniroit à la mère-ruche. L'opération est on ne peut plus simple : on met les abeilles de la ruche mère en état de bruissement, on la détourne et on la couvre par celle qui contient l'essaim qu'on y fait tomber. Ensuite on remet la ruche-mère à sa place, et s'il reste des abeilles dans la nouvelle ruche, on la frappe de nouveau pour les en chasser. Ces ouvrières reconnoissant leur ancienne demeure y entrent sans difficulté. La reine ou les reines qui étoient avec l'essaim sont tuées dans la nuit, et tout rentre dans l'ordre, à moins qu'il ne reste encore de jeunes reines dans les alvéoles, ce qui détermineroit une seconde sortie; mais ce qui n'est pas à supposer si l'on a pris la précaution de détruire les alvéoles royaux, et de mettre cinq ou six jours après les abeilles en état de bruissement. Les ouvrières ne courent aucun risque dans cette réunion, parce qu'elles sont connues des autres.

Il est très-utile d'avoir ses ruches numérotées, et de ne pas se tromper en réunissant un essaim à une ancienne ruche. L'essaim sorti d'une ruche, et rentré dans une autre, seroit en entier massacré ; il n'échapperoit à la mort que les ouvrières qui sortiroient de la ruche, et qui, reconnoissant celle d'où elles sont sorties, s'y réfugieroient.

Rentrée d'un Essaim dans la Mère Ruche.

Un essaim après s'être attaché contre une branche, et même avoir été ramassé, retourne à la ruche mère. C'est un signe que la reine y est revenue. Si c'est un premier essaim, on peut compter qu'il sortira le lendemain, ou le même jour, si le temps est beau. Mais s'il ne sort de la ruche nouvelle que pour se placer sur un arbre (1), c'est que la ruche ne lui convient pas, soit par une odeur désagréable, soit peut-être parce qu'il y a beaucoup d'œufs de fausse-teigne, soit parce qu'elle est trop grande si l'essaim

---

(1) *At cùm incerta volant, cœloque examina ludunt,*
Contemnuntque favos, et frigida tecta relinquunt;
Instabiles animos ludo prohibebis inani.
Nec magnus prohibere labor; tu regibus alas
Eripe : non illis quisquam cunctantibus altum
Ire iter, aut castris audebit vellere signa.
Invitent croceis halantes floribus horti,
Et custos furum atque avium, cum falce saligna,
Hellespontiaci servet tutela Priapi.
Ipse thymum pinosque ferens de montibus altis
Tecta serat latè circùm, cui talia curæ :
Ipse labore manum duro terat : ipse feraces
Figat humo plantas, et amicos irriget imbres.

Cependant si ce peuple en son humeur volage
Quittoit ses ateliers, suspendoit son ouvrage,
Sans peine on le rappelle à ses premiers emplois :
Arrache seulement les ailes de ses rois;
Quels sujets oseront, quand leur chef est tranquille,
Abandonner leur poste et déserter la ville?
Toi-même pour fixer leurs folâtres humeurs,
Parfume tes jardins des plus douces odeurs;

est foible. Il faut alors passer cette ruche au feu, et si l'essaim est peu nombreux, lui en donner une plus petite. Mais si le lendemain ou le surlendemain de la sortie d'un second essaim, il retourne à la mère-ruche, c'est la preuve qu'il a perdu sa reine qui a péri en sortant pour se faire féconder.

Si, deux ou trois jours après le départ des essaims, le temps devenoit mauvais, et continuoit plusieurs jours, il faudroit les nourrir, tant pour leur conservation que pour ne pas retarder leurs travaux; autrement elles périroient ou profiteroient d'un quart d'heure favorable pour abandonner la ruche.

On cesse de leur donner à manger dès que le temps est beau, et on ne commence qu'après trois jours de mauvais temps. On leur met alors à manger dans leurs ruches, qu'on soulève bien doucement, et bien verticalement pour ne pas déranger les rayons qui sont encore très-foibles, et seulement attachés sur quelques points du couvercle.

Si le mauvais temps duroit plus de quinze jours, on seroit exposé à perdre les seconds essaims, dont les reines seroient fécondées trop tard. On n'auroit d'autres ressources que de les marier avec d'autres essaims.

On continue à surveiller les ruches, depuis l'appa-

Ombrage de pins verts les dômes qu'ils habitent;
Que les vapeurs du thym au travail les invitent;
Que Priape en ces lieux écarte avec sa faux
Et la main des voleurs et le bec des oiseaux;
Fais-y naître des fruits, fais-y croître des plantes,
Et verse aux tendres fleurs des eaux rafraîchissantes.

rition des mâles jusqu'à ce que le grand bourdonnement et l'agitation des abeilles diminuent beaucoup. Alors on ne doit pas compter sur la sortie des essaims, et il devient inutile de garder les ruches, à moins qu'un temps doux et très-favorable pour la récolte du miel dans les bons cantons ne ramène une seconde saison pour l'essaimage. Le massacre des mâles est un indice sûr que le temps des essaims est passé.

§. XV. *Essaims artificiels.*

La grande surveillance nécessaire pour ne pas perdre les essaims naturels, les peines et les fatigues qu'ils occasionnent souvent, enfin les pertes auxquelles on est exposé par les circonstances que je viens de détailler, ont engagé plusieurs cultivateurs à faire des essaims artificiels. Ceux même qui préfèrent les essaims naturels ont quelquefois des ruches qui les mettent dans la nécessité d'en faire d'artificiels. Ce sont celles dont la mère-abeille a détruit toutes les jeunes reines, et dont la population est trop forte pour la ruche.

Principes pour la formation des Essaims artificiels.

Avant d'expliquer la manière de faire ces essaims, il faut faire connoître quelques principes dont la connoissance est essentielle pour la réussite de ces opérations.

Le premier est qu'on ne doit jamais faire un essaim artificiel que lorsqu'il y a du couvain dans les alvéoles royaux, ou des œufs, ou de jeunes larves d'ouvrières de trois jours au plus dans la ruche, à moins qu'on n'ait en sa disposition une jeune reine ou du couvain de reine dans une autre ruche, ou même du couvain ou des larves d'ouvrières, pour mettre dans la ruche dont on a tiré l'essaim; autrement la mère-abeille suivant l'essaim, la ruche mère ne pouvant s'en procurer une autre, sera nécessairement perdue.

Le deuxième est qu'il ne faut jamais faire d'essaims artificiels que lorsqu'il y a des mâles en état d'insectes parfaits. Quoique les abeilles manquent de couvain de reine, elles s'en procureront facilement avec des œufs ou des vers d'ouvrières; mais cette reine deviendra nulle pour la prospérité de la ruche; si elle ne peut être fécondée à temps, elle ne pondra que des mâles, et la ruche sera perdue, ou elle pondra autant de mâles que d'ouvrières, ce qui nuira beaucoup à la prospérité de la ruche. D'ailleurs si on fait l'essaim six jours après la ponte commencée des mâles, la ruche mère sera perdue, parce que la ponte des œufs de reines et d'ouvrières ne recommence qu'après celle des mâles, et qu'au bout de six jours, il n'y a ni œufs d'ouvrières, ni larves dont les ouvrières puissent faire une reine pour remplacer celle qu'on a enlevée avec l'essaim.

Le troisième enfin, c'est qu'on ne doit faire des essaims que dans la saison où ils partent naturellement, et qu'on ne doit prévenir les essaims naturels que de huit jours au plus. Trop tôt, on affoiblit la ruche mère, parce que les ouvrières qui y restent sont en trop petit nombre pour concentrer la chaleur dans la ruche, pour nourrir le couvain de mâles qui est alors très-nombreux, et augmenter les provisions ; parce qu'en outre les œufs étant à peine pondus dans les alvéoles royaux, il faut quinze à dix-huit jours pour que la reine nouvelle puisse être en état de pondre. Ce défaut de ponte pendant quinze jours peut faire un tort d'autant plus considérable que c'est le moment où les abeilles sortent en plus grand nombre, et où conséquemment il en périt beaucoup qui ont besoin d'être remplacées. Il n'est qu'une exception à cette règle, c'est le cas où on voudroit éviter la trop grande multiplication des abeilles, la sortie des essaims secondaires, et augmenter les provisions de miel. Alors on force un essaim à la fin de la ponte des mâles, lorsque celle des ouvrières et des reines est commencée, parce que le couvain de mâles étant en partie métamorphosé en nymphes, et continuant tous les jours à l'être, les abeilles déchargées du soin de nourrir du couvain, pendant quelques jours, peuvent ramasser du miel et le mettre dans les magasins. Mais pour réussir dans cette opération, il faut que la ruche soit bien peuplée d'ouvrières, après qu'on a forcé l'essaim, et il est bon de détruire une partie du couvain de mâles, en enlevant des portions qui contiennent les œufs et les vers, et en ne laissant que les nymphes. On ménage ainsi beaucoup de vivres.

Trop tard, si l'année n'est pas favorable, l'essaim n'a pas le temps de faire des provisions, et la multiplication y est foible. Car il ne faut pas perdre de vue que le défaut de vivres abondans arrête la multiplication.

J'avois émis quelques-uns de ces principes dans ma discussion avec M. *Lombard*. M. *Bosc*, l'un des savans de l'Europe le plus instruit dans cette partie, les a approuvés, et les a consignés dans son article *Abeille*, du *Cours d'Agriculture* précité.

Cas où il est indispensable d'en faire.

Avant de détailler aux cultivateurs la manière de former ces essaims, il est bon de faire connoître à ceux qui la rejettent le cas où il est nécessaire de l'employer.

Des ruches très-chargées de population n'essaiment pas, si au moment où on a vu des mâles sortir de la ruche, il survient des jours pluvieux ou des vents auxquels les ruches sont exposées. On en connoît bientôt la raison. On fait de grand matin une visite exacte au pied de ces ruches, et si on y trouve de jeunes mères mortes, c'est un mauvais signe pour l'essaimage de ces ruches. Il faut alors s'empresser de faire un essaim, autrement la reine tueroit toutes les jeunes mères dans leurs alvéoles. Si le mauvais temps continue, on en sera quitte pour nourrir l'essaim pendant quelques jours; autrement, il retourneroit à la ruche.

Si, pour éviter cet embarras, on attend le retour du beau temps, on vérifiera de nouveau la ruche, et si on n'y voit pas d'alvéoles royaux garnis d'un couvercle, on fait l'essaim artificiel; autrement, les abeilles qui sont si nombreuses, qu'elles ne peuvent tenir dans la ruche, perdent leur activité après avoir rempli leurs magasins, à moins qu'on ne les châtre ou qu'on ne leur donne une hausse, et qu'on ne les force par ce moyen à travailler.

Les cultivateurs qui ont assez d'essaims peuvent tirer parti de ces ruches, en les faisant travailler en miel et en cire; mais ceux qui ont besoin de multiplier le nombre de leurs ruches doivent en tirer un essaim.

Des cultivateurs ont pensé qu'en faisant des essaims forcés de bonne heure, ils rendroient les essaims secondaires plus primes, et conséquemment meilleurs. J'ai prouvé plus haut le contraire, en démontrant que la reine étant enlevée avant qu'une jeune mère pût la remplacer, il pouvoit s'écouler quinze à dix-huit jours avant que l'œuf d'ouvrière dont les abeilles se servent pour faire une nouvelle reine soit devenu un insecte parfait en état de pondre. La population, pendant ce temps, diminuera tous les jours, et mettra conséquemment obstacle à la sortie de nouveaux essaims. D'ailleurs, si les abeilles ont fait plusieurs reines, il n'en restera bientôt qu'une, puisqu'elles ne s'opposent pas aux combats de ces reines vierges; ainsi, il n'y aura pas lieu à l'essaimage. Si, au contraire, on fait l'essaim forcé au moment où la reine vient de pondre dans quelques alvéoles royaux, il arrivera que la première reine éclose sortira pour se faire féconder, et une fois fécondée, elle ne trouvera aucun obstacle à détruire les autres reines, ou bien la première reine éclose apercevra avant sa fécondation les autres reines prêtes à sortir des alvéoles, et elle voudra les combattre. Si les ouvrières s'y opposent, elle ne s'occupera pendant plusieurs jours que des moyens de destruction de ses rivales ; nouveau retard dans la ponte. Enfin je suppose qu'elle sorte avec un essaim, il sera bien foible, ainsi que la mère ruche, et l'essaim forcé aura seul été avantagé dans cette opération qui, dans les positions médiocres, pourra devenir funeste à la mère ruche et aux seconds essaims, si le temps n'est pas très-favorable.

Emploi du Couvain de mâles pour faire construire des Alvéoles royaux.

MM. *Gélieu* et *Pingeron* ont pensé que le défaut de mâles dans une ruche empêcheroit l'essaimage, et ils ont eu raison dans ce sens, qu'il n'y a jamais d'alvéoles royaux dans une ruche que lorsqu'il y a du couvain de mâles. En conséquence, ils proposent d'en mettre dans la ruche ou d'y porter un morceau de gâteau ou rayon contenant du couvain de mâles. Il est très-possible que la vue de ce couvain déterminât les ouvrières à construire des alvéoles royaux et à faciliter la sortie d'un essaim ; mais ce moyen est dangereux, parce qu'il ne manque de mâles dans une ruche à l'époque de l'essaimage que lorsqu'elle est foible, et non lorsque la population y est considérable ; ainsi un essaim d'une pareille ruche l'affoibliroit trop. Il y a des motifs de croire qu'on prendroit une peine inutile, et que les ouvrières détruiroient ce couvain. Cependant, si la destruction des jeunes reines étoit la seule cause du non essaimage, il seroit utile de tenter ce moyen après en avoir constaté la bonté, lorsqu'on ne veut pas faire d'essaims artificiels.

§. XVI. *Essaims artificiels forcés.*

Pour faire ces essaims dans les ruches d'une pièce, il est utile d'avoir un cadre ou triangle, ou cercle en bois, de 1 pouce ½ à 2 pouces d'épaisseur. On le soutient sur 3 ou 4 pieds de même force, et on les maintient par deux traverses en croix, à 8 à 10 pouces au-dessous du cadre ou même plus, suivant la grandeur de la ruche. Le diamètre du cadre est relatif à celui extérieur de la ruche, de manière qu'elle entre facilement dans le cadre quand elle est renversée, et que sa partie supérieure, qui se trouve alors l'inférieure, puisse poser sur les traverses.

Heure où il faut les faire.

On fait l'opération depuis neuf à dix heures du matin jusqu'à deux ou trois du soir, parce qu'à cette époque de la journée il y a un quart ou un tiers des ouvrières aux champs.

Manière de les faire.

Pour opérer, on dépouille la ruche de son surtout et on la détache du plateau, si on ne l'a pas fait le matin ou la veille. On met les abeilles en état de bruissement; ensuite on enlève la ruche qu'on a dû ou qu'on doit vérifier, conformément aux principes établis. On la retourne, on la porte à quelques pas de distance, et on la fait entrer dans le cadre; on la recouvre de suite d'une ruche préparée, et on enveloppe avec un linge ou une lisière fort large les deux ruches au point de jonction, pour boucher les jours et particulièrement les entrées des ruches, si elles ne sont pas pratiquées dans le plateau (1).

On laisse les ruches une ou deux minutes en cet état, et on profite de ce temps pour mettre une ruche vide à la place de celle qu'on a enlevée, afin d'amuser les abeilles qui reviennent des champs, et les empêcher d'entrer dans les ruches voisines.

Les abeilles sortent de l'état de bruissement et remontent à l'extrémité de leurs rayons; plusieurs même entrent dans la ruche vide. On frappe alors la ruche pleine dans la partie la plus basse avec deux baguettes, et on continue à battre en remontant, jusqu'à ce qu'on entende un fort bourdonnement dans la ruche supérieure; alors on détache le linge ou la lisière, et on soulève doucement la ruche vide, en examinant avec attention de quel côté montent les abeilles, pour ne pas interrompre la chaîne qu'elles forment; on l'élève un peu du côté opposé à la chaîne, et si on juge qu'il y ait assez d'abeilles, c'est-à-dire si le quart au moins de la ruche est rempli, on sépare les deux ruches; on rapporte la mère ruche à sa place, et on met l'essaim à une certaine distance. S'il n'y a pas assez d'abeilles montées, on frappe de nouveau. On ne doit pas craindre de faire l'essaim un peu fort, parce que les ouvrières qui sont aux champs retourneront à la mère ruche, et que plusieurs des abeilles de l'essaim y reviendront aussi. Le point essentiel est

---

(1) J'ai oublié de dire que ceux qui veulent économiser sur les plateaux en plâtre, peuvent le faire avec de vieux plâtras qu'ils réunissent dans le moule, en y coulant du plâtre neuf.

de ne pas laisser la mère dans l'ancienne ruche; sans quoi les ouvrières y retourneroient, et il faudroit recommencer. On le sait bientôt : si elle est avec l'essaim, l'ordre s'y rétablit promptement. Des ouvrières sonnent le rappel à la porte pour faire rentrer celles qui voltigent autour; mais si le silence règne dans la ruche, si l'on voit des ouvrières sortir, et, après quelques mouvemens, retourner à la mère ruche, on peut être sûr que l'opération est manquée.

La ruche mère en fournit également l'indice; si la mère n'y est plus, les ouvrières qui y rentrent n'en sortent pas, et le plus grand silence y règne pendant quelques heures; mais la vue des alvéoles royaux ou des œufs d'ouvrières leur rend le courage, et elles reprennent leurs travaux avec activité. Si elles continuoient à ne pas sortir, et si le lendemain elles n'alloient pas aux champs, ce seroit un indice certain qu'elles n'auroient aucun moyen de réparer la perte de leur reine, et la ruche seroit perdue si on ne lui rendoit pas l'essaim, ou si on ne lui fournissoit pas du couvain de reine ou propre à le devenir.

Moyen de fournir une Reine à une Ruche Mère après l'Essaimage.

Lorsqu'on fait cette opération à une ruche dont les abeilles n'ont qu'une reine, sans la possibilité de s'en procurer une autre, il est indispensable de se munir d'une jeune reine ou d'un morceau de rayon qui contienne du couvain de reines, ou des œufs ou jeunes vers d'ouvrières. On coupe un morceau de rayon de la ruche à-peu-près dans les proportions du morceau qu'on veut mettre à sa place, et on le remplace par celui qui contient l'espoir de la famille. Quand on a la certitude que la reine est avec l'essaim, et pas plus tôt, on place ce morceau de rayon, ou la jeune reine, dans la mère ruche. La joie et l'activité remplacent bientôt le silence et le découragement des ouvrières, et le travail recommence à la vue de la nouvelle souveraine, ou même dans l'espoir d'en faire une bientôt et de prévenir la perte de la famille entière.

Quelquefois, dans ces opérations, la reine s'obstine à rester dans l'ancienne ruche, et quoiqu'on ait assez d'abeilles dans la nouvelle, et qu'on la mette en place, elle est vide quelques heures après; il faut alors recommencer sur nouveaux frais.

Dans les ruches à hausses et villageoises, il suffiroit d'enlever une hausse ou la calotte, de poser une ruche vide sur la ruche découverte, et d'enfumer pour faire monter les abeilles; mais ce moyen plus prompt est quelquefois dangereux, parce qu'il ne reste pas de mouches dans la ruche mère, et qu'elle peut être trop affoiblie, si celles qui sont aux provisions ne sont pas nombreuses. Le danger n'est grand cependant que dans les positions médiocres.

Avantages et inconvéniens des Essaims forcés.

Cette méthode de faire des essaims a des avantages sur les essaims naturels; elle n'oblige pas à faire pendant long-temps une garde exacte dans le rucher, garde très-gênante pour les cultivateurs, qui ne s'occupent pas seulement d'abeilles, et qui n'ont pas d'aides assez intelligens pour les remplacer.

Elle évite les désagrémens de la cueillette des essaims placés dans des lieux très-difficiles. On n'est pas obligé de courir après ses essaims des heures entières, et on n'est pas exposé à les perdre.

Cette perte a été évaluée au quart des essaims dans les grands établissemens, sans compter les essaims qui sortent ensemble et se réunissent.

Enfin on peut les faire en temps convenable, quand on n'a pas un grand nombre d'essaims, et on évite par-là que les reines ne soient tuées, et que conséquemment leur perte n'empêche plusieurs ruches d'essaimer.

Les inconvéniens sont, 1°. de laisser la reine dans la mère ruche; ce qui oblige de recommencer l'opération, de prendre trop ou trop peu d'abeilles, quand on n'a pas l'usage de cette méthode, et de trop affoiblir la mère ruche ou d'avoir des essaims trop légers : ce dernier inconvénient est plus à craindre que le premier, parce que les abeilles qui sont à la provision sont nombreuses, et que plusieurs de celles qui composent le nouvel essaim retournent à la mère-ruche, soit par attachement, soit par habitude;

2°. De n'avoir jamais de données bien sûres pour l'époque la plus favorable à cette opération, parce que dans les ruches d'une pièce, ou qui ne sont divisées que sur la hauteur, il n'est pas facile de vérifier, comme dans celles à la *Bosc*, s'il y a du couvain de reine et s'il est près d'éclore. Je sais que la sortie des mâles peut servir d'indice; mais elle varie suivant la température. Si les mâles ont un temps favorable, on peut en voir le vingt-sixième jour de la ponte de ces mâles, et alors la ponte des œufs de femelles est souvent à peine commencée; ce qui laisse quinze à dix-huit jours sans qu'il y ait de ponte dans la mère ruche. Cet inconvénient, qui n'est pas très-sensible dans les cantons favorisés, peut être très-nuisible dans les autres;

3°. D'exposer ces essaims à périr, si le temps qui suit l'opération est mauvais pendant quelques jours. Il faut observer que lorsqu'on fait des essaims forcés, on surprend les abeilles, et elles n'ont ni le temps ni la volonté de s'approvisionner, comme elles le font quand elles partent naturellement. L'expérience a constaté qu'elles ne pouvoient exister que deux jours sans autres vivres. Il faut donc qu'elles aillent de suite butiner dans les champs pour se procurer les matériaux nécessaires pour leurs constructions, et des vivres pour se nourrir; aussi est-il indispensable de leur donner du miel ou du sirop, si le mauvais temps suit immédiatement la formation des essaims forcés. On leur donne à manger dans la ruche, et on place les portes qu'on retire dès que le beau temps revient et les met à même de se suffire.

§. XVII. *Essaims artificiels par séparation.*

Je ne parlerai pas ici de quelques méthodes de faire des essaims artificiels, parce qu'ils sont plus propres à amuser ou à vérifier des expériences, telles que celles de *Schirach* et *Huber*, qu'à servir à la multiplication des abeilles. J'en dirai un mot en parlant des ruches d'expériences ; mais je ne les proposerai pas pour modèles en France, non plus que celles des *Candiotes*, que *Huber* n'a fait que perfectionner, parce que la ruche à la *Bosc* réunit tous les avantages possibles pour former les essaims artificiels, sans avoir les inconvéniens des autres.

Cette ruche s'ouvrant des deux côtés et par le milieu fournit non seulement le moyen de vérifier la ruche, mais aussi de se procurer des alvéoles royaux remplis de couvain, quand il y en a plusieurs dans une ruche, et qu'il en manque dans une autre, quoique peuplée.

On examine l'état de ses ruches, et quand on les trouve propres à former des essaims artificiels, c'est-à-dire quand la population est nombreuse, qu'il y a des mâles et qu'il s'y trouve des alvéoles royaux garnis de leur couvercle de cire, on peut procéder aux essaims par séparation.

Moyens de faire les Essaims par séparation.

Pour y parvenir sûrement, on fait attention au côté où on a remarqué des alvéoles royaux, ou en plus grande quantité. On frappe légèrement de l'autre côté pour y attirer la reine ; ensuite on met les abeilles en état de bruissement, comme je l'ai déjà expliqué ; alors on divise tranquillement la ruche en deux parties ; on chasse les abeilles derrière les rayons du centre, en soufflant de la fumée entre ces deux rayons au moment où on ouvre la ruche ; on prend deux parties de ruches vides, et on en joint une à une partie pleine; on les applique doucement l'une contre l'autre, en rapprochant un côté, et puis l'autre, comme les pages d'un livre. Si quelques abeilles se présentent, on les écarte avec de la fumée, pour ne pas les écraser aux points de jonction. On rétablit les ligatures avec le fil de fer, et on a deux ruches moitié vides, égales en nombre d'abeilles, de couvain et même de provision.

On commence par clore et lier la ruche où est la mère, et on la porte de suite à la place indiquée.

On concoit que, pour réunir ces moitiés de ruches, il faut qu'elles soient toutes construites sur le même modèle, que les clous et chevilles soient placés aux mêmes distances.

Si on a établi la cloison dont j'ai parlé, après avoir éprouvé qu'à raison des dimensions des trous pour établir des communications entre les deux côtés, elle ne seroit pas un obstacle à la ponte égale dans les deux parties de la ruche, l'opération est encore plus facile. On frappe légèrement d'un côté pour y attirer la reine, puis on ferme les clôtures pour intercepter les communications; ce qu'on fait doucement, pour ne pas écraser d'abeilles. On met les abeilles en état de bruissement, et on ouvre la ruche: à ce moyen, on ne peut avoir d'abeilles libres de sortir que d'un côté, et celui qui est clos ne donne aucun embarras.

Heure où il faut opérer.

Il faut choisir le grand matin ou le soir pour procéder aux essaims par séparation; et si le temps est assez mauvais pour empêcher les abeilles de sortir, on peut le faire toute la journée.

Je choisis pour la formation de ces essaims une heure différente que pour les essaims forcés, parce que les circonstances ne sont plus les mêmes. Dans la première opération, le temps de neuf heures du matin à deux heures du soir est à préférer, parce que le quart ou le tiers des abeilles est aux champs; qu'elles embarrassent moins; qu'on ne les fatigue pas inutilement; qu'on est beaucoup plus sûr de faire monter la reine dans la nouvelle ruche, en y faisant passer les trois quarts des abeilles qui sont dans la mère ruche, que si on ne pouvoit en prendre que la moitié, et qu'on a plus de données pour diviser les abeilles en deux parties égales.

Dans cette nouvelle méthode, au contraire, il ne s'agit pas de chasser les mouches, mais de les partager également entre les deux ruches, sans les tracasser. Il est donc essentiel que toutes les abeilles soient également réparties dans la ruche; sans quoi, en supposant un tiers des abeilles dehors, et un tiers dans chaque portion de la ruche, il en résulteroit que la portion qui resteroit en place auroit les deux tiers des abeilles, parce que les absentes, pendant le partage, y retourneroient toutes.

Si cependant on ne pouvoit opérer qu'à l'heure où les abeilles sont absentes, on y parviendroit encore, en sacrifiant deux ou trois minutes de plus. Il suffiroit d'appliquer seulement d'un côté la fumée par-dessous, en allant du côté vers le centre. Les abeilles se rendroient de l'autre côté, et quand les trois quarts y seroient, on sépareroit la ruche. On doit faire passer les abeilles du côté où on a frappé pour attirer la reine. On parviendroit alors à établir l'égalité, en opérant à toutes les heures de la journée.

On conçoit facilement qu'on emporte toujours la partie de la ruche la plus garnie d'abeilles, et qu'on remet à la place de la ruche celle qui en contient le moins, qui doit être le rendez-vous de toutes les ouvrières absentes. On voit aussi pourquoi je conseille d'enlever la mère. Elle retient des ouvrières dans la ruche déplacée, dont beaucoup pourroient retourner à la portion restée en place, si elles ne l'avoient pas avec elles, au lieu que les autres, ignorant où est leur reine, ne peuvent la rejoindre, et se consolent bientôt de sa perte à la vue du couvain propre à la remplacer.

Avantages des Essaims par séparation.

Pour peu qu'on ait cultivé des abeilles et qu'on ait sur-tout essayé à faire des essaims artificiels, on doit sentir combien cette méthode est facile et prompte; elle réunit tous les avantages des essaims forcés sur les essaims naturels, et n'a aucun de ses inconvéniens. On n'a d'embarras avec ces ruches que la première fois, pour y faire entrer un essaim forcé ou un essaim naturel, et la peine n'est pas plus grande que pour les autres, à moins qu'on ne mette un fond aux ruches.

Alors il faut recevoir l'essaim avec la moitié de la ruche, qu'on recouvre de suite avec l'autre moitié, ou le recueillir dans une ruche ordinaire. Le soir on ouvre la ruche à fond; on fait tomber l'essaim dans une des moitiés, et on le recouvre ensuite avec l'autre moitié.

Les principes pour les essaims forcés et par séparation étant les mêmes, il faut la même instruction pour opérer; mais un essaim forcé peut être manqué, si la reine est restée dans la mère ruche. On ne craint jamais cet inconvénient dans le partage. Dès qu'on a des alvéoles royaux, on est sûr qu'il y aura des mères dans les deux ruches qu'on a faites.

Il est facile, comme on le voit, de répartir également les abeilles dans les deux ruches, et on n'a pas à craindre qu'elles en abandonnent une, puisqu'elles ont dans les deux une mère, ou l'espoir d'en avoir une sous peu de jours, et du couvain, auquel elles sont fort attachées; elles sont d'ailleurs habituées à ces ruches et les connoissent. Le seul inconvénient sous ce rapport, ce seroit d'avoir une ruche un peu plus forte que l'autre, si on avoit laissé la reine dans la ruche, qui prend la place de l'ancienne, ce qui est facile à vérifier.

Si quelques jours pluvieux succèdent aux beaux jours, les abeilles sont pourvues de provision, et si elles n'ont plus que la moitié des provisions et des alvéoles, leur nombre et celui du couvain sont également réduits de moitié, et la consommation diminuée dans la même proportion.

Il faut du temps pour faire un essaim forcé. Pour en former par séparation, on en emploie moins, et le travail est beaucoup plus facile. On feroit cinq à six essaims par séparation, même en chassant les abeilles d'un côté, pendant qu'on force un essaim. Cet avantage est inappréciable pour ceux qui ont trois à quatre cents essaims à faire. Il est bien difficile de forcer une aussi grande quantité en temps convenable, au lieu qu'on peut les faire aisément par séparation.

On voit, sous tous ces rapports, combien cette méthode a de supériorité sur les essaims forcés et les essaims naturels; combien elle assure aux cultivateurs la multiplication de leurs abeilles sans aucun danger de les perdre; combien elle leur procure de bons essaims, faits en temps favorable, soit que le temps s'oppose aux essaims naturels ou non; combien enfin elle leur ménage de soins, de temps si précieux à la campagne dans la belle saison, et je dirois même de dépenses.

En effet, si ces ruches en bois coûtent plus de premier achat que celles en paille, la première dépense faite, on en a pour la vie, si elles sont ménagées. La conservation des abeilles qui y sont à couvert de leurs ennemis et y sont moins ravagées par les fausses-teignes, tend encore à augmenter les profits et à réduire la dépense; enfin les soins étant moins grands, la garde, toujours dispendieuse, devenue inutile pendant l'essaimage et les essaims assurés, présentent encore une réduction de dépense et une augmentation de produits, qui méritent d'entrer en ligne de compte.

Un essaim par séparation peut être comparé à une ruche ancienne à qui on auroit coupé quelques gâteaux. Je n'y vois qu'un inconvénient; c'est que le couvain du rayon du milieu reste à découvert d'un côté; mais l'ardeur des abeilles, qui ne manquent de rien dans cette saison, est telle, qu'elles ont fait un nouveau rayon à côté de l'ancien en très-peu de temps, et que la ruche est bientôt garnie d'alvéoles comme auparavant. Dans les cantons excellens, on pourroit renouveler deux fois cette opération, si on avoit le besoin de se multiplier et qu'on sacrifiât partie de la récolte de miel et de cire. Ces quatre ruches seroient également fortes, ou on se contenteroit de trois ruches; alors on avanceroit de quelques jours la première opération; ce qui rendroit une des deux premières ruches plus forte que l'autre, et propre à fournir un essaim.

Malgré les avantages de cette méthode, je prévois avec peine que les essaims naturels auront encore long-temps la préférence sur les essaims artificiels, parce qu'il ne faut que du temps et de la patience pour les obtenir, la nature faisant le reste; au lieu qu'il est nécessaire de connoître un peu l'histoire naturelle des abeilles pour bien opérer, en faisant des essaims forcés ou par séparation, et que l'exemple de plusieurs cultivateurs qui ont voulu et voudront faire ces opérations sans cette connoissance, travailleront au hasard et seront exposés à manquer leurs opérations, dégoûtera les autres de suivre leur exemple.

Il faudra donc qu'un Gouvernement bienfaisant s'occupe de répandre l'instruction dans les campagnes ; que les Sociétés d'Agriculture le secondent de tout leur pouvoir, et que les riches propriétaires déterminent le reste des cultivateurs par leur exemple, avant qu'ils abandonnent des pratiques respectables par leur ancienneté, des préjugés qu'ils ont en quelque sorte sucés avec le lait, et qu'ils se déterminent à faire des avances doubles ou triples pour l'achat de ruches dont ils ne connoissent nullement les avantages.

Quant aux difficultés d'instruire les laboureurs, on voit que cette méthode est trop facile pour que ce soit une objection fondée. J'observerai ici que les citadins supposent presque toujours moins d'intelligence aux laboureurs qu'ils n'en ont réellement.

J'aurois pu me borner à parler de cette seule méthode de faire des essaims, parce que je la crois préférable aux autres, et que j'en ai donné des raisons qui me paroissent sans réplique ; mais comme il faudroit adopter la ruche que je propose pour l'employer ; que ce n'est pas une affaire faite ; que d'un autre côté il faut mettre à même d'essayer toutes les méthodes pour établir des comparaisons et juger, j'ai tout décrit, même en cherchant les moyens de simplifier les opérations relatives aux anciennes ruches, et de les perfectionner. J'ai présenté les avantages et les inconvéniens des différentes ruches, et des diverses méthodes de diriger les abeilles, et je continuerai, sans crainte d'être taxé de partialité. Je puis me tromper; mais je ne crains pas qu'on m'accuse de vouloir tromper les autres.

Objection contre les Essaims par séparation.

C'est par cette raison que je ne tairai pas une objection contre cette méthode de former des essaims artificiels, lorsqu'il n'y a pas de couvain dans les alvéoles royaux, et que les abeilles sont obligées de faire une reine avec des larves de deux ou trois jours, placées dans les alvéoles d'abeilles neutres, qu'elles transforment en alvéoles royaux. On a cru remarquer que cette mère, qui avoit été nourrie pendant deux ou trois jours de la bouillie destinée aux ouvrières, s'en ressentoit au point qu'elle ne pondoit ensuite que des œufs de mâles, ou périssoit à la fin de la première ponte, c'est-à-dire à l'automne ou au commencement du printemps suivant.

Cette objection est bien foible contre les essaims par séparation, et s'évanouit presque entièrement à raison du temps où on fait ces essaims. En effet, à cette époque il y a presque toujours du couvain de reines. L'expérience a démontré, comme je l'ai déjà dit, qu'aussitôt la ponte des mâles terminée, la reine en recommençoit une d'ouvrières, et que, pendant cette ponte, elle déposoit des œufs dans les alvéoles royaux, que les ouvrières avoient construits pendant la ponte des mâles.

Ainsi on est certain d'en trouver dans la ruche, à moins que la reine mère n'ait détruit toutes les jeunes. Dans ce cas, on peut s'en procurer dans les autres ruches. Quand on n'en auroit pas, comme la reine a recommencé sa ponte, les ouvrières ont à leur disposition des œufs comme des larves.

Le danger, en le supposant réel, est donc presque nul, puisqu'il ne peut y avoir qu'un seul cas fort rare où on y soit exposé, et que, dans ce cas même, il y a presque toujours des œufs comme des larves dont les abeilles peuvent former une reine.

Mais le fait est-il bien certain, et l'objection bien fondée? Est-il sûr que la cause qu'on indique de la ponte des mâles par ces mères-abeilles, et leur mort à l'automne ou au printemps, soit réellement celle qui a produit ces effets? A-t-on bien vérifié si les reines qui n'avoient pondu que des mâles avoient été fécondées à temps, ou si elles n'avoient rencontré de mâles que le vingt-unième jour après leur naissance, ce qui peut fréquemment arriver quand on se presse de faire des essaims artificiels avant qu'il y ait du couvain de mâle? A-t-on pu s'assurer que les reines mortes à l'automne ou au printemps n'ont eu d'autres causes de mort que celles qu'on indique? Ces expériences sont si délicates, et ont besoin d'être si souvent répétées pour affirmer un fait, qu'il seroit très-possible qu'on eût été induit en erreur.

Il est déjà bien surprenant que la nature ait donné aux abeilles l'instinct de faire des reines avec des larves d'ouvrières de trois jours au plus; mais il seroit plus étonnant encore qu'elle le leur eût donné inutilement. Cet instinct des ouvrières fait supposer que la reine périt ordinairement pendant la ponte des ouvrières qui suit immédiatement celle des mâles.

Sans cela la formation d'une reine qui ne pourroit pas être fécondée seroit inutile. Elle le seroit également, et ne feroit que retarder de quelque temps la perte de l'essaim, si elle ne pondoit que des mâles, ou si elle devoit périr avant d'avoir donné une nouvelle reine pour la remplacer. Ce n'est point la marche de la nature, et cet instinct des abeilles me persuade qu'on aura conclu de quelques faits particuliers qui pouvoient avoir d'autres causes.

On a également objecté qu'il falloit des instructions que n'avoient pas tous les cultivateurs.

Cette objection est fondée, mais elle s'applique aux essaims forcés comme à ceux par séparation, et si on admet la nécessité des essaims artificiels, il ne s'agit que d'examiner lequel est le plus avantageux de les forcer ou de les faire par séparation. Il faut quelques instructions pour les faire. Mais croit-on qu'il n'en faille pas pour toutes les autres branches de l'agriculture. Quand on aura convaincu les cultivateurs des avantages de cette méthode, ils auront bientôt prouvé leur intelligence pour la mettre en pratique.

§. XVIII. *Soins à donner aux Abeilles pendant l'Été.*

Ces soins se réduisent à peu de choses dans les cantons où l'on ne fait pas voyager les abeilles. Il s'agit de détruire les fausses-teignes ainsi que les limaces qui montent contre les supports, et se logent sous le surtout, d'où elles pourroient entrer dans la ruche dans les temps pluvieux.

On doit aussi visiter les ruches des abeilles qui ne travaillent pas avec activité. C'est un indice qu'elles sont dans une ruche trop grande, ou que la fausse-teigne y fait des progrès.

Si les abeilles du rucher entier restoient en repos, cet état annonceroit que le temps n'est pas favorable à la récolte. Si l'on veut examiner l'intérieur, on met les abeilles en état de bruissement, ou l'on soulève un peu la ruche pour examiner le plateau, ou l'on se contente de l'incliner sur le devant. Pendant ce temps les abeilles continuent de ramasser le peu de pollen qu'elles trouvent, et le miel qu'elles tirent du nectar et plus encore de la miellée. L'état de l'atmosphère indique si la miellée ou le miellat est abondant. Dans ce cas, les abeilles peuvent faire d'abondantes provisions, principalement si les arbres qui en fournissent beaucoup, tels que les chênes, les érables, les coudriers, sont communs dans le canton.

Les arbres verts ont l'avantage d'en fournir deux fois l'année, parce que les feuilles de l'année précédente en fournissent au printemps, et les feuilles nouvelles dans l'été, et au commencement de l'automne.

Le miel que les abeilles font avec la miellée est commun : elles n'en tirent de beau et de supérieur que des fleurs.

Mais tous les cantons ne fournissent pas également de miellat aux abeilles, parce qu'ils ne sont pas tous également couverts d'arbres, et que toutes les espèces d'arbres n'en fournissent pas la même quantité.

Miellée ou Miellat.

Les vents qui règnent dans les divers climats influent beaucoup, non sur la production du miellat, mais sur sa quantité plus ou moins considérable, sur son accumulation sur les feuilles, et la possibilité plus ou moins grande de le recueillir.

On sait maintenant que la miellée ou le miellat est une transsudation par les pores de la surface supérieure des feuilles de la partie de la sève inutile à la nourriture des plantes. La sève, après avoir parcouru les divers canaux des plantes, y avoir été modifiée de vingt manières différentes, et y avoir déposé toutes les molécules et les sucs propres à la formation du bois, des feuilles, des fruits, des bourgeons, des sucs propres et du cambium, dépose le surplus, qu'on peut considérer comme les excrémens de la plante, dans les feuilles dont les surfaces extérieures sont des excrétoires. Ce miellat ne doit pas être confondu avec celui que plusieurs insectes font sortir en blessant les feuilles ou les jeunes pousses. Ce dernier miellat n'est que la sève portée dans ces parties pour les nourrir et y être élaborée. Sa perte est nusible aux plantes, au lieu que la sortie du miellat ordinaire lui est nécessaire, et ne peut lui nuire que par une trop grande abondance (1).

(1) Quelques insectes, après s'être nourris de la sève qu'ils ont fait sortir des plantes par leurs piqûres, rendent pour excrémens une espèce de miellée que les abeilles et les fourmis recherchent.

Effets des Vents et de la Pluie sur la Miellée.

Si le vent est sec et vif, si le soleil est chaud, la miellée s'évapore et se dissipe à mesure que les pores exhalans la déposent sur les feuilles. Mais si le vent est foible et humide, si le temps est frais, elle s'accumule sur la surface extérieure de la feuille, et exhale une odeur de miel qui attire les abeilles. Elle s'y conserve jusqu'à ce que le soleil en s'élevant au-dessus de l'horison échauffe assez l'atmosphère pour la dissiper. Mais avant cette évaporation les abeilles ont pu en enlever une partie, principalement dans les lieux un peu couverts, où les rayons du soleil pénètrent avec peine.

La pluie nuit encore plus aux abeilles pour la récolte du miellat : elle délaie le miellat, le rend plus liquide, et il tombe à terre. D'ailleurs les abeilles ne sortent pas pendant la pluie pour aller aux provisions, et ne peuvent ramasser les parties du miellat qui ont été conservées.

Le nectar des fleurs est également une transsudation de la plante, mais qui n'a lieu que dans les nectaires placés au fond des corolles qui en retardent l'évaporation en la préservant un peu des vents, et quelquefois des rayons solaires.

Influence du Nectar et de la Miellée sur les qualité et quantité du Miel.

Le nectar et la miellée sont également plus ou moins propres à faire du miel et de la cire, suivant les temps, les lieux, et les espèces d'arbres où les abeilles les recueillent. Ils en varient la quantité, la qualité, la couleur et le goût. Les terreins marécageux fournissent le plus mauvais miel. Les plaines humides ne valent pas celles qui sont plus sèches, et les collines et les penchans des montagnes fournissent le meilleur miel. Ainsi il ne s'agit pas seulement de distinguer les plantes les plus propres à fournir le meilleur miel, il faut encore connoître la situation des terres et la qualité du sol pour décider de celle du miel, puisque les mêmes plantes pourront fournir des miels qui varieront en bonté.

Toutes les plantes ne sont pas non plus également propres à fournir la même quantité de miel, et la même qualité. Il en est qui lui donnent une odeur et une saveur délicieuses; d'autres, heureusement en petit nombre, lui communiquent une odeur très-désagréable : tels sont les poireaux, les oignons, et toute la famille des aulx. Quand ces plantes sont abondantes dans un canton, et qu'elles sont en fleur, on s'en aperçoit à l'odeur du rucher. Les abeilles butinent beaucoup sur ces plantes, soit par goût, soit par nécessité, quand les autres fleurs sont moins abondantes.

Plantes dangereuses pour la qualité du Miel.

Le trait cité par *Xénophon*, dans la retraite des Dix-Mille, prouve qu'il y a des plantes qui donnent au miel des qualités malfaisantes. Il rapporte, ainsi que *Diodore de Sicile*, que les soldats ayant mangé beaucoup de miel dans les environs de Trébizonde, eurent des vertiges, des vomissemens, et un fort dévoiement. On attribue cet effet au rosage et à l'azalée du Pont. Le père *Lambert* assure qu'un arbuste de la Mingrélie, qu'il nomme *oleandro-giallo*, fournit un miel dangereux et qui fait vomir.

Il seroit essentiel de s'assurer si ce sont réellement ces plantes qui donnent au miel des qualités malfaisantes, si le climat et la qualité des terres n'influent pas sur ce point, et il seroit prudent de les bannir de nos plantations autour des lieux où l'on cultive les abeilles, si l'on avoit la certitude de leur influence sur les qualités du miel. On accuse également la *jusquiame* et la *scrophulaire* de fournir un miel dangereux.

Plantes qui fournissent beaucoup et de bon Miel.

Toutes les plantes aromatiques fournissent beaucoup de nectar, et d'une bonne qualité, pour faire d'excellens miels ; tels sont les thyms, les marjolaines, les sariettes, les romarins, etc. Les bruyères, les gramens, les fêves, etc., en donnent aussi une quantité considérable. Les fleurs de fruits à noyau et à pepin sont couvertes d'abeilles. En général les labiées, les rosacées, les légumineuses et les bruyères sont très-recherchées des abeilles. Parmi les arbres étrangers, les orangers, citronniers, les sophora-japonica et acacias donnent aux abeilles une ample récolte de nectar.

Le miel recueilli sur les orangers est supérieur à tous les autres. C'est ce qui donne au miel de l'île de Cuba le premier rang parmi les différens miels connus. Aussi les abeilles en sont-elles avides, et tant qu'elles trouvent du nectar dans leurs fleurs, elles n'en ramassent pas d'autre.

J'ai fait connoître quelques-uns des arbres qui fournissoient le plus de miellée. Elle se conserve plus longtemps dans les arbres des forêts et des massifs que dans ceux qui sont isolés, parce que les vents et le soleil y produisent moins d'effets, et l'évaporent moins vite.

Toutes les plantes ne fleurissent pas à la même époque. Les fleurs des unes annoncent le printemps; tels sont les primevères, les jacinthes, les coudriers, les saules, etc. D'autres, en très-grand nombre, fleurissent pendant cette saison, quoiqu'un peu plus tard; quelques autres dans l'été, et le plus petit nombre en automne, comme le sarrasin ou blé noir, plusieurs bruyères, le sophora-japonica, les plantes des prairies artificielles qu'on coupe à plusieurs reprises, etc.

L'époque principale de la floraison dans chaque canton détermine le grand travail des abeilles et le temps de l'essaimage. S'il y a deux époques bien marquées pour la floraison, il y en a également deux pour l'essaimage.

Les Miels influent sur la facilité de blanchir la Cire.

Si les sucs constitutifs des différens nectars et miellées influent sur la bonté du miel, ce miel qui sert aux abeilles pour faire de la cire en augmente ou diminue la qualité, et en modifie la couleur. Mais la bonté du miel ne détermine pas toujours celle de la cire; il en est de même de la couleur.

Le miel de Bretagne, recueilli en grande partie sur le sarrasin, est jaune et d'une qualité inférieure. Cependant la cire en est très-bonne et blanchit parfaitement. Au contraire, on n'a pas encore pu blanchir celle des environs de Paris, quoique le miel en soit plus délicat et plus blanc.

Toutes ces données, qui sont nécessaires pour la direction des abeilles et leur exploitation, nous démontrent que tous les climats ne sont pas également propres à multiplier les abeilles, à en obtenir les mêmes quantité et qualité de miel et de cire, qu'ils ne fournissent pas également des pâturages dans toutes les saisons, et qu'ils exigent qu'on modifie les soins suivant les circonstances, soit pour les multiplier ou arrêter leur multiplication, soit pour en obtenir beaucoup de miel et de cire, etc.

Différence des positions pour le produit des Abeilles.

M. *Ducarne* et *Palteau* distinguent trois sortes de positions dans l'économie des abeilles.

L'une médiocre, savoir, les blés, les prairies et les petits ruisseaux. La seconde bonne par l'abondance des prés, la proximité des bois, de grandes friches et des ruisseaux. Le voisinage des prairies, du sarrasin, des bois, des grandes friches et des montagnes couvertes d'herbes odoriférentes, l'éloignement des étangs d'une certaine largeur, font l'excellente position.

La température plus ou moins humide, les chaleurs plus ou moins violentes, les vents plus ou moins desséchans, les hivers plus ou moins doux, modifient encore les divers cantons, et les rendent plus ou moins propres à la culture des abeilles.

Ces différences font beaucoup varier les soins à donner aux abeilles, et on est souvent obligé de les nourrir dans un canton pendant qu'on récolte du miel dans un autre.

Dans les cantons médiocres, et lorsque le temps est contraire aux abeilles, il est utile de visiter de temps à autre les ruches et de les peser. Une romaine commune suffit à cet effet, et l'habitude permet ensuite de s'en passer.

Comme on doit connoître le poids de la ruche vide, on peut facilement calculer celui de la ruche pleine; s'il s'en trouve de légères, et que le temps continue à être contraire pour l'approvisionnement des abeilles, on doit leur donner un peu de miel ou de sirop. On le met sur le plateau, et on ferme la ruche avec la porte à petits trous pour empêcher les abeilles des ruches voisines d'y entrer, ce qui occasionneroit des combats qui finiroient par la perte de la ruche.

§. XIX. *Moyens d'arrêter le Pillage.*

Cette précaution de les nourrir est quelquefois indispensable pour prévenir le pillage qui a lieu lorsqu'on a ramassé des essaims tardifs; autrement les abeilles qui n'ont pas de provisions attaqueroient celles qui en ont, et on seroit exposé à perdre beaucoup de ruches. Le pillage a aussi quelquefois lieu au commencement du printemps, quand les abeilles manquent de vivres.

Pillage causé par le défaut de Miel.

Mais si on a omis de le faire, on doit, dès qu'on aperçoit qu'une ruche en attaque une autre, fermer celle qui est attaquée, et donner de la nourriture à l'autre. Les abeilles retournent peu-à-peu à leur ruche, et le miel qu'on leur a donné les y retient; on la ferme pendant qu'elles s'emparent de ce miel qu'elles transportent dans leurs alvéoles, et elles perdent le désir de piller. On leur donne alors la liberté qu'on a également rendue aux autres.

Cette opération réussit toujours quand les assaillantes n'ont pas pénétré dans l'intérieur de la ruche. Mais, dans le cas contraire, il est bien difficile de sauver les deux ruches. On s'empresse d'enfumer la ruche qu'on attaque, et on donne du miel à celle qui en manque. La fumée écarte pour quelques instans les abeilles des ruches voisines, et chasse de la ruche celles qui étoient venues la piller. Alors on l'emporte à une certaine distance, et on la ferme avec la porte qui n'a que trois ou quatre trous pour le passage d'une abeille.

Les assaillantes étant retournées à leur ruche, et, y trouvant des vivres, ne s'occupent que de les ramasser. Quand on voit qu'il n'y rentre plus d'abeilles, on ferme l'entrée avec le côté de la porte qui n'a que des trous pour la communication avec l'air extérieur.

Si l'on prend ces dispositions avant que le carnage soit considérable, on peut sauver les deux ruches;

mais si l'on ne s'aperçoit que tard du pillage, les deux ruches sont ordinairement perdues.

Pillage produit par la mort des Reines.

Si le pillage n'a d'autre cause que la mort d'une reine, ce qui est assez facile à distinguer, parce qu'alors, ou les abeilles sans reine n'ont pas de vivres, et viennent se faire tuer à la porte de cinq à six ruches dans lesquelles elles se réfugient, ou leurs magasins sont remplis, et alors il n'y a point de massacre, et le pillage n'a lieu que dans leurs ruches, mais sans combats, puisque les abeilles de la ruche sont les premières à attirer celles qui viennent piller. Dans ce cas, si les mâles sont déjà détruits dans la ruche, s'il n'en existe plus ailleurs, et que la ruche au pillage soit encore lourde, on l'emporte dans un lieu sombre et frais, on en chasse les abeilles, et on s'en empare. Ces abeilles se rendent dans la ruche où elles portoient leurs provisions, et s'y réunissent sans une grande perte. Mais si la ruche contient peu de miel, et que le temps ne soit pas très-favorable aux abeilles, on les laisse achever de vider la ruche qu'on emporte le lendemain, et les deux essaims se réunissent.

Moyens de sauver la Ruche pillée.

Au cas que les mâles existent encore, et que la ruche soit bien approvisionnée, on l'emporte à une certaine distance, on lui met la porte à petites ouvertures, et on va prendre dans les ruches voisines un morceau de rayon contenant, s'il est possible, un alvéole royal plein de couvain, et, à défaut des œufs ou jeunes larves d'ouvrières, on y coupe un morceau de rayon qu'on remplace par celui qui contient le couvain.

Si on est embarrassé pour placer ce morceau de rayon de cette manière, on peut se servir du moyen suivant : on prend un morceau de bois de 1 pouce au moins d'épaisseur, de 2 ou 3 de long sur 2 de large; on y fait deux trous, dans lesquels on fait entrer sans efforts deux petits bois d'une longueur relative au besoin. On fend ces baguettes par l'autre extrémité, et on place dans la fente le petit morceau de rayon qu'on met ainsi dans la ruche. Alors on la ferme avec la porte à petites ouvertures. Le soir, quand toutes les abeilles sont rentrées, on détourne la porte pour les empêcher de sortir, et les abeilles voisines d'y rentrer. On les laisse un jour dans cet état, pendant lequel elles s'occupent à attacher le morceau de rayon, et à faire une ou plusieurs reines. Le lendemain l'ordre est rétabli, et on leur rend la liberté. Quinze ou dix-huit jours après on enlève les appuis du morceau de rayon.

Si l'on avoit un essaim bien foible, on le feroit entrer dans cette ruche, et les deux essaims se réuniroient sans combats. Il ne faudroit que bien enfumer les deux ruches, placer par-dessus celle qui manque de reine, et frapper l'autre pour faire remonter le petit essaim qui a une reine. Si cet essaim avoit du couvain et un peu de provisions, on pourroit laisser les deux ruches pendant vingt jours dans cette position. On la mettroit dans la place du petit essaim.

Les cultivateurs qui ont des ruches à couvercle, et des essaims secondaires bien foibles, arrêtent facilement le pillage. Ils obligent les abeilles d'un petit essaim à monter dans le couvercle, enlèvent celui de la ruche au pillage, et mettent celui qui contient l'essaim à sa place. Les abeilles de cette ruche apercevant une reine l'adoptent; la réunion des deux essaims se fait sans combats, et le pillage cesse. On emploie la porte à petites ouvertures pendant un jour ou deux.

Dans le cas qu'on auroit un essaim foible dans une ruche à la *Bosc*, il seroit également fort aisé de le réunir. Il suffiroit de le faire passer en entier dans un des côtés de la ruche, de forcer également les abeilles de la ruche qui manque de reine d'abandonner un des côtés de cette ruche, et de réunir les deux parties où sont les deux essaims.

Cas où l'on doit conserver les Ruches pillées.

On ne doit s'occuper de la conservation de ces ruches que lorsque le pillage ne fait que de commencer; s'il étoit au trois quarts consommé, il vaudroit mieux les abandonner, parce qu'il seroit trop difficile de les conserver.

Pillage par suite de Vente d'Essaims.

Si les combats avoient lieu par suite de vente d'essaims, dont une partie des abeilles seroit revenue au rucher, il faudroit placer à toutes les ruches les portes du côté où elles n'ont que des passages pour une abeille ; on enfumeroit celles où les abeilles veulent entrer. On retireroit les portes un ou deux jours après. Si ce moyen étoit employé trop tard, il faudroit en outre se servir des autres indiqués ci-dessus.

Il est impossible de prévoir ces deux derniers accidens, parce qu'on ne peut deviner qu'une reine est morte, ou qu'un essaim retournera à la ruche. Mais il est facile de s'assurer du moment où les abeilles ne trouvent rien dans les campagnes.

Quand la terre est desséchée par les chaleurs, que des vents brûlans et très-secs règnent pendant long-temps, on doit surveiller les abeilles, et les nourrir au besoin. Il est des cantons tels que les abeilles n'y trouvent rien pendant la moitié de l'été, et d'autres où il faudroit renoncer à leur culture, si, pendant une partie de l'année, l'on n'avoit pas la ressource de les transporter ailleurs.

§. XX. *Voyages des Abeilles.*

Les départemens entièrement déboisés où l'on cultive uniquement des graminées, et les plaines découvertes brûlées par les chaleurs de l'été, n'offrent aucune ressource aux abeilles dès que le chaume commence à jaunir et les prairies à être fauchées. La miellée leur est même quelquefois funeste. Les feuilles se rouillent par les temps humides, la sève s'y corrompt, la miellée qui s'y forme est malsaine, et on est exposé à perdre ses abeilles si on ne les envoie dans des cantons qui abondent en provisions, et leur fournissent une nourriture bien saine.

Il y a donc beaucoup de cantons où il faut faire voyager les abeilles pour les transporter dans des lieux où elles trouvent une nourriture abondante, sans quoi elles consommeroient l'été les provisions du printemps, et ne produiroient rien aux propriétaires, qui seroient même obligés de les nourrir quelquefois pendant l'hiver.

Les cultivateurs qui veulent établir une culture d'abeilles doivent donc examiner non seulement les plantes qui existent dans leurs cantons, mais encore celles des lieux circonvoisins, si leur territoire ne fournit de miel aux abeilles qu'une partie de l'année. Sans cette précaution, ils seront exposés à faire une fausse spéculation.

La méthode de faire voyager les abeilles n'est pas nouvelle : elle étoit connue de l'ancienne Egypte, où probablement elle a pris naissance. Le débordement du Nil mettant les propriétaires d'abeilles dans l'impossibilité de les conserver dans les terreins inondés, à moins de les nourrir pendant ce temps, ils imaginèrent de leur faire remonter le Nil ou de les conduire sur les côtes de Syrie, jusqu'à ce que le fleuve fût rentré dans ses limites, et que les plantes et les arbres se fussent couverts de fleurs, alors ils les ramenoient dans les plaines fleuries du Delta, et les peuples qui les avoient reçues pendant l'inondation y conduisoient les leurs, parce que leurs campagnes se trouvant brûlées par le soleil ne fournissoient plus rien aux abeilles. Ils doubloient leurs récoltes par ces voyages, et mettoient les abeilles à même d'avoir un excédant de provisions dont ils profitoient.

Il paroît qu'à cette époque la guerre n'étoit pas un obstacle à ces voyages, et qu'on ne connoissoit pas ce nouveau genre de déclaration de guerre qui consiste à ruiner l'agriculture et le commerce d'un peuple, à s'emparer de ses bâtimens marchands, et à dévaster ses terres pour lui annoncer qu'il faut combattre ou consentir aux volontés de son ennemi. Mais un nouvel ordre de choses est venu troubler l'industrie des cultivateurs. Les Egyptiens font encore voyager leurs ruches, mais seulement sur le Nil.

Les peuples de l'Archipel grec suivoient la même méthode. Comme les ruches dans ces climats sont en terre cuite, ils bouchoient l'ouverture de la ruche, et ne laissoient que des trous dans le bas et le haut du couvercle pour établir la communication avec l'air extérieur. On les portoit ensuite sur des bateaux qui se rendoient au lieu de leur destination. Alors on débouchoit les passages des abeilles, et, au cas qu'on crût convenable de changer de place, on le faisoit la nuit.

Les habitans de quelques cantons de l'Italie ont adopté cette méthode; ils embarquent leurs ruches, qui sont communément en bois, et les promènent sur leurs rivières, et principalement sur le Pô. Quand les plaines sont brûlées par les grandes chaleurs, ils se rapprochent des montagnes.

Cette industrie les met à même de faire deux récoltes de miel et de cire : elle est donc utile, puisqu'au moyen de ces deux récoltes, les cultivateurs peuvent partager les provisions de ces abeilles qui n'auroient pu que se suffire si elles n'avoient pas voyagé.

On a adopté cette méthode dans les plaines de la Beauce, et dans quelques parties du Gâtinois. Quand les abeilles ont recueilli le miel dans ces cantons, et que la terre ne peut plus les nourrir, on les transporte ailleurs. Les environs de la forêt d'Orléans sont couverts de ruches à certaines époques.

M. *Olivier*, de l'Institut, m'a affirmé que des Provençaux achetoient des ruches pour les faire voyager. Ils les récoltoient avant de se mettre en route, et quand les plaines de la Provence ne rapportoient plus rien, ils transportoient leurs abeilles au pied des montagnes, et les détruisoient après la dernière récolte.

Objections contre les Voyages.

Je sais qu'on a présenté quelques objections contre ces voyages : on les a même comparés à ceux qu'on fait faire aux mérinos.

Il est certain que ces voyages sont dispendieux. Si on ne prend pas les plus grandes précautions, on est exposé à perdre plusieurs essaims, sur-tout quand on voyage par terre. Le défaut d'air peut étouffer les abeilles. La chaleur peut ramollir la cire, et les secousses déranger et détacher les rayons. Il doit s'égarer beaucoup d'abeilles qui ne retrouvent pas leurs ruches, etc.

Mais malgré tous ces inconvéniens, il est des cantons où il faut de toute nécessité faire voyager les abeilles, ou renoncer à leur culture jusqu'à ce qu'on y ait planté les espèces d'arbres qui fournissent beaucoup de nectar et de miellée, et qu'on ait adopté les assolemens propres à une bonne culture par la suppression des jachères et l'établissement des prairies artificielles.

Or on ne peut dans l'état des choses inviter les habitans de ces cantons à renoncer à un produit, quelque foible qu'il soit, à raison des dépenses qu'il entraîne, s'il est très-utile pour la France, en augmentant ses moyens de nourriture et d'éclairage, et s'il fournit à ses fabriques des matières premières qu'elles seroient obligées de tirer de l'étranger. Il faut donc souffrir un inconvénient pour en éviter un plus grand. Qu'on plante et qu'on adopte un meilleur mode d'assolement, et on les préviendra tous deux. Les plaines qui sont maintenant arides l'été et l'automne, et qui ne fournissent aucunes ressources aux abeilles, étoient autrefois couvertes de bois, où elles trouvoient les moyens de se nourrir, et de récompenser les soins des cultivateurs. Si on en rétablissoit de distance en distance quelques parties, ils fourniroient continuellement de l'humus à ces plaines, où la couche de terre végétale diminue insensiblement; ils condenseroient les vapeurs, et fourniroient l'eau qui y manque. Ils attireroient et diviseroient le fluide électrique sur plusieurs points, et rendroient nuls les effets de ces orages redoutables qui, en quelques heures, ravagent aujourd'hui des contrées entières, renversent et ruinent les moissons, tuent quelquefois les bestiaux, et détruisent en quelques minutes tout l'espoir des cultivateurs. Alors on n'auroit pas besoin de faire voyager les abeilles, qui trouveroient dans ces campagnes, couvertes pendant le printemps, l'été et une partie de l'automne, de nectar ou de miellée, des ressources assez abondantes pour partager le fruit de leurs travaux avec les cultivateurs sans nuire à leurs approvisionnemens.

Précautions à prendre pour les Voyages.

Lorsqu'on transporte les ruches en bateau, les précautions à prendre ne sont pas grandes, parce que les mouvemens du bateau sont doux. Dans quelques cantons, on enveloppe les ruches d'une serpillière; dans d'autres, on se contente, comme je l'ai dit, de boucher l'entrée, sans interrompre cependant la communication avec l'air extérieur.

Dans les parties éloignées des rivières, le transport se fait en voitures; on prend les précautions que j'ai indiquées, en parlant de l'achat et du transport des abeilles; mais les chaleurs qui règnent à l'époque de ces voyages doivent faire redoubler de soins. Il faut couvrir la voiture d'une toile un peu lâche, pour que le vent puisse l'agiter, sans toutefois empêcher la circulation de l'air. On mouille la paille qu'on met sous les ruches pour la rendre plus souple, plus fraîche et moins glissante. On veille sur-tout à ce que les ruches ne manquent pas d'air.

On doit choisir, s'il est possible, un temps couvert

et frais pour le transport, ou ne voyager que la nuit.

On rapporte les ruches quand les lieux ne fournissent plus rien aux abeilles.

§. XXI. *Transvasement.*

Quant aux abeilles qui ne voyagent pas, il n'y a d'autres soins à leur donner que ceux que j'ai indiqués ci-dessus; cependant ceux qui transvasent les ruches, à la manière de M. *Lombard*, doivent, à la fin du mois d'août ou au commencement de septembre, examiner si les abeilles ont suffisamment travaillé dans le nouveau corps de ruche. Dans ce cas, un beau jour, après avoir frappé quelques petits coups sur le corps inférieur de la ruche pour y attirer la reine, on sépare la vieille ruche de la neuve, et on l'enlève. On couvre la nouvelle avec un couvercle; on pose l'ancienne sur le cadre, dont j'ai précédemment parlé, ou sur les bâtons d'une chaise couchée sur le côté; on en ôte le couvercle pour déboucher les fentes du plancher, et on remet le couvercle; on l'enfume ensuite pour forcer les abeilles à se réfugier dans le couvercle; et, quand elles y sont, on place ce couvercle sur la ruche neuve, à la place de celui qu'on y avoit mis momentanément. On emporte le corps de la vieille ruche, et on chasse avec de la fumée ce qui restoit d'abeilles. Quelques jours après on change le couvercle, et on en met un plein. Pour simplifier cette méthode et rendre les abeilles moins méchantes, on pourroit mettre les abeilles en état de bruissement. Alors on enlèveroit le corps de ruche supérieur; on couvriroit l'autre d'un couvercle. Quand on auroit débouché le corps de ruche placé sur le cadre, on poseroit l'autre dessus, et, avec un peu de fumée, on forceroit les abeilles à remonter; alors on remettroit le nouveau corps de ruche sur le plateau, etc.

J'ai donné les moyens d'éviter ces transvasemens. L'expérience fera connoître la meilleure méthode à suivre.

§. XXII. *Soins à donner aux Abeilles pendant l'Automne.*

Lorsque les arbres commencent à se dépouiller de leurs feuilles, que la saison pluvieuse et les frimas détruisent tous les moyens de récolte pour les abeilles, et annoncent l'hiver, ainsi que l'engourdissement de ces insectes, on visite les ruches; on détruit toutes les nymphes des fausses-teignes, si on en trouve autour de la partie inférieure des ruches; on examine les approvisionnemens pour en fournir au besoin; on s'occupe alors de l'exploitation des abeilles dans les cantons où on les étouffe.

Si l'on a des essaims foibles, l'état du rucher doit diriger les cultivateurs dans leurs opérations. J'observe que, dans les ruches à la *Bosc*, les essaims seront à-peu-près de même force, et qu'ils éviteront tous les embarras dont je vais parler, et qui ne sont relatifs qu'aux autres ruches.

Moyen pour reconnoître les Essaims foibles.

On reconnoît la force des essaims sans avoir besoin

de lever la ruche. Si, lorsqu'on les frappe légèrement le soir ou le matin, les abeilles font un bourdonnement sourd, prolongé et répété deux ou trois fois, l'essaim est nombreux ; mais si le bourdonnement est aigu et court, l'essaim est foible.

Leur réunion avec d'autres Essaims.

Lorsqu'on a un nombre suffisant d'essaims, et qu'il devient inutile ou même dangereux de multiplier davantage ses abeilles, à moins de trouver à vendre des essaims, on détruit les essaims foibles, soit en les étouffant, soit en les réunissant à d'autres plus forts ; mais cette dernière opération est délicate et ne réussit pas toujours. Les abeilles, dans cette saison qui ne leur présente plus de ressources, n'abandonnent pas volontiers leurs magasins. Il faut employer tous les moyens prescrits ci-dessus pour les y déterminer. Quand on détourne ces ruches et qu'on pose dessus celle dans laquelle on veut réunir les deux essaims, les abeilles y montent difficilement ; elles semblent prévoir la guerre à mort dont elles sont menacées.

D'autres cultivateurs, au lieu de les faire monter de suite dans la ruche remplie d'abeilles, leur présentent une ruche vide, dont ils couvrent la leur ; ensuite ils enfument bien les abeilles avec lesquelles ils veulent les réunir ; alors ils détournent la ruche pleine, posent dessus celle où il n'y a que des abeilles, et ils frappent fortement dessus pour les y faire tomber. Ils remettent ensuite en place la ruche pleine, et profitent du peu de miel et de cire qui est dans l'autre.

Danger de ces Réunions.

Mais ces étrangères ne sont pas toujours reçues sans combats dans la ruche. Les circonstances étant changées, et le temps des approvisionnemens passé, les abeilles de la ruche souffrent impatiemment que d'autres viennent partager leurs provisions. Elles les attaquent et en tuent des milliers; souvent tout l'essaim périt.

Si la réunion ne coûte la vie qu'à un petit nombre d'ouvrières, la ruche est renforcée en abeilles; mais pour que cette augmentation soit utile, il faut que les provisions soient suffisantes pour les deux essaims réunis; autrement on s'expose à perdre la ruche, si l'on n'a pas l'attention de la nourrir.

J'ai remarqué que plus le miel étoit abondant dans une ruche, plus il étoit facile d'y réunir un autre essaim. C'est par cette raison qu'il est plus aisé de réunir, sans combats, les abeilles de deux essaims au printemps qu'à l'automne, parce qu'indépendamment des provisions de la ruche, elles trouvent des vivres en abondance dans les champs, et les abeilles réunies aux autres, bien loin de leur être à charge, leur sont utiles.

J'avois donné, à la fin de février, du miel dans des assiettes placées devant le rucher. Beaucoup s'emmiellèrent; et, à deux heures après midi, des nuages donnèrent de la pluie. J'en trouvai quatre à cinq cents presque sans mouvement sur la terre, mouillées et emmiellées. Je les ramassai, les échauffai, et je les mis dans ma ruche d'expérience. Le lendemain, comme cette ruche avoit beaucoup de miel et peu de mouches, je supposai que les étrangères y seroient bien reçues. En effet, elles se mêlèrent avec les autres, sans combats; et comme les jours suivans il plut beaucoup, elles ne purent sortir, et elles adoptèrent leur nouvelle patrie.

Je pense donc que, lorsqu'on veut marier deux essaims, il faut que la ruche qu'on veut conserver soit d'avance bien approvisionnée, et qu'à cet effet, si elle ne l'est pas, on doit lui fournir la quantité suffisante de miel avant la réunion. Je crois encore qu'il vaudroit mieux réunir deux essaims foibles pour en former un bon, qu'un foible avec un fort. Au surplus, je le répète, la réussite de ces opérations est toujours incertaine.

Réunion des Essaims dans les Ruches à la Bosc.

L'opération seroit très-facile avec la ruche à la *Bosc*, si le hasard vouloit qu'on eût des mauvais essaims. On prendroit deux ruches foibles; on chasseroit les abeilles d'un seul côté de la ruche; on les ouvriroit ensuite, et l'on réuniroit les deux côtés garnis d'abeilles; on déplaceroit de préférence la plus forte. Si l'une des ruches étoit bien garnie de miel, le lendemain ou le surlendemain, après la réunion des essaims, on lui rendroit le côté bien chargé de miel.

Quand le rucher n'est pas suffisamment garni d'abeilles, je ne vois aucun inconvénient à conserver les foibles essaims. Si les abeilles ont une quantité de miel relative à leur nombre, elles passeront facilement l'hiver. Si elles n'en ont pas, il faut leur en fournir plus que moins, pour qu'il y ait un excédant au printemps qui leur procure l'avantage de recommencer leurs travaux.

Moyen de renforcer les Essaims foibles.

Dans les ruches à la *Bosc*, on a une grande facilité, comme dans celle de M. *Delatre*, pour les renforcer en miel et même en abeilles, sans combats. On choisit une ruche qui a beaucoup de miel et de couvain ; on en prend une moitié après en avoir chassé les abeilles, et on la donne à l'essaim foible, qui y trouve un double avantage. Si, par cet échange, on craignoit d'avoir trop affoibli la forte ruche en provisions, il faudroit lui donner quelques livres de miel ou de sirop. On sent qu'il ne faut pas attendre la fin de l'automne pour cette opération.

Si le printemps est favorable, un essaim ainsi renforcé multiplie assez promptement pour remplir la ruche en mai, et quelquefois pour donner un essaim.

J'ai indiqué plus haut les autres soins qu'exigent les abeilles à la fin de l'automne, comme le placement des portes, etc. Ainsi, après avoir donné l'histoire naturelle de ces insectes et avoir détaillé les moyens qu'on peut employer pour leur conservation et leur multiplication, il ne me reste plus qu'à parler de leurs produits et du mode le plus avantageux pour les obtenir et en tirer parti.

§. XXIII. *Exploitation des Ruches.*

L'industrie des abeilles, leurs travaux, leurs mœurs douces et leur gouvernement, étoient des motifs bien suffisans pour exciter la curiosité des hommes, et les déterminer à étudier ce petit peuple. Un motif plus puissant encore, le désir de partager avec lui une nourriture agréable et saine engagea presque tous les peuples de l'ancien Continent à leur donner des soins et à les multiplier. L'embarras fut de s'emparer de leurs magasins, toujours placés dans le haut de la ruche d'une manière favorable, pour faciliter aux abeilles les moyens de les défendre. On n'eut dans les commencemens d'autres ressources pour se procurer du miel que la destruction des essaims. L'utilité de ces insectes, le besoin de les multiplier, et la cruauté qu'on trouvoit à les faire périr, a fait rechercher et inventer plusieurs méthodes de partager leurs provisions sans attaquer leur vie (1); mais ces

---

(1) *Si quandò sedem angustam, servataque mella*
Thesauris relines; prius haustus sparsus aquarum
Ore fove, fumosque manu prætende sequaces.

. . . .

Bis gravidos cogunt fœtus: duo tempora messis;
Taygete simul os terris ostendit honestum
Pleias, et Oceani spretos pede reppulit amnes;
Aut eadem sidus fugiens ubi piscis aquosi
Tristior hybernas cœlo descendit in undas.
Sin duram metues hiemem, parcesque futuro,
Contusosque animos et res miserabere fractas;
Aut suffire thymo, cerasque recedere inanes

méthodes varient tellement que, pour mettre à même d'en choisir une, je dois continuer à suivre la marche que j'ai adoptée, en établissant quelques principes fondés sur les besoins et les ressources des abeilles, suivant les divers climats où on les cultive.

Principes généraux pour l'Exploitation.

Le premier devoir des cultivateurs doit être, comme je l'ai dit plus haut, de s'occuper de la conservation

---

Quis dubitet? Nam sæpè favos ignotus adedit
Stellio, lucifugis congesta cubilia blattis,
Immunisque sedens aliena ad pabula fucus,
Aut asper crabro imparibus se immiscuit armis,
Aut dirum tineæ genus, aut invisa Minervæ
In foribus laxos suspendit aranea casses.
Quò magis exhaustæ fuerint, hòc acriùs omnes
Incumbent generis lapsi sarcire ruinas,
Complebuntque foros, et floribus horrea texent.

Enfin veux-tu ravir leur nectar écumant?
Devant leurs magasins porte un tison fumant,
Et qu'une onde échauffée en roulant dans ta bouche,
Pleuve pour l'écarter sur l'insecte farouche.

. . . .

Deux fois d'un miel doré ses rayons sont remplis;
Deux fois ces dons heureux tous les ans sont cueillis.
Et lorsqu'abandonnant l'humide sein de l'onde,
Taygète monte aux cieux pour éclairer le monde;
Et lorsque cette nymphe, au retour des hivers,
Redescend tristement dans le gouffre des mers.
Toutefois, si l'hiver alarmant ta prudence,
Te fait de tes essaims craindre la décadence,
Epargne leurs trésors dans ces temps malheureux,
Et n'en exige point un tribut rigoureux.

et de la multiplication des abeilles, autant que le canton peut en nourrir.

Pour cet effet, ils ne doivent leur prendre de miel et de cire qu'autant que les abeilles ont un excédant d'approvisionnemens, à moins que la saison ne leur soit favorable pour remplacer le miel et la cire qu'on leur a enlevés (1).

Les temps favorables aux travaux des abeilles varient suivant les climats, les plantes indigènes à chaque canton, et celles exotiques, que les hommes y cultivent, et qui fleurissent en diverses saisons. Les cultivateurs ne peuvent donc faire leur récolte à la même époque dans tous les lieux.

Mais parfume leurs toits et prends les rayons vides
Dont viennent se nourrir leurs ennemis avides :
La chenille en rampant gagne leur pavillon ;
Le lourd frêlon se rit de leur foible aiguillon ;
Le lézard de leur miel se nourrit en silence ;
Leur travail de la guêpe engraisse l'indolence ;
Des cloportes sans nombre assiègent leur palais,
Et l'impure araignée y suspend ses filets.
Mais plus on les épuise et plus leur diligence
De l'état appauvri répare l'indigence.

(1) Observe-la sur-tout chez un pieux pasteur
Qui sur un coin de terre, en paix avec son cœur,
Oubliant et la dîme et les rangs de l'église,
Fait couler des ruchers une liqueur exquise.
Tu ne le verras point, et sauvage et cruel,
Etouffer les essaims pour ravir tout le miel ;
Mais, ainsi qu'un bon prince, épargnant l'indigence,
Exiger ses tributs de la seule opulence.

La B.

La différence des climats et celle des plantes augmentent ou diminuent beaucoup la facilité des abeilles pour faire des provisions. La récolte doit donc être relative à l'abondance des vivres que les abeilles se procurent dans chaque canton.

Les abeilles ne peuvent être multipliées indéfiniment; on doit donc calculer les provisions qu'on leur enlève avec le besoin d'augmenter leur nombre ou d'arrêter leur multiplication.

Le miel n'est pas également bon dans tous les cantons ni même dans toutes les saisons, et beaucoup de miels inférieurs produisent de belle cire. Il devient donc indispensable dans ces cantons de choisir le moment où le miel est de la meilleure qualité, et de faire travailler les abeilles en cire. L'intérêt des cultivateurs les oblige également à faire travailler les abeilles en cire lorsque le miel est à bas prix et que la cire est chère.

Les cultivateurs qui trouveront ces principes fondés en feront la base de leur conduite; et, en les combinant avec les considérations relatées plus haut sur les ruches, ils pourront choisir celle la plus propre à leur canton. Ainsi, dans les positions excellentes, ils feront leurs ruches grandes; autrement les abeilles fourniront beaucoup d'essaims et travailleront moins en miel; ils les réduiront un peu dans les positions bonnes, et les feront petites dans les médiocres; sans cela, les abeilles découragées travailleroient peu en miel et ne donneroient pas d'essaims; enfin ils auront des ruches plus petites, lorsqu'ils forceront leurs abeilles à travailler en cire, que lorsqu'ils voudront du miel, parce que ces insectes ne font de la cire qu'à raison de leurs besoins, et que si la ruche est grande, elles se dégoûteront d'y travailler en cire, si elles peuvent se contenter de celle qui y est; enfin, pour tailler la ciré, il leur faudra une ruche facile à exploiter pour n'être pas exposés à briser les rayons qu'ils laisseront en faisant la récolte.

Époque de la Récolte.

La nature semble indiquer à l'homme l'époque de l'exploitation des ruches, en lui faisant connoître le moment de l'année où les abeilles peuvent se passer de leurs provisions. Cette époque est celle de l'essaimage. Les essaims abandonnent la mère ruche, n'ayant des vivres que pour trois jours, et cependant ayant le temps nécessaire pour s'approvisionner pour l'hiver, et trouvant dans les fleurs et sur les feuilles tout ce qui leur est nécessaire à cet effet. L'expérience a, en outre, constaté que le miel du printemps tiré du nectar des fleurs étoit supérieur à celui de l'automne, dans lequel il entre beaucoup de miellée. Ces deux considérations réunies doivent donc déterminer les cultivateurs à choisir l'époque qui suit l'essaimage pour récolter leur miel. Ils y trouveront, en outre, le moyen d'arrêter la sortie des seconds essaims, s'ils n'en veulent qu'un.

L'époque de l'essaimage se renouvelle deux fois et plus dans les excellentes positions. Comme l'abondance des vivres détermine cette multiplication, elle fournit également la facilité de faire deux récoltes, et souvent plus, si les abeilles remplacent promptement le miel et la cire qu'on leur a enlevés.

On doit donc visiter ces ruches quatre à cinq jours après l'essaimage, non en masse, mais à mesure qu'elles essaiment, et s'emparer de la plus grande partie du miel qui s'y trouve. C'est en France le moment où l'on récolte le plus beau miel, parce qu'il est composé avec du nectar sans mélange de miellée. Le miel de Narbonne n'est blanc et recherché qu'à cette époque.

L'expérience donne dans ces cantons aux cultivateurs l'époque où ils doivent faire une seconde récolte. Souvent un mois après la première taille, le déficit est rempli, et l'on peut recommencer. Autrement les abeilles, après avoir garni leurs magasins, ralentiroient leurs travaux, à moins qu'elles ne s'occupassent de nouveaux essaims inutiles pour les cultivateurs, et pour lesquels elles consommeroient des provisions dont les cultivateurs pourroient s'enrichir. Cette seconde taille entretient donc l'ardeur des abeilles; elle est conséquemment utile sous deux rapports; mais il faut beaucoup de ménagement et de prudence dans les cantons médiocres pour redoubler la récolte. Ce ne peut être que dans les années excellentes qu'on doit le faire, et il est essentiel dans ce cas de laisser aux abeilles une grande partie de leur miel; autrement, pour un médiocre bénéfice, on seroit exposé à une grande perte, parce que les abeilles pourroient périr l'hiver, ou n'essaimeroient que tard; inconvénient majeur.

Dans les cantons où le miel est fort cher et où l'on feroit des sirops à bas brix, il n'y auroit aucun danger à tailler fortement la seconde fois, en fournissant aux abeilles une quantité suffisante de sirop qu'on auroit préparé d'avance. Il seroit utile de faire auparavant des expériences à ce sujet, pour connoître la quantité de sirop nécessaire pour faire une livre de miel, et s'assurer s'il y a des bénéfices à adopter cette méthode.

La récolte doit être plus tardive dans les ruches à la *Bosc*. Comme on a fait les essaims par séparation, et que toutes les ruches sont vides à moitié, il faut attendre qu'elles aient travaillé dans le côté vide. La récolte ne doit pas y être aussi forte que dans les autres; mais on observera qu'on taille deux ruches pour une, parce qu'il n'y a aucune distinction entre les ruches mères et les essaims, au lieu que, lorsqu'on fait des essaims naturels ou forcés, on ne peut tailler que les ruches mères à la première récolte.

L'époque que j'indique pour la récolte est contraire à celle marquée par la plupart des auteurs. Les uns veulent qu'on la fasse à l'entrée du printemps, et les autres à l'automne.

Si on la fait à l'entrée du printemps, il est constant qu'elle sera très-foible dans les cantons médiocres, et qu'on s'expose à nuire à ses abeilles en leur prenant leurs vivres dans des cantons où le temps est variable; à coup sûr on retarde l'essaimage. Si l'on attend à l'automne, la quantité de miel existante dans la ruche a dû ralentir l'ardeur des abeilles ; elles ont beaucoup multiplié à raison de leurs provisions, et il leur en faut en proportion de leur nombre pour passer l'hiver. Si on leur en prend à cette époque, il est difficile de bien calculer la quantité qu'on doit enlever avec celle nécessaire aux abeilles. Ce ne peut être qu'un très-grand approvisionnement qui peut déterminer à en prendre une partie, et on doit être fort réservé sur ce point. Si, au contraire, on fait sa récolte après l'essaimage, on a laissé aux abeilles toutes leurs provisions pour précipiter l'époque de la sortie des essaims. Les abeilles sont nombreuses pendant que les pâturages sont abondans, et font une ample récolte, qui peut alors permettre de faire une seconde récolte, mais foible, un mois après la première.

J'ajouterai à ces raisons que, si on fait la récolte à l'automne ou après l'hiver, on n'aura que du miel fait pour les trois quarts avec de la miellée. Si, au contraire, on la fait après l'essaimage, les abeilles, ayant eu le temps de consommer le miel fait dans l'été et à l'automne pour la nourriture du couvain, le miel qu'on récoltera sera nouveau, composé avec le nectar des fleurs, et conséquemment supérieur.

Manière de récolter par la Taille.

Pour procéder à ces récoltes, il ne faut dans les ruches à hausses et villageoises, qu'attirer la mère dans le bas de la ruche, en frappant quelques petits coups, après les avoir débarrassées de leurs surtouts et avoir tiré les crochets ou les fils de fer; alors on détache la hausse ou le couvercle, et ils viennent sans efforts. Une forte lame de couteau ou un ciseau de menuisier ou de serrurier suffisent pour les séparer de la ruche, si les abeilles l'y ont attaché avec de la propolis. Si les rayons ne sont pas attachés sur le plancher, on les enlève sur-le-champ, et on bouche tout de suite la ruche avec un couvercle ou une planchette; mais si les rayons tiennent au plancher, on les sépare avec un fil de fer. J'ai vu employer à cet effet une feuille de fer-blanc assez large pour boucher tous les trous du plancher; on la coule doucement entre le couvercle ou la hausse et le plancher, et les abeilles ne peuvent sortir de la ruche. Quand on opère avec tranquillité, les abeilles s'aperçoivent à peine du larcin qu'on leur fait.

Pour dépouiller une ruche à la *Bosc*, on met les abeilles en état de bruissement; alors on ouvre la ruche. Avec de la fumée on écarte les abeilles des rayons qu'on veut couper, soit d'un côté, soit de l'autre; on a un baquet auprès de soi où on dépose les rayons, qu'on recouvre d'un linge. On a l'attention de ne pas enlever les rayons ou portions de rayon qui contiennent du couvain. On les reconnoît facilement à la couleur rousse des couvercles qui sont bombés; ce qui les distingue de ceux blancs et plats qui recouvrent les alvéoles, qui contiennent du miel. Si quelques abeilles viennent sur le rayon qu'on coupe, on les chasse avec une plume ou de la fumée avant de le déposer dans le baquet.

On fait la récolte dans ces ruches en plein jour, pendant qu'une partie des abeilles est dehors.

Cloison pour récolter les Ruches à la Bosc.

J'ai donné la description d'une cloison pour faciliter cette opération à ceux qui craindroient d'être embarrassés par les mouches. Si cette cloison est placée à demeure, quand on veut opérer, après avoir mis la ruche en état de bruissement et attiré la reine du côté où est la nouvelle cire, on ôte les chevilles qui sont dans la couverture de cette partie ; alors on tire la ruche un peu en avant, et on enfume les abeilles de l'autre côté. Elles se réfugient dans la partie de la ruche où il n'y a pas de fumée, et où celle qui y entre s'échappe par les trous ouverts. Quand on juge qu'elles s'y sont toutes réfugiées, on descend les plaques de fer-blanc qui bouchent les ouvertures de communication de la cloison; ce qu'on fait doucement, pour ne pas couper d'abeilles. On ouvre la ruche par le milieu, et on emporte la partie vide d'abeilles pour la couper à l'ombre ou dans une pièce close, si on ne veut pas le faire sur les lieux. On opère ensuite de même sur l'autre côté.

Si on ne se servoit de la cloison que pour la taille, après avoir mis les abeilles en état de bruissement, on ouvriroit la ruche par le milieu; on placeroit la cloison et on rapprocheroit les deux parties de la ruche pour en enfumer une.

On peut tailler les ruches villageoises et celles à hausses de bonne heure ou au milieu de la journée.

Si on le fait le matin, après avoir enlevé le couvercle, on le met sur un pot, après l'avoir renversé. On pose dessus un couvercle vide; on frappe quelques minutes sur le plein: les abeilles montent dans le vide et s'y groupent; on le place alors devant la ruche, où on le détourne, et on le frappe pour en faire tomber les abeilles.

Mais si on opère au milieu du jour, il faut se retirer à l'écart et à l'ombre ou dans un lieu sombre avec les couvercles ou hausses, et chasser les abeilles avec une plume ou de la fumée. On peut même souffler dessus avec l'haleine, parce que, séparées de la ruche, elles ne cherchent point à se défendre et encore moins à attaquer.

Il arrive quelquefois que des abeilles s'engluent pendant ce travail, sur-tout lorsqu'on n'en a pas l'usage. Il faut les retirer des rayons et même du miel où elles sont plongées, et les porter devant le rucher dans un tamis, une assiette, etc. Elles se nettoient elles-mêmes, ou d'autres abeilles attirées par l'odeur du miel leur rendent ce service, et elles sont sauvées.

La récolte est, comme on le voit, assez facile dans les ruches villageoises, à hausses et à la *Bosc*. Elle l'est également dans les ruches en terre cuite qu'on récolte par le fond; mais il n'en est pas de même dans celles d'une pièce.

Plus on enfume les abeilles, plus elles se retirent au fond, et dès qu'on cesse de leur envoyer de la fumée pour retourner la ruche, elles couvrent de nouveau les rayons et mettent dans l'impossibilité d'y voir et de tailler les rayons, à moins d'en détruire un grand nombre et de couper des rayons garnis de couvain comme de miel. Cette difficulté, qui a paru insurmontable, a fait prendre le parti de les étouffer dans beaucoup de cantons. Dans d'autres, où on se sert de ruches d'osier, on coupe au hasard la partie supérieure de la ruche, qu'on bouche avec une ruche vide qui recouvre l'autre de quelques pouces. Il faut, pour cette opération, couper tous les rayons qui ne sont plus soutenus que des côtés. On englue beaucoup d'abeilles; on en tue d'autres, et la reine peut être de ce nombre, ou on peut l'enlever avec la récolte de miel.

Manière de récolter en chassant les Abeilles.

Il paroît, par les lettres que j'ai reçues, qu'on est dans l'usage, dans quelques cantons où l'on fait voyager les abeilles, de les chasser des ruches, et de s'emparer de toutes leurs provisions avant le voyage. Pour cet, effet on renverse la ruche pleine, on la couvre par une vide; on débouche le trou qui est à la partie supérieure de la ruche, devenue par sa position la plus basse; ou si la ruche est d'osier, de troëne, etc., on en fait un en brisant quelques osiers; on y applique la fumée, et l'on frappe comme pour les essaims forcés. Les abeilles montent dans la ruche vide, et l'on s'empare de l'ancienne. On perd le couvain par cette opération, et dans les cantons médiocres, cette perte seroit dangereuse. Il faudroit connoître les localités pour s'assurer si, dans les cantons où l'on opère ainsi, cette méthode est fort préjudiciable. Si l'on a le nombre de ruches nécessaire dans le canton, malgré la destruction de cette partie du couvain, on peut croire que l'opération n'est pas très-nuisible, et qu'elle devient même utile, en empêchant les abeilles de former de nouveaux essaims, et en les forçant de ne s'occuper que d'approvisionnemens. Je pense cependant qu'il y auroit de l'avantage à conserver le couvain qui, bientôt éclos, travailleroit à remplir les magasins.

Manière de récolter en étouffant les Abeilles.

Les cultivateurs, placés dans les positions médiocres où leurs abeilles trouvent peu de moyens d'accumuler de fortes provisions, et sont encore tourmentées par de nombreux ennemis qui en font leur proie, et par la fausse-teigne qui ruine leurs essaims, se regardent comme fort heureux quand ils font une seule récolte passable. Leur méthode est de garder un essaim trois ans, et de le détruire en l'étouffant à la fin de la troisième ou quatrième année. Ils l'étouffent en faisant dans le rucher avec une bêche un trou de 1 pied de profondeur; ils y placent une mèche de soufre. Quand elle est allumée, ils posent la ruche dessus; la vapeur du soufre s'élève, et on entend un fort bourdonnement dans la ruche. Il diminue insensiblement; et quand le bruit cesse, les abeilles sont entièrement suffoquées par la vapeur.

Ainsi l'homme, pour tirer parti de tous les animaux qu'il a rassemblés autour de sa demeure, les force à l'aider dans ses travaux, ou à accumuler des trésors dont il s'empare; et, quand il n'en espère plus rien, il finit par les égorger pour s'en nourrir comme le bœuf, le mouton, etc., ou à les détruire sans autre profit pour lui que l'économie des vivres, comme le cheval, l'âne, les abeilles, etc. Malheureuse extrémité qui force l'homme à être l'animal le plus destructeur, et à étouffer les sentimens que la nature avoit imprimés dans son cœur; ce qu'il fait d'abord par nécessité, ensuite par l'intérêt et l'ambition qui le déterminent à traiter ses frères comme les animaux, et dont il rend la condition mille fois plus dure.

Objections contre cette Méthode, et Réponse aux Objections.

Cette méthode a plusieurs inconvéniens. Il s'agit de savoir si l'on pourroit la remplacer par une meilleure. c'est ce que j'essairai de faire après avoir répondu à l'objection principale.

On reproche aux cultivateurs de ces cantons (1)

(1) Intéressans insectes! s'il est possible de ne pas vous connoître, il ne l'est pas de ne pas vous aimer dès qu'on vous connoît. Hélas! quel est donc ce malheureux qui, pour dérober les richesses d'une ruche, vient l'enlever nuitamment et va la poser sur le soufre allumé? Homme cruel, maître tyrannique! Jusqu'à quand la nature prosternée gémira-t-elle sous ton sceptre de fer? Tandis que ce peuple heureux s'occupoit de ses soins publics dans ses ateliers et projetoit des plans d'économie pour le triste hiver; tranquille et joyeux de l'abondance de ses trésors, tout-à-coup il est saisi par la vapeur noire qui monte de tous côtés. Cette tendre espèce, accoutumée à des odeurs si suaves, tombe en monceaux et s'entasse sur la poussière, suffoquée par un air empesté.

d'étouffer chaque année un quart de leurs abeilles. On a tant de peines, leur dit-on, à les multiplier, qu'il y a de l'inhumanité, de la barbarie même à détruire des insectes qui ne nuisent à rien, et qui partagent avec nous le fruit de leurs travaux, les provisions qu'ils ont accumulées avec tant de soins et de peines.

J'ai partagé long-temps cette opinion. Elevé par des parens dont les mœurs étoient aussi douces que pures, je ne concevois pas qu'on pût nuire à des animaux, qui non seulement ne nous avoient fait aucun mal, mais qui avoient encore contribué à rendre notre existence, si malheureuse par nos institutions*, plus agréable par les diverses jouissances qu'ils nous procuroient. Mais la nécessité, qui devient une loi impérieuse pour l'homme, me força à changer d'opinion quand je vis l'impossibilité de tout conserver, sans s'exposer à tout perdre, et qu'il étoit souvent indispensable de détruire une partie des animaux pour conserver l'autre.

Aussi cette objection, qui avoit été pour moi d'autant plus plausible que la destruction des abeilles ne paroît au premier moment d'aucune utilité pour les cultivateurs qui ne peuvent tirer aucun parti de leurs cadavres, a-t-elle perdu de sa force quand je l'ai considérée sous tous ses rapports.

Telle une ville riche, peuplée, brillante de luxe et de tous les travaux de l'art, s'abandonnant à la joie des spectacles et des festins, ou livrée aux douceurs du sommeil, est tout-à-coup saisie par un tremblement de terre.

Thompson.

J'avoue cependant que les cultivateurs de ces cantons n'auroient rien à répondre si, en condamnant leur méthode, on l'avoit remplacée par une autre, qui eût produit une plus grande récolte en miel et en cire, et une multiplication plus considérable des abeilles. Mais jusqu'à ce jour, tous les plans proposés et appuyés sur la théorie la plus séduisante ont échoué dans la pratique, et si on n'avoit de miel, de cire et d'abeilles dans ces cantons que ceux produits par les nouveaux plans d'éducation des abeilles, j'ose le dire, on en manqueroit depuis long-temps.

Au surplus voyons, examinons et comparons les méthodes proposées, après avoir mis les cultivateurs à même de décider si les reproches d'inhumanité et de barbarie sont fondés contre ceux qui étouffent les abeilles.

Les abeilles sont dans le cas de tous les animaux que l'homme a mis en état de domesticité. Il ne peut en conserver qu'autant qu'il peut en nourrir, et je ne vois pas qu'on puisse faire plus de reproches à celui qui détruit ses abeilles qu'à celui qui tue sa poule qui lui a donné des œufs, la vache qui l'a nourri de son lait, le bœuf qui l'a aidé dans ses travaux à défricher et labourer ses terres. Si celui qui mange tous les jours un bon bouilli, et qui y ajoute la poule au pot, ne se plaint pas du cultivateur qui les a livrés au boucher, ou porté au marché après les avoir égorgés lui-même, pourquoi jette-t-il les hauts cris contre celui qui étouffe des insectes destinés par la nature à périr l'année suivante? Il répondra sans doute que c'est parce que l'abeille est inutile après sa mort, et qu'on auroit pu en tirer parti vivante. Il ne s'agit que de savoir si cette assertion est fondée.

Un canton quelconque ne peut nourrir qu'un certain nombre d'abeilles. Si elles sont trop multipliées, les vivres leur manquent, et elles périssent de faim, au lieu de fournir au cultivateur un dédommagement de ses avances et de ses soins. Il faut qu'il se réduise au nombre fixé par la nature, ou bien ses abeilles en souffriront comme lui, et, bien loin de les multiplier, il s'exposera à les perdre.

Si l'on admet cette réponse, mais qu'on y réplique en affirmant que les abeilles ne sont pas encore assez multipliées, la question se réduira à savoir si les cultivateurs des cantons médiocres multiplient davantage les abeilles par leur méthode que par celles qu'on leur propose.

L'expérience, d'accord avec la théorie, tend encore à les justifier sur ce point. Elle a constaté que ceux qui ne touchoient pas à leurs abeilles, et se contentoient d'en détruire un quart ou un tiers tous les ans, réussissoient mieux que les autres à les multiplier. Elle a encore prouvé qu'on est quelquefois obligé de nourrir au mois de février les ruches les mieux garnies de miel, quoiqu'on ne leur eût rien pris dans l'été. Enfin, elle a démontré que les abeilles, dont les cires sont vieilles, sont plus exposées aux maladies et aux fausses-teignes que les autres, que cette cire se gâte plus facilement, à raison des matières qu'elle contient, et qu'on ne trouve de miel candi que dans les vieilles ruches.

La théorie ne dément pas les faits; elle indique aux cultivateurs que, s'ils touchent à leurs ruches et s'ils enlèvent à leurs abeilles une partie de miel à l'époque où il leur devient difficile d'en récolter, ils ont à craindre qu'elles manquent de vivres aux premiers beaux jours, et qu'elles ne périssent ou ne fournissent des essaims tardifs qui n'auront pas le temps de s'approvisionner, parce qu'il ne s'agit pas seulement de multiplier les abeilles, mais qu'il faut encore y parvenir pour l'époque où le miel est abondant dans les campagnes, afin qu'étant nombreuses à cette époque, elles puissent faire une bonne récolte; autrement leur nombre sera plus nuisible qu'utile, puisqu'il y aura beaucoup de consommation sans moyen de suppléer au vide des magasins par de nouvelles provisions.

Elle leur dit encore qu'ils ne doivent pas faire un vide dans la ruche au-dessus des abeilles, parce qu'il leur est très-nuisible pendant l'hiver; qu'on y est exposé si l'on vide le couvercle dans certaines saisons, parce que les abeilles ne le remplissent pas. C'est ce qui arrive fréquemment en ne tirant le couvercle qu'à la fin d'août ou au commencement de septembre, comme l'indique M. *Lombard*, celui qui a donné les meilleurs préceptes sur la méthode de tailler les abeilles dans les ruches villageoises. La théorie démontre, enfin, que trente ruches bien approvisionnées, et sans vide au-dessus des abeilles, passeront plus facilement l'hiver, travailleront mieux au printemps, produiront plus d'essaims et plus tôt, enfin donneront plus de profit aux cultivateurs dans ces cantons médiocres que quarante ruches taillées à l'époque précitée, etc.

Tout se réunit en faveur de ces cultivateurs pour démontrer qu'ils ont eu raison de préférer leur pratique d'une ruche d'une seule pièce à celles à hausses ou à couvercles bombés, pour les tailler l'été, et qu'ils ne doivent la quitter que lorsqu'on leur aura fourni un mode plus avantageux pour la multiplication des abeilles, et plus productif ou au moins égal sous ce rapport, jusqu'à ce que la multiplication ne l'ait augmenté.

Moyen de récolter les Abeilles sans les étouffer.

Je n'ose me flatter d'être plus heureux que tous les cultivateurs qui m'ont précédé dans la carrière. Cependant, au risque d'échouer comme eux, je me permettrai de proposer une méthode qui dispense d'étouffer les abeilles, à moins qu'on n'en ait trop pour le canton, et qu'on ne trouve pas à vendre d'essaims. L'expérience en démontrera la bonté ou la fausseté.

Si l'on a traité les abeilles suivant la méthode que j'ai proposée, c'est-à-dire si on leur a fourni les vivres nécessaires pour leur conservation et leur multiplication, les essaims doivent être primes, et au milieu du mois de mai, on peut procéder aux essaims artificiels dans les ruches à la *Bosc*. Vingt, vingt-cinq ou trente jours après, suivant la saison plus ou moins favorable, on examine les ruches, et, si elles sont bien garnies de miel, on les taille et on enlève les trois quarts des provisions. Les abeilles étant nombreuses, coupées ou taillées du 15 au 20 juin, ont le temps de réparer le dégât fait à leurs magasins. Il leur reste encore un peu de miel et du couvain à l'époque où le plus grand nombre des essaims sortent sans avoir aucune de ces ressources, et où cependant ils ramassent de quoi pourvoir à tous leurs besoins. Comme on empêche par cette méthode la sortie des second et troisième essaims, les abeilles sont nombreuses, point essentiel au moment de la cueillette du miel; car je ne cesserai de le répéter, il faut, dans les positions médiocres, par une nourriture abondante, faire pondre les reines de bonne heure, conserver leur couvain pour déterminer des essaims très-primes, c'est-à-dire une grande multiplication d'abeilles, telle qu'elles puissent profiter du temps favorable pour la récolte du miel. Je ne craindrai pas de l'avancer, dans les environs de Versailles, les abeilles, dans quatre années sur cinq, peuvent ramasser plus de miel, depuis le mois de mai jusqu'au 15 juillet, que dans tout le reste de l'année. On augmentera chaque année les ruches des deux tiers ou de la moitié par ce procédé; car il ne faut pas établir en fait que l'on puisse faire des essaims avec toutes les ruches. Mais si celles qu'on n'a pas divisées ont pris de la force, on les taillera pour en tirer parti, et éviter un essaim tardif qu'il faudroit faire rentrer dans la mère ruche.

Si, par cette méthode, la multiplication des abeilles devenoit trop considérable, et que les cultivateurs ne trouvassent pas à se défaire de quelques essaims, ils seroient toujours les maîtres d'étouffer ce qu'ils auroient de trop à la fin de septembre, et de profiter de ce nouveau produit qu'on ne devroit désirer que dans l'impossibilité de faire autrement. Car je pense que, jusqu'à ce que les abeilles soient aussi multipliées qu'elles peuvent l'être, on ne doit en détruire que lorsqu'on n'a pas d'autre moyen d'en tirer parti. Dans ce cas, si le miel est cher et le sirop à bon marché, on nourrit les essaims mal approvisionnés, et on prend les plus forts, en s'emparant de la moitié de leur provision, pour les nourrir avec un foible essaim. Dans le cas contraire, on ne détruit que les essaims foibles, en les mariant avec les forts, suivant la méthode que j'ai présentée.

Cette marche, en augmentant le nombre des abeilles, leur fournira un plus beau miel, une cire moins brune et plus facile à blanchir, et je pense que la vente de leurs essaims, jointe à celle du miel et de la cire, donnera aux cultivateurs un produit plus considérable que celui qu'ils retirent aujourd'hui de leurs abeilles, d'autant plus qu'ils auront moins à craindre les fausses-teignes, et qu'ils seront plus sûrs de leurs essaims.

Méthodes pour les Ruches d'une Pièce.

Mais, pour obtenir ces avantages réunis, il faut

employer la ruche que j'ai proposée. On ne trouvera pas les mêmes facilités dans les ruches d'une pièce. L'opération de la taille y est fort difficile.

Cependant si on vouloit la conserver, voici la manière que je crois la meilleure pour réussir.

Après avoir obtenu un essaim naturel ou forcé, et avoir laissé écouler quelques jours, on pesera la ruche, et si elle est lourde, on en chassera les abeilles pour les faire passer dans une ruche vide. On mettra cette ruche à la place de l'ancienne qu'on emportera, et qu'on taillera. Cette opération doit se faire pendant qu'une partie des abeilles est aux champs (il est utile qu'il y ait un trou au sommet de la ruche pour y introduire la fumée).

Pour cet effet, on pose la ruche renversée sur le cadre, et à défaut sur une chaise renversée, dans une brouette ou même au besoin dans un trou fait en terre à l'ombre, dans lequel la ruche entre à la profondeur de 5 à 6 pouces, ce qui suffit pour la maintenir dans la direction verticale.

Quand la ruche est placée, on prend un couteau dont la lame est courbée à son extrémité, ou mieux suivant M. *Bosc*, dont l'extrémité de la lame de 1 pouce de long est pliée sous un angle obtus. On peut aussi se servir de l'instrument suivant d'un de mes amis, qui ne veut pas être nommé, et qui est grand amateur d'abeilles. C'est une lame mince de 3 lignes de large, et arrondie par son extrémité ; le tranchant règne tout autour ; son extrémité de 1 fort pouce de longueur est pliée, et forme l'angle droit avec l'autre partie de la lame. Cette lame est fixée dans un manche rond de 3 lignes d'épaisseur, et de 1 pied ½ de long. Il y a du côté de la lame, une virole pour la maintenir. L'instrument seroit plus solide en le faisant d'une seule pièce. Le manche ne seroit alors que le prolongement de la lame.

Il faut, en outre, pour tailler les ruches en paille, un couteau à lame étroite et droite.

On coupe les rayons des côtés en plusieurs parties, à raison des baguettes qui traversent la ruche. On les enlève en totalité, à l'exception de ceux qui contiennent le couvain qu'on évite de froisser. La taille terminée, on rapporte cette ruche, on pose dessus celle qui contient les abeilles, et on la frappe pour les en détacher et les faire tomber dans celle où est le convain; ou bien on détourne la ruche qui contient les abeilles, et on met l'autre dessus. Les abeilles, à la vue du couvain, et à l'odeur du miel, y remontent de suite. On la remet alors sur le plateau.

Quelques jours après la taille, on fait une visite générale, et on nettoie les plateaux sur lesquels il y a des débris de cire. Il n'y faut jamais laisser couler de miel dont l'odeur attireroit les guêpes, les frelons et même les abeilles des ruches voisines. Aussi est-il utile, s'il y a du miel contre les parois des ruches, de placer les portes pendant vingt-quatre heures.

On s'aperçoit par ce détail que les ruches en paille ne présentent pas les mêmes facilités pour la taille que celles à la *Bosc*. On ne peut, en outre, y avoir que des essaims naturels ou forcés, et dans ces deux cas, les provisions et le couvain restent en entier dans la mère ruche. Toutes ces considérations me paroissent propres à faire adopter la ruche à la *Bosc*.

Ceux qui préfèreront l'ancienne méthode à celle que je propose, feront bien, à l'entrée du printemps de la seconde année, d'enlever la moitié des rayons vides de leurs ruches, de prendre l'autre moitié l'année suivante, et de continuer ainsi jusqu'à ce qu'ils étouffent leurs abeilles. Ils y trouveront le double profit d'une petite récolte de cire, et de la conservation de leurs abeilles qui seront moins attaquées par la fausse-teigne.

Moyens de faire travailler les Abeilles en Cire.

Il est des cantons qu'on peut réputer bons, et même excellens en France, mais où la qualité du miel est très-inférieure, quoique la cire en soit très-belle. Plusieurs parties des départemens de la ci-devant Bretagne sont dans ce cas. Je reçois dans ce moment une lettre qui m'apprend que, malgré le prix élevé du sucre, et quoique l'année ait été mauvaise, le miel n'y vaut que 26 à 36 francs les cinquante kilogrammes (le quintal), suivant les qualités. Si la paix faisoit baisser le prix du sucre, nul doute que celui du miel ne diminuât, et les cultivateurs n'auroient d'autres ressources, pour tirer parti de leurs abeilles, qu'en purifiant leur miel suivant la méthode de M. *Cadet de Vaux*, ou en forçant les abeilles de travailler en cire.

Voici comme je pense qu'on pourroit opérer pour

y parvenir. On vérifieroit les ruches au moment où le sarrasin entreroit en fleur ; si elles étoient bien approvisionnées de miel, on en feroit de suite la récolte au moyen de la taille; dans le cas contraire, on attendroit pour ne récolter que de la cire. On auroit l'attention de couper les alvéoles royaux, s'il y en avoit au moment de la visite, pour arrêter la sortie des seconds essaims; et, s'il en sortoit un, on le feroit rentrer dans la ruche.

On récolteroit le miel en enlevant tous les rayons qui ne contiendroient pas de couvain, et en coupant même la partie qui seroit remplie de miel dans les rayons où il se trouveroit du couvain. Pour cet effet on renonceroit aux ruches en paille, et on adopteroit celles à la *Bosc*.

La récolte ne seroit peut être que de moitié, ou même du tiers de celle ordinaire, mais on auroit du miel bien supérieur à celui qu'on récolte par la méthode actuelle, puisqu'il seroit le produit des fleurs printanières, et qu'il n'y entreroit ni nectar, ni miellée de sarrasin.

On visiteroit les ruches trois semaines après ou plus tôt si la saison étoit favorable. L'expérience seule peut fournir dans chaque canton le moment de cette visite, qui dans les cantons très-favorisés peut avoir lieu quelques jours après.

Si elles étoient garnies de rayons, on en détacheroit deux ou trois de chaque côté avant que les abeilles y eussent mis du miel ; on renouvelleroit l'opération plus ou moins, suivant le temps, et on cesseroit dès qu'on jugeroit que les abeilles ne pourroient plus recueillir que leurs provisions d'hiver, qu'on complèteroit au besoin en donnant du sirop aux abeilles. De cette manière on tireroit un parti avantageux de ses abeilles.

J'ignore quelle est la quantité de miel nécessaire aux abeilles pour faire une livre de cire, mais je sais qu'il leur faut peu de temps pour construire un rayon. Le rapport du prix de la cire à celui du miel étant aujourd'hui dans plusieurs départemens de sept ou huit à un, et pouvant augmenter à la paix par la diminution du prix du miel, au point qu'une livre de cire vaudra dix livres de miel, il faudra que la quantité de miel nécessaire pour faire une livre de cire soit bien considérable pour n'y pas trouver un bénéfice certain, d'autant plus grand que les femmes sont aussi propres que les hommes à ces opérations qui ne demandent point de force et très-peu d'adresse, et qu'elles se chargeront de ce travail à une époque où le temps des cultivateurs est précieux.

Expériences à faire sur cette Méthode.

Des expériences faites sur les lieux pourroient fournir des données exactes sur ce point. Il ne s'agiroit que de mettre dix ou vingt ruches en expérience; on en traiteroit la moitié suivant l'ancienne méthode, et l'autre moitié suivant celle que je propose avec les nouvelles ruches. On tiendroit compte du miel et de la cire qu'on récolteroit, ainsi que de leur qualité, qui en augmenteroit la valeur; car je pense que la cire nouvelle, très-blanche et très pure, se vendroit plus chèr que celle qu'il faut purifier, et que le miel du printemps fait dans de la cire nouvelle auroit beaucoup plus de valeur que celui provenant du sarrasin mêlé avec du pollen et placé dans des alvéoles garnis de plusieurs toiles.

On calculeroit également la différence de ces méthodes pour la multiplication des abeilles, pour les préserver de la fausse-teigne dans les lieux où elle est commune, pour ne pas perdre les essaims et son temps à les surveiller et les suivre, et on seroit à même de juger quelle seroit la meilleure méthode.

En adoptant celle que je propose, on n'auroit plus besoin d'étouffer les abeilles, à moins qu'elles ne vinssent à trop multiplier, et qu'il ne fallût sacrifier quelques ruches si on ne trouvoit pas à les vendre. Comme on ne feroit qu'un essaim par ruche en la séparant en deux parties, on auroit des ruches bien garnies d'abeilles, où la fausse-teigne pénètreroit difficilement, si elle étoit multipliée dans le canton. On renouvelleroit les rayons du milieu, ménagés dans la belle saison, en les coupant à l'entrée du printemps, avant que la ponte fût commencée; et, pour ne pas laisser à cette époque de vide au centre, ce que je crois dangereux, on pourroit, en changeant les parties de la ruche, mettre les rayons des côtés au centre, et ceux du centre sur les côtés.

Si ce procédé avoit, comme je le crois, un plein succès dans ces départemens, il augmenteroit l'aisance du cultivateur; il lui faciliteroit les moyens de faire plus d'avances pour ses autres cultures; enfin la vue des avantages que quelques propriétaires retireroient de leurs abeilles détermineroit les autres cultivateurs à suivre leur exemple, à multiplier les abeilles autant que les divers cantons pourroient en nourrir, et à perfectionner leur culture.

Aujourd'hui, au contraire, la mauvaise qualité du miel dégoûte les propriétaires de se livrer à cette culture. Un autre motif qui fait négliger leur culture, est le désagrément des essaims qu'il faut garder, après lesquels il faut courir, et dont on perd une partie. Si l'on veut visiter ses ruches, le défaut de connoissances met dans l'impossibilité de rendre ses abeilles douces et tranquilles pendant l'opération. On les met en fureur; elles poursuivent celui qui les soigne, piquent ceux qui en approchent, et on finit par s'en lasser. Aussi cette culture est-elle abandonnée à quelques petits fermiers, et il n'y en a pas la moitié de ce que ces départemens pourroient en nourrir.

Habitans de la ci-devant province de Bretagne, je suis né parmi vous. J'ai été élevé dans vos maisons d'éducation, et j'y ai puisé, ainsi que dans la maison paternelle, les principes qui ont dirigé ma conduite. J'ai cherché à vous prouver ma reconnoissance, en sacrifiant ma fortune et en exposant dix fois ma vie pour vous être de quelque utilité pendant les momens orageux de la révolution. Dans ce Traité, je vous ai particulièrement en vue, en m'occupant d'une branche essentielle de l'agriculture trop négligée dans vos départemens. J'ai désiré vous communiquer les lumières que j'avois pu recueillir par mes expériences, et plus encore par mes conversations avec les membres des deux Sociétés scientifiques les plus savantes de la France, ainsi que dans leurs écrits, dans l'intime persuasion qu'elles vous procureroient quelques moyens d'améliorer votre culture. Puissé-je ne m'être point trompé ! Je serai bien payé de mes recherches et de mes veilles, si j'ai réussi à vous présenter un mode de culture des abeilles plus favorable à vos intérêts, avantageux à la France entière, et qui réunisse tout-à-la-fois l'agrément, l'instruction et l'utilité.

§. XXIV. *Maladies des Abeilles.*

Les maladies (1) des abeilles sont au nombre de cinq : les indigestions, la dyssenterie, le vertige, le

(1) *Si verò (quoniam casus apibus quoque nostros*
Vita tulit) tristi languebunt corpora morbo ;
Quod jam non dubiis poteris cognoscere signis.
Continuò est ægris alius color ; horrida vultum
Deformat macies ; tum corpora luce carentum
Exportant tectis, et tristia funera ducunt :
Aut illæ pedibus connexæ ad limina pendent :
Aut intùs clausis cunctantur in ædibus omnes,
Ignavæque fame, et contracto frigore pigræ.
Tum sonus auditur gravior tractìmque susurrant :
Frigidus ut quondam sylvis immurmurat auster,
Ut mare sollicitum stridet refluentibus undis,
Æstuat ut clausis rapidus fornacibus ignis.
Hìc jam galbaneos suadebo incendere odores,
Mellaque arundineis inferre canalibus, ultrò
Hortantem, et fessas ad pabula nova vocantem.

gonflement contre nature et le changement de couleur des antennes. Quelques auteurs ajoutent la rougeole.

De toutes ces maladies, je n'ai été à même de connoître que la dyssenterie et l'indigestion; elles produisent le même effet, c'est-à-dire une diarrhée qui peut devenir funeste aux abeilles, si on n'en prévient pas les suites.

La dyssenterie a pour causes la miellée récoltée sur les feuilles rouillées; le miel extrait à l'automne

---

Proderit et tunsum gallæ admiscere saporem,
Arentesque rosas, aut igni pinguia multo
Defruta, vel psÿthiâ passos de vite racemos,
Cecropiumque thymum, et grave olentia centaurea.

Comme nous cependant ces foibles animaux
Eprouvent la douleur et connoissent les maux :
Des symptômes certains toujours en avertissent :
Leur corps est décharné, leurs couleurs se flétrissent;
On les voit dans leurs murs languir empoisonnés,
Ou bien suspendre au seuil leurs essaims enchaînés.
Tantôt leur troupe en deuil autour de ses murailles
Accompagne des morts les tristes funérailles;
Tantôt le bruit plaintif de ce peuple aux abois
Imite l'aquilon murmurant dans les bois,
Et le reflux bruyant des ondes turbulentes,
Et le feu prisonnier dans des forges brûlantes.
Veux-tu rendre à l'abeille une utile vigueur?
Que des sucs odorans raniment sa langueur;
Et dans des joncs remplis du doux nectar qu'elle aime,
A prendre son repas invite-la toi-même.
Joins-y du raisin sec, du vin cuit dans l'airain,
Ou la pomme du chêne, ou les vapeurs du thym,
Et la rose flétrie et l'herbe du centaure.

de certains fruits, comme les prunes, les temps froids et humides tout-à-la-fois, et quelquefois le défaut de pollen.

L'indigestion provient du miel grossier qu'on leur donne, soit à la fin de l'automne, quand elles manquent de provisions, soit pendant l'hiver ou à l'entrée du printemps. Si le temps n'est point chaud, les abeilles qui ont perdu une partie de leur vigueur digèrent mal ce miel. Il leur cause des indigestions, et la diarrhée en est la suite. Ainsi, la dyssenterie et l'indigestion produisent les mêmes effets et doivent être traitées de la même manière, c'est-à-dire être prévenues ou guéries par des toniques.

Pour les prévenir, lorsque les feuilles ont été rouillées, ou que l'année a été abondante en prunes et autres fruits qui nuisent aux hommes comme aux abeilles, lorsque enfin les fièvres d'automne sont nombreuses, ainsi que celles du printemps, on doit, comme je l'ai dit, mêler du vin, ou, à défaut, toute autre liqueur fermentée dans du miel, avec un peu de sel et quelques coings qu'on a mis d'avance dans de l'eau et réduits en compote.

Les proportions sont une partie de miel sur une de vin, un gros de sel ou environ, et un ou deux coings par livre de miel. On leur donne un peu de ce mélange à l'automne et au printemps, le tout cuit jusqu'à consistance de sirop.

Si les abeilles manquent de vivres à l'automne ou au printemps, on leur donne les sirops que j'ai fait connoître.

Si on n'avoit que du gros miel à leur donner, on feroit bien de le faire cuire et d'y mêler un peu de sel et de liqueur fermentée; on l'écumeroit pendant la cuisson. Quelques cultivateurs prétendent que le vin blanc est à préférer au rouge, et qu'en échauffant les abeilles, il les excite au travail, principalement au printemps, où les nuits sont fraîches, et où les abeilles ont plus de besoin d'être excitées.

Si on a négligé de prévenir le mal, on le guérit par le même moyen; mais il faut s'empresser de leur fournir le remède, d'enfumer la ruche et de nettoyer le plateau. On reconnoît aisément que les abeilles ont la diarrhée, lorsque le plateau et les rayons sont couverts de taches produites par les excrémens de ces insectes. Ces excrémens augmentent le mal par l'odeur infecte qu'ils répandent dans la ruche. Il se peut que cette odeur produise sur le couvain, en viciant l'air, les effets qu'on attribue toujours au froid. Il est certain que les froids vifs tuent le couvain quand il n'en est pas garanti par les abeilles; mais on n'a pas assez étudié ces insectes pour s'assurer si c'est toujours cette cause dont l'effet est de réduire le couvain en limon, et de répandre ces maladies épidémiques qui ravagent quelquefois des cantons et en détruisent les abeilles.

Je pense que la dyssenterie entre pour beaucoup dans cet effet, et que le couvain, ne respirant qu'un air malsain, doit se corrompre aussi et plus facilement qu'à la suite des grands froids.

Je n'ai jamais été à même d'examiner la maladie

du vertige, qui est, dit-on, produite par le suc de quelques plantes vénéneuses. Cette maladie se guérissant naturellement ne demande aucun soin.

Le gonflement contre nature est dans le même cas.

Quant au changement de couleur des antennes, qui demande une grande attention pour s'en apercevoir, on lui applique le même remède que pour la dyssenterie.

Les auteurs qui ont parlé de la rougeole, et l'ont traitée de maladie, se sont trompés. Ce qu'ils ont pris pour une maladie n'étoit autre chose que du pollen d'une teinte rougeâtre, mis par les abeilles dans des alvéoles où les larves des fausses-teignes ont quelquefois pénétré.

Il seroit dangereux de priver, comme ils le conseillent, les abeilles de cette provision utile à leurs petits; mais il est essentiel de détruire les larves de la fausse-teigne.

§. XXV. *Manipulation du Miel.*

En m'occupant de la culture des abeilles, je puis avoir négligé de petits détails utiles aux cultivateurs, mais qu'ils apprendront mieux dans la pratique que dans un livre, où il suffit, après avoir donné les principes généraux, de les appliquer suivant les principales localités. Une année d'exercice les mettra au courant, et pour peu qu'ils aient d'intelligence et d'activité, et qu'ils observent la nature et sa marche dans le canton où ils sont fixés, ils auront bientôt surpassé les maîtres qui leur ont donné les premières notions; mais ils doivent s'attendre dans leurs débuts à manquer quelques opérations et à être forcés à recommencer. Les essais ne sont pas toujours des chef-d'œuvres. Ils ne doivent donc pas se décourager pour n'avoir pas complètement réussi dans leurs débuts. De l'application et un peu de patience et de courage les auront bientôt mis au courant de leurs travaux, qui ne seront plus qu'un jeu pour eux et leurs familles.

Local et Instrumens.

La récolte du miel et de la cire étant faite, il s'agit de les séparer. Pour cet effet il faut les transporter dans un local dont les ouvertures soient au midi. Il doit y avoir une cheminée pour y faire au besoin du feu. Si le tuyau de la cheminée étoit court, on boucheroit le devant de la cheminée par une toile, ou on y feroit placer une plaque de tôle qu'on lèveroit et baisseroit au besoin, pour empêcher les abeilles d'entrer dans l'atelier pendant qu'on travaille.

On y a des volets ou contre-vents pour augmenter ou diminuer le jour à volonté, et il faut tenir les croisées bien fermées pour s'opposer à l'entrée des abeilles. Les cultivateurs qui font beaucoup de miel doivent garnir cet atelier de plusieurs baquets ou cuviers, qu'ils peuvent faire avec des barriques ou demi barriques sciées en deux. Il faut que ces baquets soient blanchis et bien nettoyés. Il est utile qu'un d'eux ait dans son fond un trou, dans lequel on introduit et on place à demeure un tuyau de tôle ou de fer-blanc de 1 pouce de diamètre et de 3 ou 4 de long.

Il faut en outre des paniers à fond plat un peu moins grands que les baquets ou cuviers sur lesquels on les pose. Les côtés doivent s'élever verticalement à la hauteur de 15 à 18 pouces. Le fond ne doit pas être formé d'osiers entrelacés, mais placés parallèlement les uns à côté des autres et fort rapprochés. S'ils sont écartés, on couvre le fond avec une toile claire, nommée canevas.

On a plusieurs de ces toiles, une ou deux spatules, plusieurs pots et barils de diverses proportions, un grand chaudron, des moules en fer-blanc pour y couler la cire, et une cuiller qui contienne la même quantité de cire que les moules.

Enfin il est bon d'avoir un pressoir et un petit treuil. Ce dernier instrument est très-utile quand on fait seul son travail.

Le pressoir est dans le genre de ceux nommés à étiquette, mais les jumelles sont plus longues; elles descendent au-dessous de la maye, qu'on nomme mettage dans quelques départemens, d'environ de 1 pied $\frac{1}{2}$, de manière que la maye est élevée de cette hauteur au-dessus du niveau du plancher; elle a environ 2 pieds $\frac{1}{2}$ de large et de long, et 3 pouces d'épaisseur. Le centre, de 18 pouces carrés, est bien uni et de niveau; mais on établit une pente vers les bords, en réduisant insensiblement l'épaisseur de 6 lignes par derrière, et de 1 pouce par devant, pour que le miel, au moyen de cette pente graduée, coule vers les bords, et ensuite vers le devant. On ménage un rebord d'environ 1 pouce de large.

La maye est bien liée avec des bandes de fer; on en met également deux dessous. Au milieu du rebord du devant il y a une coupe de 1 pouce pour le passage du miel; on y met une petite plaque en tôle ou en fer-blanc, qui avance de 3 pouces, pour l'écoulement du miel et pour l'empêcher de couler le long de la maye. Cette maye doit être mobile; elle pose sur deux traverses attachées aux jambes de force, qui maintiennent les jumelles dans leur position verticale.

On pose sur la maye un seau ou baquet carré de 1 pied $\frac{1}{2}$ de diamètre sur 8 à 10 pouces de haut. Ce seau est composé de quatre planches de 1 pouce $\frac{1}{2}$ d'épaisseur; elles sont garnies de deux bandes de fer qui les renforcent et les tiennent réunies au moyen des vis et des écrous qu'elles ont à leurs extrémités. On fait de petits trous dans ces planches.

Le fond du seau n'y est point attaché. Il consiste en deux rangs de tringles de 1 pouce de large sur 1 pouce $\frac{1}{2}$ de hauteur, placées les unes à côté des autres, à la distance de 4 lignes au plus. Le second rang pose sur le premier à angle droit, et y pénètre de 4 lignes au moyen d'entailles. Quand on pose ce fond, les tringles du premier rang doivent être parallèles aux côtés.

On a une planche de 3 pouces d'épaisseur, et qui entre bien juste dans le seau; elle a une poignée au milieu. On pose dessus des morceaux de bois de même longueur, de 4 à 6 pouces de large, et de 1, 2 ou 3 pouces d'épaisseur. Suivant le besoin de la pression, on met deux rangs de ces garnitures et la quantité convenable.

La vis, quand elle est en bois, est renforcée dans la partie inférieure d'une ou deux larges bandes de fer. On y fait deux trous pour faire entrer le lévier qui doit servir à la pression. Ces trous traversent la vis dans toute son épaisseur.

Le mouton qui tient à la vis est maintenu dans sa position par une coulisse faite dans chaque jumelle.

Les jumelles sont attachées à un mur par quatre fortes bandes de fer bien scellées.

Le treuil consiste en un cylindre de bois de 6 à 8 pouces de diamètre, et de 1 pied ½ à 2 pieds de long. Il y a d'un côté deux trous qui le traversent; de l'autre, une forte corde qui se termine par une boucle. Ce cylindre est maintenu à la gauche du pressoir à la hauteur des trous de la vis par deux forts cercles de fer scellés dans un mur. On le fait agir avec deux petits léviers en bois ou en fer; mais le lévier qui fait tourner la vis est une barre de fer de 4 pieds ½ à 5 pieds. Lorsqu'on veut opérer, on avance la maye en avant, et on y place le seau. On l'enfonce aussitôt que le seau est rempli; et, au moyen de deux crochets, on maintient le seau dans sa place.

Manière d'opérer.

Les cultivateurs qui auroient des pressoirs pour le vin, le cidre, etc., pourroient s'en servir; il ne faudroit qu'y ajouter un seau.

Quand on veut travailler son miel, on tire avec

une spatule les rayons des couvercles ou des ruches, s'il y est encore; on enlève la cire qui couvre les alvéoles avec une lame mince de couteau, et on les pose dans un panier placé sur un baquet. On met deux tringles sur le baquet; elles soutiennent le panier et l'empêchent d'enfoncer dans le baquet. Les rayons sont droits et non couchés dans la position contraire à celles qu'ils avoient dans la ruche, pour faciliter l'écoulement du miel. On met à part les rayons vides.

Ceux qui n'ont qu'un peu de miel à confectionner peuvent se contenter d'un grand plat creux ou d'une soupière, sur lesquels ils mettent un tamis.

S'il reste des mouches contre les rayons, on chasse celles qui ne sont point engluées et on les fait sortir de l'atelier. Pour cet effet, on ferme les volets, et on ne laisse de jour que dans une partie suffisante pour le passage des abeilles. Quand elles sont sorties, on tient l'atelier bien clos; sans cette précaution, les abeilles attirées par l'odeur du miel se rendroient en grand nombre dans l'atelier, où il seroit impossible de travailler.

On doit retirer avec attention les abeilles mortes, parce qu'elles portent dans le miel un principe de putréfaction et lui donne un mauvais goût.

Si on veut faire du miel de première qualité, qu'on nomme miel vierge, on divise les rayons en deux parties. On ne met dans la première que les rayons ou portions de rayons dans lesquels il n'y a eu ni couvain ni pollen, et on les arrange dans le panier de manière que la surface d'un rayon ne soit pas appliquée contre celle d'un autre ; ce qui s'opposeroit à l'écoulement du miel.

Les autres parties des rayons se mettent dans un autre panier, après qu'on en a tiré le couvain et le pollen. On écrase ces rayons avec la main au-dessus d'un panier, dans lequel on en laisse tomber les débris ; on laisse ensuite le miel couler.

Quand le miel de première qualité s'est séparé de la cire, on prend les rayons ; on les écrase et on les mêle avec ceux du miel de seconde qualité.

Lorsqu'on a terminé son opération ou qu'on a assez de rayons pour faire agir la presse, on garnit le seau du pressoir d'un canevas très-fort et assez grand pour le doubler par-dessus la cire, sur la longueur et la largeur, afin qu'elle ne puisse échapper. On remplit ce canevas des débris de rayon quand le miel ne coule plus. On les presse avec les mains pour en mettre davantage ; on passe le canevas par-dessus, et on le couvre de la planche.

On met des garnitures ; on place alors la barre de fer dans les trous de la vis. Après quelques tours, on s'arrête pour laisser couler le miel. A mesure que le mouton descend, on met des garnitures pour l'empêcher de porter sur le seau. On reprend le lévier de temps en temps. Lorsqu'on n'a plus la force de le faire marcher sans secousses, on l'attache par son extrémité à la corde du treuil, qu'on fait agir avec deux petits léviers, et on s'arrête quand on juge la pression suffisante.

Méthode de M. Lombard.

M. *Lombard*, au lieu d'employer le seau, se sert d'une boîte de 14 pouces de longueur sur 8 de largeur. Cette boîte, percée de tous les côtés de petits trous qui ont la figure de larmes, est sans fond. Il n'y a qu'une traverse de 2 pouces de largeur dans le milieu de la boîte qui y tient en remontant, pour empêcher l'écartement. Dans chaque côté est une tige de fer, dans laquelle passe un anneau, afin de pouvoir mettre facilement à deux mains la boîte sur la maye de la presse et la déplacer. On a des sacs de canevas ou de toile de crin qui sont de la forme intérieure de la boîte, avec quatre bavettes qui pendent de chaque côté, sans toucher au bassin de la presse.

On met dans la boîte, ainsi doublée de son sac, les rayons de miel qu'on veut presser; on renverse les bavettes en dedans de la presse, et on met par-dessus une planche de 2 pouces d'épaisseur, de la grandeur juste de la boîte, et qui tient les quatre bavettes croisées et appliquées les unes sur les autres. On charge cette planche, on presse, etc.

Cette boîte est moins dispendieuse que le baquet que j'ai décrit; mais elle n'en a ni la solidité ni la commodité. Elle cèderoit nécessairement à une pression très-forte, et elle n'est bonne que pour ceux qui n'ont pas beaucoup de miel, et non pour ceux qui opèrent en grand.

Méthode de M. Béville.

Comme les presses sont chères, M. *Béville* a cherché les moyens de les remplacer par une invention peu dispendieuse. Voici son procédé :

« Vous mettez sur l'aire du plancher une planche refouillée de 1 pouce environ, le bout près du mur; vous arrangez vos gâteaux sur cette planche refouillée; vous mettez une autre planche sur les gâteaux arrangés sur celle refouillée. Sur cette seconde planche, vous mettez une pierre ou un petit bloc de bois; puis, avec un grand bâton un peu fort, dont le bout est entré dans le mur, vous faites des pesées. »

Les personnes qui font très-peu de miel peuvent se contenter de bien pétrir leur cire avec les mains pour en extraire le miel, et de le presser dans une toile claire et forte en la tordant; mais pour extraire beaucoup de miel par cette méthode, il faut que le temps soit très-chaud, ou qu'on se procure une chaleur artificielle de 25 à 30 degrés. C'est la troisième qualité de miel.

Tous ces moyens ne valent pas la presse, et il seroit à désirer que, dans les cantons où l'on cultive beaucoup les abeilles, il y en eût une ou deux qui serviroient pour tous les habitans.

Méthode de quelques Cantons où on étouffe les Abeilles.

Dans les contrées où l'on est dans l'usage d'étouffer les abeilles, opération qui se fait dans le cours de l'automne, il est difficile d'extraire le miel de la cire sans presse. Pour y parvenir, dans plusieurs départemens, au lieu de réchauffer l'atelier, on met un bassin ou un chaudron sur un feu doux et sans flamme; on y échauffe le miel suffisamment, sans fondre la cire, qu'on remue continuellement, et on la pétrit avec les mains pour l'amollir; ensuite on la tord dans de la toile pour en extraire le miel.

Cette méthode me paroît inférieure à toutes les autres, en ce qu'elle nuit à la qualité du miel. Les parties qui touchent immédiatement les parois du vase reçoivent une chaleur plus considérable que le reste, et prennent un goût de brûlé qu'elles communiquent à la masse.

Dans d'autres cantons, on met les rayons dans le four quand il n'a qu'une chaleur moyenne; et, lorsque le miel est échauffé au point de couler, on le presse; mais pour peu que le four soit un peu chaud, la cire se fond.

Méthode pour le Miel candi.

Si le miel étoit candi, tous les moyens ci-dessus seroient inutiles pour l'extraire des alvéoles. Il faut avoir recours à un autre expédient. On chauffe de l'eau, mais pas assez pour fondre la cire; on y plonge les rayons qu'on brise, après avoir enlevé la cire qui recouvre les alvéoles; on remue le tout et on met le chaudron sur un feu bien doux, si l'atelier n'est point chaud, pour conserver seulement la chaleur de l'eau. Quand le miel est fondu et la cire bien ramollie, on verse le tout dans le seau et on presse; on remet ensuite ce miel sur un feu doux pour en faire évaporer l'eau, ou on s'en sert pour faire l'hydromel de première qualité, ou pour les sirops des abeilles.

Pendant toutes ces opérations, on a ses mains et les instrumens gras et gluans; on les lave dans un seau qu'on garde à cette fin.

Épuration du Miel.

Le miel étant pressé, on le laisse quelque temps dans un cuvier pour qu'il s'épure. Il jette beaucoup d'écume qu'on enlève, et les parties hétérogènes les plus lourdes descendent au fond. Après cette épuration, on place ce miel dans des barils, ainsi que celui de seconde qualité. Pour l'entonner dans les pièces, on le verse dans le baquet qui a un tuyau dans le fond, et on met ce baquet sur le baril, le tuyau dans la bonde.

Les premier et second miels n'ont pas besoin de s'épurer. Si cependant le second rendoit un peu d'écume, on l'enlèveroit.

Le premier miel se place dans des pots; on porte ces pots et les barils dans un lieu frais, où le miel prend de la consistance.

Le miel ayant été pressé, on ouvre le seau de la presse et on en tire de suite le marc contenu dans le canevas; on le mèt à part jusqu'à ce que tout le miel ait été pressé, ou qu'on en ait suffisamment pour l'opération suivante.

On émiette ce marc; on verse dessus l'eau dans laquelle on a lavé ses instrumens et ses mains pendant l'extraction du miel; on y joint l'écume et les portions de rayon où il peut rester un peu de miel avec le couvain. On met dix à douze livres d'eau sur cent livres pesant de marc. Lorsque ces matières ont trempé un jour ou moins, suivant la chaleur, on les presse de nouveau.

Le miel qu'on extrait par cette pression est grossier et chargé d'eau; on la fait évaporer sur un feu doux. Ce miel peut servir pour les bestiaux et pour nourrir les abeilles, après l'avoir fait un peu bouillir et écumer, et y avoir mêlé du vin.

Hydromel.

Cette opération terminée, on brise de nouveau le marc et on le mêle avec un peu d'eau. Quand il est suffisamment trempé, on le presse pour la troisième fois. L'eau miellée qui en sort est mise sur le feu, et y reste jusqu'à ce qu'on en trouve la cuisson suffisante et l'évaporation assez grande; alors on la laisse froidir; on la passe dans des chausses de laine et on la met dans des barils. C'est un hydromel commun, qui doit avoir des qualités différentes de celui dont je parlerai ci-après, à raison du pollen et du couvain qui sont entrés dans sa confection.

On brise pour la troisième fois le marc; on le fait tremper et on le presse; on mêle dans l'eau qui en sort le marc liquide qui est resté dans les chausses; on fait bouillir cette eau pendant quelques minutes; ensuite on la verse dans des barils où elle fermente, et produit un hydromel léger, qu'on nomme improprement *cidre* dans quelques cantons, et que les ouvriers consomment. C'est une liqueur fort saine et assez spiritueuse.

Eau-de-Vie.

Ceux qui ont un alambic et veulent faire de l'eau-de-vie ne font pas bouillir l'eau qui sort par la dernière pression ni même celle de la précédente; s'ils ne veulent pas d'hydromel, ils les mettent dans une cuve qu'ils couvrent, et quand la fermentation est bien établie, ils en tirent une eau-de-vie par la distillation, en employant les moyens ordinaires, et en la rectifiant au besoin pour lui donner de la force.

Les personnes qui font trop peu de miel pour tirer parti de cette dernière eau, ou qui ne veulent pas en faire de l'eau-de-vie ou de l'hydromel léger, doivent la mêler dans les alimens de leurs bestiaux, qui l'aiment et qu'elle engraisse.

Si on désiroit donner au miel vierge l'odeur des fleurs d'orange ou telle autre, on placeroit dans le fond du panier où le miel coule les fleurs ou autres matières dont on voudroit lui communiquer l'odeur. Comme le miel est meilleur et se conserve long-temps dans les rayons, on peut choisir les rayons les plus blancs et les moins froissés; on les met dans des vases de terre vernissés; on les couvre et on les place dans un lieu frais. On ne doit pas craindre de les manger ainsi avec de la cire, si elle est pure, parce qu'elle corrige ses qualités relâchantes. D'ailleurs, après après avoir exprimé le miel, on peut rejeter la cire.

Mélange nuisible au Miel.

Le miel blanc est plus recherché en France que le jaune. Quelques fabricans de miel ont imaginé, pour le blanchir un peu, d'y mêler de la farine ou de mêler les rayons chargés de couvain avec le miel dans le pressoir. Ce mélange augmente beaucoup la fermentation et altère la qualité du miel.

§. XXVI. *Façon de la Cire.*

Le marc ayant été trempé trois fois n'a plus besoin d'autres préparations que d'être fondu pour en extraire la cire. On nettoie bien le pressoir et tous les instrumens, pour qu'il n'y reste aucune partie de miel, et on place sur le feu un chaudron au tiers rempli d'eau.

Première Méthode.

Pendant que l'eau chauffe, on brise le marc, et lorsqu'elle est assez chaude pour faire fondre la cire, on jette le marc dedans; on ne remplit pas tout-à-fait la chaudière; on remue le marc de temps en temps, sur-tout lorsque l'eau commence à bouillir, pour l'empêcher de trop s'élever et de se répandre; ce qui occasionneroit une perte de cire et exposeroit à mettre le feu dans la cheminée.

On a au besoin un peu d'eau froide auprès de soi; on en jette dans la chaudière, si les matières s'élevent trop, malgré le mouvement. On prévient ce danger en diminuant le feu lorsque l'eau bout.

On ne doit pas cuire beaucoup la cire, parce qu'elle devient trop sèche, cassante et brune. Cette couleur est d'autant plus fâcheuse, qu'elle ne peut être enlevée ni par le soleil ni par la rosée.

Quand le marc est totalement divisé et la cire fondue, on les verse avec l'eau dans le seau de la presse, qu'on a garni d'un fort canevas très-clair et d'un second par-dessus plus fin.

Quand la totalité est versée, on prend les canevas par leurs extrémités, et on les soulève tantôt d'un côté, tantôt de l'autre, pour faciliter l'écoulement d'une partie de l'eau et de la cire. Lorsqu'on voit la possibilité de plier les toiles par-dessus, on le fait et on presse. De temps en temps on enlève avec une espèce de racloir la cire qui se fige sur la maye, et qui s'opposeroit à l'écoulement dans le baquet placé dessous. Ce baquet contient un peu d'eau quand on le place sous le pressoir.

Lorsqu'on a suffisamment pressé, on attend que la cire soit un peu refroidie. Dès qu'on peut la toucher sans danger de se brûler, on la manie dans l'eau, on la pétrit un peu dans les mains, on la réduit en petites portions et on la jette dans un autre baquet rempli d'eau claire, où on la remue encore. Elle dépose dans ces eaux toutes les matières hétérogènes, et il en reste peu à la seconde fonte.

Toute la cire étant fondue et bien lavée, on la fond une seconde fois avec un peu d'eau; on écume la cire, si on y aperçoit des saletés. On ne fait qu'un feu modéré pour fondre seulement la cire; lorsqu'elle est fondue, on la prend avec la cuillière et on en remplit les moules. La cire fait rarement des bouillons dans les moules, si on a bien dirigé le feu.

Lorsqu'on juge que la cire est figée à moitié, si on craint qu'il ne se forme des crevasses à la superficie, on détache la cire des bords du moule avec une lame de couteau bien mince.

Le jour même ou le lendemain, on la retire des moules, et s'il y a par-dessous des matières étrangères, qu'on nomme *pied de la cire* ou *boulée*, on les enlève en la ratissant; ce qu'on désigne par épiéter la cire.

Les pains ou briques de cire ainsi disposés sont propres à la vente. Ils ont la forme d'une brique de savon et doivent peser douze à quinze livres. Lorsque la cire n'est pas aussi bien épurée, il faut l'envelopper, parce que la fausse-teigne pourroit l'attaquer.

L'écume et les parties ratissées contenant un peu de cire se mettent à part, et lorsque la cire est entièrement disposée, on fond tous ces débris ensemble et on en fait un pain ou deux de cire grossière, qui peut être utile pour frotter les planchers.

Emploi du Marc.

Aussitôt après avoir pressé et lavé la cire, on retire le marc des canevas. Si on attendoit qu'il fût froid il s'y colleroit, et on auroit beaucoup de peine à l'en détacher. Ce marc devient dur comme une planche quand il est sec, et fait un bon feu. Des morceaux de ce marc mis dans des ruches vides y attireroient les phalènes de la fausse-teigne, et les détermineroient à y pondre. Il est en outre détersif, et les marchands en font usage pour les foulures des chevaux.

Il seroit à désirer, comme je l'ai dit, qu'on eût

des pressoirs dans tous les cantons ; on perdroit moins de miel et de cire, et on les travailleroit mieux et plus vite.

Les cultivateurs qui font peu de miel, et qui ne cherchent pas à tirer parti de celui qui est resté dans le marc après l'avoir pressé dans un canevas ou un linge, doivent l'émietter et le répandre sur un linge devant le rucher. Les abeilles s'y rendent en foule, et enlèvent la plus grande partie du miel : elles brisent même la cire avec leurs dents pour y enlever les portions de miel qui s'y trouvent enveloppées. Ensuite on met ce marc dans de l'eau tiède, on l'y remue bien et on l'y laisse vingt-quatre heures. Si l'eau est chargée, on la renouvelle jusqu'à ce qu'elle soit claire.

On ne fait point tremper les rayons vides : on les met dans la chaudière quand l'eau est prête à bouillir.

Autres Méthodes.

Les cultivateurs qui n'ont point de presse se contentent, quand le marc est bien échauffé et la cire fondue, de verser le tout dans un canevas que deux personnes tordent fortement pour en exprimer la cire.

On peut encore employer le moyen suivant : on a un sac de canevas d'une grandeur proportionnée à celle de sa chaudière ; on le remplit de marc qu'on a pressé dans les mains pour que le sac en contienne davantage. On place au fond de la chaudière plusieurs baguettes ou une planche qui a plusieurs trous, pour que le sac ne porte pas sur le fond; on y met de l'eau, et quand elle commence à chauffer, on y plonge le sac sur lequel on met un poids ou une pierre pour l'empêcher de surnager. Il faut que le sac soit entièrement couvert d'eau.

La cire fond peu-à-peu, et remonte à la superficie. Quand on juge qu'elle est à-peu-près fondue, on l'enlève avec une cuillière faite exprès, et on la verse dans un vase où il y a un peu d'eau chaude; lorsqu'il n'en vient plus, on tire le poids qui doit être attaché avec une ficelle, on détourne le sac, on le presse en tous les sens, et on remet le poids. On enlève de nouveau ce qu'on a pu obtenir de cire.

D'autres personnes se bornent à laisser bouillir l'eau pour fondre la cire; ensuite ils la laissent refroidir : ils l'enlèvent quand elle est en masse, et retirent le sac. Mais ils perdent plus de cire.

De quelque manière qu'on opère, on emploie les moyens indiqués ci-dessus pour nettoyer sa cire.

§. XXVII. *Emploi et Propriétés du Miel.*

Le miel est, comme je l'ai dit, une secrétion des végétaux qui a lieu par de petites glandes tantôt saillantes, tantôt excavées, placées au fond des corolles, ou par les pores de la surface extérieure des feuilles, et qui est modifiée dans l'estomac des abeilles.

Ses qualités et propriétés dépendent des lieux et des plantes où les abeilles le récoltent. Il est supérieur dans les lieux montagneux, un peu chauds et secs, et inférieur dans les cantons froids et humides; toutes choses égales d'ailleurs.

On prétend que le meilleur miel de l'Europe est celui du mont Hymette dans l'Attique, et en France celui de Narbonne, récolté au printemps. M. *Olivier* pense que ce dernier vaut au moins celui de l'Attique. Le blanc est préférable au jaune en France. Parmi ces derniers celui de Champagne est le meilleur. M. *Bosc* prétend que celui de l'île de Cuba est très-supérieur à celui de Narbonne.

Le célèbre chimiste, M. *Proust*, qui s'est beaucoup occupé de l'analyse du miel, y a trouvé deux sucres différens, le sirupeux et le gramuleux, mais il n'a pu jusqu'ici les séparer facilement, et il s'écoulera probablement encore bien des années avant qu'on se serve du sucre de miel cristallisé, comme de celui de canne.

Le miel de France pour être recherché doit être blanc, grenu et pesant. Son odeur doit être douce, agréable et aromatique; il ne doit point prendre à la gorge, et doit avoir très-peu ce goût propre qui le fait reconnoître quoique mêlé avec d'autres alimens.

Le miel comme nourriture a été recherché de temps immémorial, soit pur, soit mêlé avec d'autres alimens. Les Tartares et les Arabes Bédouins vivoient jadis, et se nourrissent encore de miel et du lait de leurs jumens ou de leurs chameaux. Les Grecs et les Romains en faisoient un grand usage; ils le mêloient dans beaucoup d'alimens, et même dans leurs vins, et tous les peuples modernes en faisoient une grande consommation avant l'usage du sucre. Aussi pendant le régime féodal tous les seigneurs françois tiroient un grand revenu des droits imposés sur les ruches.

Mais la culture des cannes à sucre (1), et l'impossibilité jusqu'à ce jour de cristalliser le miel en avoient diminué la consommation au point qu'avant la révolution il étoit confiné dans la pharmacie ou consommé par les classes les plus pauvres. On ignoroit alors le moyen de forcer les abeilles à travailler en cire, et le bas prix du miel faisoit négliger les abeilles dans beaucoup de provinces.

La rareté du sucre depuis quelques années, et la difficulté de se procurer des cires de l'étranger, telles que celles des États du Grand-Seigneur et de l'Amérique, ont déterminé les cultivateurs à s'occuper davantage de la culture des abeilles. Ainsi un mal momentané pourra produire un grand bien. En effet le miel est une excellente nourriture, et nourrit beaucoup; pris seul, il relâche l'estomac, mais quand il est mêlé avec d'autres alimens, et principalement des échauffans, il produit les meilleurs effets. S'il tomboit à bas prix il seroit très-utile pour la classe pauvre des habitans des villes, et pour les enfans des journaliers de la campagne qu'il fortifieroit nécessairement.

---

(1) Stériles vœux! l'abeille a perdu son renom;
Cette douce famille en accuse Colomb,
Qui, dans ses longs trajets, découvrant l'Amérique,
Fit par un seul roseau déchoir sa république. *La B.*

Il faut que les Grecs modernes lui reconnoissent de grandes propriétés, puisqu'ils vont jusqu'à supposer qu'ils lui doivent leur belle forme.

Au reste les habitans des villes commencent à s'y habituer. La mode du pain d'épice composé de seigle et de miel en fait consommer beaucoup, et fournit aux enfans un aliment beaucoup plus sain que toutes ces friandises qui les échauffoient et nuisoient à leur tempérament.

La méthode de M. *Cadet de Vaux* pour le purifier et lui ôter son goût propre en augmentera encore la consommation; et si les François s'habituoient comme les Orientaux à le manger dans les rayons, et à le mettre en cet état sur leurs tables, ce qui deviendra facile par l'adoption de la ruche à la *Bosc*, et de celle villageoise, qui mettent à même de récolter des rayons bien blancs remplis d'un miel vierge, au lieu de ces rayons noirâtres remplis de toiles et souvent d'un miel ancien et âcre, je ne doute pas que le miel ne soit recherché, et que les restaurateurs n'en consomment autant pour leurs tables que les marchands de vin pour en fabriquer du vin d'Espagne et autres.

La médecine fait encore un grand usage du miel. Il est, disent nos docteurs, pectoral, laxatif et détersif; il aide à la respiration et divise la pituite grossière épaissie dans les bronches. Etendu sur le pain dans lequel il y a de l'ergot de seigle, il en empêche les mauvais effets.

Les vétérinaires en tirent également un grand parti.

J'ai parlé de la méthode de M. *Cadet de Vaux* pour le purifier, lui ôter son goût propre et le mettre à même par cette opération de remplacer le sucre dans un grand nombre de compositions et de liqueurs; je ne puis me dispenser de la faire connoître.

§. XXVIII. *Purification du Miel.*

On mêle quatre parties de miel et deux d'eau, on les fait fondre à petit feu; quand il est fondu, on y ajoute une partie de charbon, sec, sonore, nouvellement fait et légèrement écrasé. On a l'attention de n'y mettre ni la poussière, ni les fumerons du charbon. Si on craignoit que le charbon fût vieux, on le mettroit dans le feu, et on le jetteroit tout enflammé dans le miel. On fait bouillir le tout ensemble sur un feu doux. On appuie seulement de temps à autre sur les charbons avec le dos d'une écumoire. Il se formera un bouillon dans le milieu, le charbon se retirera dans la circonférence avec une écume très-épaisse. Lorsque le sirop commencera à prendre consistance, on enlèvera le charbon avec une écumoire, on retirera la liqueur de dessus le feu, on laissera reposer et on versera lentement le sirop qui surnagera sur le dépôt. On le passera à travers une chausse de laine ou d'un linge blanc de lessive, mis en double et suffisamment fin pour que la poussière ne passe pas avec le sirop. On remettra le sirop sur le feu pour finir de l'écumer et de le cuire.

Pour connoître quand le miel est cuit à consistance de sirop, il faut en faire tomber un peu dans un gobelet d'eau froide; il ne sera cuit que lorsqu'il se précipitera au fond du gobelet en forme de globules.

Pour faire une quantité quelconque de sirop, il faut le double de miel.

Ce sirop peut remplacer le sucre en beaucoup de circonstances. On en fait peu à Paris parce que le miel y est cher, et que la main-d'œuvre et sur-tout le bois y sont à un prix fort élevé. Mais dans les départemens où le miel coûte peu, ainsi que le bois et les ouvriers, je pense qu'il y auroit de l'avantage à le purifier, et que ce pourroit être une bonne spéculation.

Les habitans du Midi de la France font du sirop avec leurs raisins, pourquoi ceux des départemens de l'Ouest n'imiteroient-ils pas leur exemple, en fabriquant des sirops de miel. Les bénéfices exciteroient l'industrie, on trouveroit peut-être le moyen de perfectionner le sirop, et à coup sûr la culture des abeilles reprendroit faveur.

Le sirop de miel peut remplacer le sucre dans les confitures, les liqueurs et dans beaucoup d'autres mélanges alimentaires.

§. XXIX. *Hydromel.*

Non seulement le sirop de miel peut remplacer le sucre dans les liqueurs, mais il peut seul fournir une liqueur saine et agréable. Les habitans de la Russie, de la Pologne et du Nord de l'Allemagne, en font un grand usage. Les François paroissent le dédaigner; mais les marchands, au moyen d'aromates et de noms supposés, le font admettre sur les meilleures tables, où il fait les délices des convives, qui le savourent comme vins de Rota, de Madère, de Malvoisie, d'Espagne, tant il est vrai qu'en donnant le change aux préjugés, on fait adopter des usages qui auroient répugné sous leur véritable dénomination.

Mulsum des Anciens.

Les anciens se servoient du miel pour adoucir leurs vins; et, en mêlant une partie de miel avec une partie de vin vieux, ils en faisoient une liqueur qu'ils nommoient *mulsum*. Ils l'exposoient pendant le jour au soleil, et la filtroient ensuite. Les modernes, au moyen de la fermentation, en font une liqueur vineuse qu'ils nomment *hydromel*.

On en distingue plusieurs espèces.

Hydromel simple.

Le simple est composé d'eau et de miel aigri, qu'on mêle avant d'en faire usage, ou d'eau, de miel ordinaire et d'un fruit un peu acide comme les groseilles. On ne laisse point fermenter ces boissons; on en fait peu à-la-fois, à mesure des besoins, et on les tient dans un lieu frais. Quand on veut les rendre très-agréables, on y joint de la framboise ou de la fleur d'orange, etc.; elles sont très-saines dans les chaleurs de l'été, et c'est le moyen le plus sûr de prévenir les fièvres d'automne.

Je ne parlerai pas de l'hydromel qu'on donne aux

malades, sous le nom de *tisanne*. On sait dans tous les ménages que ce n'est que de l'eau où on a mis un peu de miel qu'on a fait bouillir, et qu'on écume quand c'est du miel commun.

Hydromel vineux.

Quant à l'hydromel vineux, j'ai déjà fourni un moyen très-économique d'en faire quand on a des ruches et qu'on travaille soi-même son miel. Mais quand on n'a pas cette facilité, ou qu'on veut faire de l'hydromel supérieur en qualité, voici comme on peut s'y prendre.

On mêle une partie de miel, première qualité, avec trois parties d'eau bien pure. On place ce mélange sur le feu, et on le fait bouillir doucement jusqu'à ce qu'il ait assez de consistance pour qu'un œuf frais surnage. Alors on le tire du feu; on a l'attention de bien écumer pendant la cuisson; et, si le miel n'étoit pas fondu quand on mettra ce mélange sur le feu, on remuera pour l'empêcher de prendre un goût brûlé.

Si on opère dans un lieu voisin des ruchers, on ne manque pas de tenir son atelier bien fermé; autrement les abeilles y entreroient en foule, incommoderoient beaucoup, et leur avidité pour le miel en feroit périr des milliers. C'est ce qui rend les raffineries de sucre si funestes aux abeilles dont les ruches sont bientôt dépeuplées, si on n'a pas pris les moyens de les empêcher d'entrer. Elles sont par milliers dans les chaudières, et elles trouvent la mort au milieu des provisions qu'elles vouloient enlever.

On verse ensuite la liqueur bouillante dans un baril : ce baril bien plein ne doit contenir que les deux tiers de la liqueur que l'on a faite. Le surplus se met dans des bouteilles.

Le baril doit avoir été bien lavé dans de l'eau bouillante ou même lessivé. Si on veut aromatiser l'hydromel, on y jette avant de le remplir de la liqueur, du vin vieux, du jus de framboise, de la fleur d'orange, des clous de girofle, ou telles autres matières dont on veut lui donner l'odeur ou le goût.

Quand le baril est plein, on le laisse dans l'atelier où on l'a fait s'il est chaud, ou dans un lieu qui ait une chaleur constante de vingt à vingt-cinq degrés nécessaire pour établir la fermentation. On couvre la bonde d'un tuileau.

La liqueur commence à fermenter le sixième jour, et continue environ six semaines ou deux mois ; elle jette beaucoup d'écume, on remplit le baril à mesure que la liqueur diminue. Quand la fermentation est arrêtée, on bonde le baril, on le met dans un lieu froid pour achever de faire perdre à l'hydromel sa douceur mielleuse, et on le remplit de temps en temps.

Quand la liqueur est au point où on la désire, ce qui dépend de la température des lieux, on la met en bouteilles, qu'on laisse debout pendant un mois et qu'on couche ensuite. On la visite de temps à autre pendant les deux premiers mois pour voir si quelques bouchons n'ont pas sauté.

Ces soins sont également utiles pour faire fermenter l'hydromel dont j'ai parlé plus haut.

Si on n'a pas de lieu commode pour y concentrer la chaleur, on place son baril auprès de la cheminée, et on y entretient le feu. On peut suspendre les bouteilles dans la cheminée, mais sur les côtés pour que la fumée ne les atteigne pas.

Si on fait l'hydromel pendant l'été, il suffit de placer son baril au soleil pour exciter la fermentation. On élève le baril de 1 pied, et on couvre la bonde d'un morceau de toile pour empêcher les abeilles d'entrer dans le baril les jours où le soleil n'est pas chaud, et où la fermentation n'est pas assez forte pour faire sortir l'écume par la bonde.

Tels sont les moyens proposés par MM. *Pingeron*, *Ducarne*, et en dernier lieu par M. *Lombard*, pour faire l'hydromel. On entretient une chaleur de vingt à vingt-cinq degrés, et quand la fermentation est terminée, on met la liqueur dans des barils, et ensuite en bouteilles.

L'hydromel, connu sous le nom de *cidre*, se tire à la clef au fur et à mesure de la consommation.

Cette liqueur, qui n'a avant la fermentation qu'un goût fade, acquiert, après avoir fermenté, les propriétés des autres vins. On peut en extraire de l'eau-de-vie, et en faire du vinaigre. Mais cette dernière liqueur ne se conserve pas.

Le miel ainsi préparé perd quelques-unes de ses qualités, et en acquiert d'autres. Au lieu de relâcher le ventre et d'affoiblir l'estomac, il devient cordial et stomachique. Cette liqueur jouit encore de la réputation de dissiper les vents, de guérir les coliques qui en proviennent, d'aider à la respiration et de résister au venin; elle enivre comme le vin, et l'ivresse est plus longue.

Emploi du Miel comme conservateur.

Le miel peut aussi servir comme conservateur. Des corps qui en sont couverts, préservés du contact immédiat de l'air, peuvent se conserver long-temps. On peut employer ce moyen pour transporter au loin des œufs d'oiseaux précieux, des graines et des greffes.

On voit par tous ces détails combien le miel est utile, et combien il est avantageux de multiplier les abeilles autant que l'Empire peut en nourrir. On doit y être d'autant plus porté que cette culture n'emploie d'autre terrein que celui du rucher, et ne nuit en rien aux autres branches de l'agriculture.

§. XXX. *Emploi de la Cire, ses propriétés.*

La cire est une huile végétale très-oxygénée, mêlée avec une petite quantité d'extrait: elle fournit à la distillation de l'acide sébacique, une huile épaisse, du gaz hydrogène, du gaz acide carbonique et du charbon.

On sait maintenant que les abeilles peuvent en faire avec du sucre, et en tirer de différens fruits; mais les chimistes n'ont pu encore trouver de procédés pour métamorphoser le miel en cire.

La nature dont le laboratoire est si supérieur à celui des chimistes en produit dans plusieurs végétaux, tels que le mirica cerifera, etc. : elle en forme sur plusieurs fruits à peau lisse, tels que les prunes où on l'aperçoit sous l'apparence d'une poussière blanchâtre ; mais on n'a pu en tirer aucun parti. Celle qui couvre les graines du mirica cerifera a été employée à faire de la bougie : elle est inférieure sous ce rapport à celle des abeilles. La lumière n'en est pas aussi claire que celle de la bougie ordinaire : elle répand une odeur agréable en brûlant. La couleur en est verdâtre.

Comme cet arbuste commence à se multiplier en France, il est bon d'apprendre comment on en tire parti.

Cire du Mirica-Cerifera.

La cire enveloppe les graines. Lorsqu'elles sont mûres, on les détache et on les jette dans un vase où il y a de l'eau. On met ce vase sur le feu, et quand l'eau est suffisamment échauffée, la cire se fond et surnage. On la laisse refroidir, on l'enlève et on peut la refondre une seconde fois pour la purifier et la réduire en pains. On en fait des bougies par les procédés ordinaires.

La cire a été employée de temps immémorial sous beaucoup de rapports : elle servoit à éclairer, à écrire, à peindre, etc. ; comme on ne connoissoit pas notre papier, on faisoit de petites tablettes qu'on enduisoit de cire.

On en faisoit à Rome les portraits des citoyens qui

avoient exercé des magistratures curules. On cachetoit les lettres avec de la cire, et on l'emploie encore aujourd'hui en la teignant de différentes couleurs pour imprimer le sceau des chancelleries de l'Europe.

Les arts utiles, et ceux de luxe, en font une assez grande consommation. On en emploie beaucoup pour frotter les meubles, les parquets, et pour une infinité d'autres usages.

La pharmacie et la chirurgie en tirent également parti. La chimie en fait un extrait ou beurre qui est un onguent extrêmement doux et anodin, émollient et relâchant, très-agréable aux nerfs et d'une grande utilité, lorsqu'on l'emploie en onction sur des membres contractés ; c'est un bon liniment pour les hémoroïdes, dont il calme les douleurs d'une manière prompte et surprenante.

En rectifiant ce beurre, on en fait une huile à laquelle on attribue de grandes vertus, et qui est, dit-on, souveraine pour la guérison de plusieurs maladies. C'est avec la cire mêlée avec de l'huile qu'on fait le cérat, etc.

La consommation de la cire est grande sous tous ces rapports, mais elle est telle pour le service des autels (1) et l'éclairage des particuliers riches, que

---

(1) Son doux labeur au moins trompe-t-il notre attente ?
Ne sert-il pas toujours au luxe des mortels,
A l'art de les guérir, au culte des autels ?
Et pour nous dans la nuit quand Napoléon veille,
N'est-ce pas au flambeau que lui fournit l'abeille ?

La B.

la quantité qui se récolte en France ne suffit pas pour la seule fabrication des bougies, et qu'on en tire tous les ans pour une somme considérable qui passe chez l'étranger, et tend à nous appauvrir en numéraire; nouveau motif de multiplier les abeilles en France, puisqu'elles nous donneront les moyens de conserver des fonds, qui, répandus dans les mains des cultivateurs et des commerçans, fourniront les moyens d'améliorer l'agriculture, et d'étendre les opérations commerciales.

Mélange de la Cire avec des Graisses; moyens de le connoître.

Le prix élevé de la cire a quelquefois déterminé des fripons à la mêler avec de la graisse pour en tirer plus de bénéfice. Mais il est facile de reconnoître ce mélange; si, après avoir mordu la cire, on entend un petit bruit en séparant les dents, c'est un signe que la cire n'est point alliée de graisse. Dans le cas contraire, on en a mêlé.

Un autre moyen est d'en faire tomber une goutte ou deux sur un morceau de drap. Lorsqu'elle est bien refroidie et figée, on verse dessus un peu d'esprit de vin, puis, en frottant l'étoffe, la cire doit se détacher entièrement; et, quand l'humidité de l'esprit de vin est dissipée, il n'y doit rester aucune tache.

Procédé pour cirer les Toiles de Coutils.

M. *Lombard*, dans l'intention d'être utile aux ménagères des campagnes, leur a indiqué le procédé suivant pour tenir la plume dans les lits, les oreillers, etc.

On étend la toile de coutil sur une table, on la frotte avec un morceau de cire du côté où doit être la plume. Pour étendre la cire bien également et la faire pénétrer dans le tissu de la toile, on appuie fortement dessus avec le cul d'une bouteille. On se sert de cire jaune pour le coutil rayé, et de cire blanche pour le coutil blanc.

Fabrication de la Bougie.

Les motifs qui ont dirigé M. *Lombard* me déterminent à faire connoître les moyens de faire de la bougie à ceux des cultivateurs qui font leurs chandelles chez eux, et qui sont bien aises d'avoir un peu de bougie à leur disposition.

On fait blanchir un peu de cire : on y parvient en réduisant la cire en lames très-minces, qui présentent le plus de surface possible, ou en faisant fondre un peu de cire jaune qu'on verse peu-à-peu sur de l'eau tiède ; elle s'y étend, et on l'enlève à mesure qu'elle se fige. On la met ensuite à l'air sur une table ou sur des toiles pour l'exposer à la rosée du printemps. On la retourne pour que les deux surfaces blanchissent ; on la retire ensuite et on la fond. On la réduit une seconde fois en lames minces si elle n'est pas assez blanche ; mais si elle a le degré de blancheur qu'on désire, on se contente d'une seule opération. On s'en sert dans l'occasion. Si on veut seulement blanchir sa bougie, on prend de la cire jaune, on y mêle un quart de la graisse de mouton ou de bouc auprès des rognons, et on la fait fondre. Ce mélange donne une teinte blanchâtre à la cire, et ne nuit pas à sa qualité pour éclairer. Si on se sert de moules, on y place les mêches, on jette quelques gouttes d'eau au fond, et on y verse la cire. Quand elle est refroidie, on la retire des moules, on fait fondre la cire blanche, et on en recouvre la bougie qu'on tient dans un air bien chaud pour que la nouvelle couche fasse corps avec elle. Autrement on fait la bougie à la baguette ou au jet, et à la dernière couche on se sert de cire blanche.

Si on a assez de cire blanche, on en fait entièrement sa bougie. Il est bon, en la fondant, d'y mêler un peu de la graisse dont j'ai fait mention. La bougie faite, on la roule sur une table bien unie avec un morceau de planche également bien poli de 1 pied de long et de 6 pouces de large. On appuie sur la bougie avec cette planche en lui faisant faire quelques tours, et la bougie est terminée.

Ceux qui ne veulent pas se donner la peine de blanchir leur cire, et qui n'en ont besoin que pour blanchir leurs bougies, peuvent en acheter la quantité nécessaire.

Si on vouloit en faire beaucoup, on auroit recours aux procédés employés par les ciriers.

Quantité de la Cire contenue dans une Ruche.

La cire de chaque ruche n'est pas considérable à proportion du miel, et quand les rayons sont descendus au bas de la ruche, la quantité de cire ne varie plus, quelle que soit l'augmentation du miel. On en tire deux livres des ruches moyennes, et trois des grandes, quand les ruches sont pleines. Ce n'est qu'en forçant les abeilles de travailler en cire qu'on peut en obtenir davantage.

La cire nouvelle est bien plus facile à travailler que l'ancienne, et si on l'enlève avant que la mère-abeille y ait pondu, elle est pure, et n'a besoin que d'être lavée pour en extraire le miel; mais comme il n'y a ni toiles des nymphes ni pollen, il ne peut y avoir de marc après la fonte.

§. XXXI. *Utilité des Abeilles.*

Tout peuple doit retirer de son sol tout ce qu'il peut produire; sans quoi il est souvent obligé d'avoir recours à ses voisins et de leur payer en numéraire ou en autres denrées les articles dont il a besoin, et qu'il auroit pu récolter chez lui. Plus il néglige d'articles propres à sa nourriture et à ses manufactures, moins il peut soutenir le fardeau des impôts; plus la population diminue, plus ce peuple s'affoiblit, moins il est capable de résister à ses voisins et de se faire respecter.

L'expérience nous en a fourni et nous en donne encore tant d'exemples, que tous les Gouvernemens doivent enfin ouvrir les yeux sur ces vérités frappantes, et ne doivent rien négliger pour prévenir les malheurs dont leur insouciance pourroit être la cause.

La France, à raison de son étendue, de la qualité de ses terres et de sa température, est nécessairement un empire agricole; c'est la base de sa prospérité. Dès que l'agriculture y sera florissante, il se trouvera un excédant de matières premières que l'industrie françoise saura mettre en œuvre; et l'emploi des hommes par l'agriculture, les manufactures et le commerce, qui en sont la suite nécessaire, en favorisera la multiplication; mais il est rare qu'on néglige une branche de l'agriculture sans que les autres parties n'en souffrent plus ou moins. La destruction des forêts de la France a rendu des montagnes et des plaines stériles. Le défaut d'arbres a entraîné la diminution de l'humus et le dessèchement d'un grand nombre de ruisseaux; et quand la marine marchande et militaire a eu besoin de bois de construction, on n'a pu en retrouver dans les lieux qui avoient fourni à Louis XIV les moyens de faire soixante vaisseaux de ligne, parce qu'il avoit négligé de replanter. Ainsi, cette négligence a été funeste à toutes les branches de l'agriculture.

Il est donc de l'intérêt du Gouvernement de favoriser l'agriculture en France et de rechercher tous les moyens de la porter à son plus haut degré de perfection.

La culture bien entendue des abeilles peut y contribuer en mettant la nation à même de doubler, sous ce rapport, les productions de son sol, et de les obtenir de meilleure qualité; alors elle pourra en fournir à ses voisins au lieu d'en tirer, et si elle en importe, elle ne le fera que pour les mettre en œuvre, tirer parti de son industrie et les expédier ensuite au dehors.

La France importoit, avant la révolution, une grande quantité de cire ; il est vrai qu'elle en exportoit un peu en bougies. Aujourd'hui il paroît qu'il lui en manque un million pesant de livres pour sa consommation annuelle. Cet article, qui paroît peu considérable au premier abord, peut être examiné sous un autre point de vue.

Si l'on réfléchit qu'une bonne culture d'abeilles pourroit lui fournir un excédant de cire d'un ou deux millions pesant que nos ciriers mettroient en œuvre, et dont leurs talens assureroit le débouché ; si on évalue la cire brute à un franc la livre, il en résulte que la France perd tous les ans un million de francs au lieu d'en recevoir deux ou davantage à raison de la fabrication.

Ainsi, à la fin d'un siècle, il y aura trois cent millions de numéraire de moins en France, qui vivifieroient toutes les branches de l'agriculture et du commerce, et la population sera moins considérable.

Je ne crois pas ces calculs exagérés. La Corse, du temps des Romains, leur fournissoit, entr'autres tributs, deux cents milliers de cire. Le petit électorat de Hanovre recueillit, en 1787, trois cent mille livres de cire. On peut juger par ces exemples de ce qu'un pays aussi fertile et aussi étendu que la France pourroit produire, et des avantages qui résulteroient d'une culture bien entendue.

Évaluation du Produit des Ruches.

Des auteurs ont forcé le produit des ruches ; d'autres ont fait une estimation trop foible. M. *Tessier* me paroît s'être le plus rapproché de la vérité, en les portant en France l'une dans l'autre, année commune, à six ou huit livres de produit net (1).

Le Gouvernement, en excitant l'émulation des François, et en la dirigeant vers cette partie, doubleroit ou augmenteroit au moins de moitié le nombre des ruches. La chose lui seroit facile. Aujourd'hui, la marche du Gouvernement est uniforme; des Sociétés d'Agriculture sont établies dans la majorité des départemens; et le Ministre de l'intérieur peut répandre par toute la France les instructions dans toutes les communes par la voie des préfets, sous-préfets et maires. Quelques éloges, quelques honneurs, comme des médailles, et quelques primes ajoutés aux autres moyens dont le Gouvernement peut disposer, feroient plus facilement aujourd'hui pour les abeilles ce que *Colbert* exécuta pour les vers-à-soie en particulier, et pour le commerce en général, sans avoir les mêmes ressources. L'impulsion une fois donnée, l'intérêt des cultivateurs feroit le reste, et si les Sociétés d'Agriculture et les propriétaires s'occupoient des expériences propres à faire connoître le genre de culture le plus favorable à chaque département; si le Gouvernement les guidoit dans leur marche par de bonnes instructions, je ne doute pas que la France ne jouît bientôt des avantages qu'une

(1) Aujourd'hui le produit moyen peut être de 12 à 14 francs, à raison de l'augmentation du prix du miel et de la cire.

bonne culture des abeilles et leur multiplication pourroient lui procurer (1).

§. XXXII. *Lois sur les Abeilles.*

Un *Code rural* va bientôt paroître. Le projet est

(1) *Altera pars superesset apes curare ; sed inter*
Et volucres, et nostra feras in tecta receptas
Utilis est apis una, virûm nil indiga curæ :
Depopulatur enim florentia rura, favosque
Spontè replet : ceras direptaque mella labore
Indefessa novo reparat ; rerumque suarum
Ut status est, auctam pellit retinetve juventam.
Emissis nova tecta para ; casiamque thymumque
Et flores propè castra ferens, occurre labori ;
Ne faciat via longa moram lassetque vagantes.
Prætereà solare famem brumæque nivalis
Acre gelu. Vigili permittens cætera genti.

Terminerai-je le récit de ces merveilles par le détail des soins que les abeilles exigent? De tous les animaux que l'homme enferme pour sa jouissance, l'abeille est celui qui exige le moins de peines et de dépenses. Les quadrupèdes de la ferme, les oiseaux de la basse-cour, les poissons du vivier, le ver même qui file la soie, tous exigent des soins durant le cours de leur vie, et tous consomment des grains, des fruits, des herbes ou des feuilles. L'abeille n'exige de surveillance assidue que durant la saison des essaims, et l'abeille ne consomme rien. Elle n'altère ni les fruits, ni les feuilles, ni les fleurs. Il ne faut ni lui porter des provisions, ni la conduire pour en chercher sans le secours de l'homme. Elle conçoit, couve et élève une nombreuse postérité ; elle pourvoit au sort de tous les siens et va jusqu'à fonder annuellement des colonies nouvelles. Tout ce qui lui faut se réduit à un abri et à des fleurs. Procurez-lui donc un logement, placez des plantes aromatiques de toute espèce à côté de sa

imprimé depuis plus d'un an; mais, en attendant, je vais joindre à ce travail les articles des lois antérieures, et celui du *Code civil*, et j'y ajouterai les dispositions du projet.

Voici celles de la loi du 28 septembre 1791 :

« Le propriétaire d'un essaim a droit de le réclamer et de s'en saisir tant qu'il n'a pas cessé de le suivre; autrement l'essaim appartient au propriétaire du terrein sur lequel il est fixé.

» Les ruches d'abeilles ne peuvent être saisies ni vendues pour contributions publiques ni pour aucunes causes de dettes, si ce n'est par celui qui les a vendues ou celui qui les a concédées à titre de cheptel ou autrement.

» Pour aucunes causes, il n'est permis de troubler les abeilles dans leurs courses et travaux; en conséquence, même en cas de saisie légitime, les ruches ne peuvent être déplacées que dans les mois de décembre, janvier et février.

Art. 524 du *Code civil*. « Sont immeubles par destination, quand elles ont été placées par les propriétaires pour le service et l'exploitation du fonds. . . . . les ruches à miel. »

Les dispositions du projet du *Code rural* sont ainsi conçues :

---

retraite, ne fût-ce que pour lui épargner de longues courses, sur-tout dans les temps pluvieux. Ne la dépouillez pas au point de l'exposer à mourir de faim. Rendez-lui même au besoin une partie de ce que vous lui aurez enlevé. Sur tout le reste reposez-vous sur elle.

Art. 27. « Le propriétaire d'un essaim a droit de suite sur un essaim, et par conséquent de le réclamer et de le prendre, tant qu'il ne l'a pas perdu de vue ou qu'il n'a pas cessé de le suivre, en prévenant par cris ou bruits quelconques.

» Si, pour exercer ce droit de suite, il commet des dégâts, il est tenu de les payer. »

Art. 28. « Dans le cas où le droit de suite n'auroit pas été exercé, l'essaim appartient au propriétaire du terrein sur lequel il s'est fixé. »

§. XXXIII. *Ruches d'expériences.*

L'utilité des travaux des abeilles pour l'homme, l'art avec lequel ces insectes industrieux les perfectionnent, et la facilité qu'eurent les cultivateurs de les rapprocher de leur demeure, durent leur inspirer le désir de les observer pour connoître leurs mœurs sociales et la marche de leurs travaux. On inventa sans doute chez les Grecs et les Romains des ruches plus ou moins propres à remplir ces vues, et la ruche des *Candiotes* tend à prouver que quelques savans de l'antiquité avoient poussé loin leurs recherches et fait des découvertes utiles.

Ruches des Candiotes.

Cette ruche est composée d'osier dans sa partie supérieure, avec des barres éloignées de 4 à 5 lignes, contre lesquelles les abeilles attachent leurs rayons. On les sépare dans la saison des essaims, et on en fait autant de ruches qu'il y a de gâteaux qui ont des alvéoles de reines, et que l'abondance des vivres est plus ou moins grande.

L'invention d'une pareille ruche suppose des connoissances qui se sont perdues. On a continué de faire des essaims artificiels dans l'île de Candie, parce qu'il étoit utile d'en faire, et sans savoir comment ils réussiroient. Ainsi, avant que les *Schirach* et les *Huber* eussent découvert la possibilité de faire des essaims artificiels, on en formoit de temps immémorial chez un peuple autrefois libre, instruit et renommé par ses bonnes lois, maintenant abruti par le despotisme ottoman, et ne connoissant d'autres règles de conduite que la volonté arbitraire d'un pacha ignorant, qui commande et fait exécuter ses ordres à coups de bâton.

La ruche de *Huber* n'est, en quelque sorte, que celle perfectionnée de ces demi-sauvages.

Ruches de Verre en Pyramides tronquées.

Dans le siècle dernier, on voulut de nouveau observer les abeilles, et on inventa des ruches en pyramides tronquées, dont les quatre côtés avoient un verre recouvert d'un volet pour mettre les abeilles dans l'obscurité, quand on ne les observoit pas. Qu'on suppose quatre cadres un peu rétrécis dans leur partie supérieure, et réunis pour former une pyramide tronquée, un peu plus haute que large à sa base, chaque cadre ayant deux feuillures, la première en dedans peu profonde, et suffisante pour y placer un carreau de verre blanc; la deuxième en dehors, et plus large, pour y faire entrer le volet; le tout recouvert d'une couverture en bois clouée sur la partie supérieure des cadres, on se fera une idée de ces ruches.

Ruches de Verre en Cloche.

D'autres observateurs, voulant profiter de la facilité avec laquelle on travaille maintenant le verre, imaginèrent de faire des ruches de verre blanc avec des bocaux en cloche, comme ceux dont on se sert pour les melons, et qu'on nomme *cloches* ou *verrines* dans le jardinage. Ces cloches ne forment que les deux tiers de la ruche; le surplus est en paille ou en bois. On forme un cylindre de 6 pouces de hauteur; on pose la ruche dessus et on l'y maintient, en ajoutant un rouleau de paille attaché sur le cylindre, et qui recouvre les bords de la cloche.

Ces deux ruches mettoient à même de voir commencer les travaux des abeilles, mais le grand nombre de ces insectes, leur manière de travailler toujours entassés les uns sur les autres, et le rapprochement des rayons, gênoient fréquemment les observateurs, leur cachoient une partie des opérations les plus importantes, et ils étoient dans l'impossibilité d'ouvrir les ruches. D'ailleurs les abeilles forcées de travailler contre le verre le couvroient de propolis.

Ruches plates fort étroites, en Verre.

On a depuis inventé une ruche plus commode; c'est un cadre de 1 pied ½ à 2 pieds de hauteur, sur 1 pied à 18 pouces de large. Les montans dont il est formé doivent avoir 2 pouces d'épaisseur, sur 18 lignes de large. Cette largeur suffisante aux abeilles pour y construire un rayon forme presque tout l'intérieur de la ruche. La partie inférieure du cadre est mobile.

On applique de chaque côté de ce cadre un autre cadre dans les mêmes proportions, à l'exception de l'épaisseur qui ne doit être que de 6 lignes. Comme le premier cadre a 2 pouces d'épaisseur, il faut que les bois des autres aient 2 pouces de large. On fait à ces deux cadres une feuillure en dedans pour y adapter un verre que le bois déborde de 1 ligne, afin de pouvoir y placer le mastic et les points nécessaires pour maintenir le verre. Ce rebord augmente la capacité de la ruche de 2 lignes; ainsi elle en a 20, 12 pour les rayons et 8 pour les passages devant et derrière le rayon. Ces mesures sont de rigueur; mais on pourroit plutôt les réduire de 1 ligne que de les augmenter, parce qu'alors les abeilles travailleroient contre le verre.

Les cadres s'attachent avec des charnières d'un côté, et des crochets de l'autre, ou avec du fil de fer.

On peut pratiquer une entrée aux abeilles, en faisant au milieu de la partie inférieure des cadres une entaille de 1 pouce ½ de large, sur 6 de hauteur. Cette entaille doit être en talus dans le cadre du milieu, le verre ne recouvrant point cette entaille; il y a nécessairement une entrée par devant et par derrière. On les ferme à volonté par des portes qui entrent à coulisse dans les cadres des côtés, et qui s'appliquent directement contre le verre. L'entaille faite aux cadres de recouvrement doit être couverte par un morceau de verre ou de bois qui ne laisse par dessus que le jour nécessaire au passage de la porte.

Cette ruche est couverte d'un surtout en bois qui pose sur le plateau; il a 8 pouces de profondeur : ce surtout a une poignée de chaque côté pour le lever au besoin. Pour n'être pas forcé de l'enlever chaque fois qu'on visite les abeilles, on y fait une grande ouverture par devant et par derrière. On les bouche avec une planche à coulisse ou placée dans une feuillure, et attachée d'un côté avec des charnières, et de l'autre avec des crochets.

Comme il ne faut pas que les abeilles puissent passer entre les ruches et le surtout, on leur fait un passage couvert de 3 pouces de long. Il est composé d'un morceau de bois de chêne de 18 lignes d'épaisseur, sur 1 pouce $\frac{1}{2}$ de large; on réduit l'épaisseur sur le devant à 1 ligne en formant une pente. On attache à droite et à gauche une tringle de même longueur sur 2 pouces de hauteur : on recouvre ce conduit avec du bois ou du verre; on pourroit en faire les côtés avec du fer-blanc, et disposer dans le haut une petite rainure pour y glisser la couverture en verre.

On fait dans le surtout une entaille qui emboîte ce conduit, et les abeilles sont obligées d'y passer pour entrer ou sortir de la ruche, ce qu'elles font avec facilité, parce que la pente de ce conduit le met de niveau d'un côté avec l'ouverture de la ruche, et de l'autre avec le plateau. Il est utile de disposer ce conduit de manière qu'on puisse au besoin le fermer des deux bouts.

On doit avoir une porte dont les passages soient tellement justes pour les abeilles ouvrières que les reines n'y puissent pas passer.

On a une petite auge en fer-blanc ou en plomb pour donner de la nourriture aux abeilles : elle peut avoir 3 pouces de hauteur, 4 de large et 8 de long ; elle est divisée en deux parties égales sur la largeur par une cloison qui n'a que 20 lignes, y compris l'épaisseur du fond. On y fait un trou au niveau de l'ouverture de derrière de la ruche, et dans les mêmes proportions, pour que les abeilles puissent y entrer. La couverture est mobile et percée de plusieurs trous ; on remplit une des divisions avec du miel, et l'autre avec de l'eau jusqu'au niveau de l'ouverture de la ruche.

Cette ruche présente de grandes facilités pour faire les expériences et observer les abeilles qui, n'ayant la possibilité de faire qu'un seul rayon, ne peuvent cacher une partie de leurs travaux comme dans les autres ruches. On peut y suivre la mère-abeille dans tous ses mouvemens, et même dans sa ponte, parce que les abeilles s'accoutument promptement à voir mettre et ôter le surtout, ou lever les planches, et qu'elles n'interrompent plus leurs travaux quand on les observe. On peut saisir facilement la mère-abeille, soit dans la ruche, soit dans le conduit, et l'empêcher de sortir. On donne de la nourriture aux abeilles, et on les retient aisément prisonnières : on peut les forcer à faire de la cire avec du miel, du miel avec du sucre, afin de vérifier toutes les expériences faites jusqu'à ce jour, constater leurs résultats ; et tenter de nouvelles expériences.

Ruches à la Huber.

La ruche de M. *Huber* ne procure pas la facilité de voir les abeilles, mais elle a d'autres avantages précieux ; on peut séparer la ruche en autant de parties qu'il y a de rayons, la rétrécir ou élargir à volonté, et faire, pour les expériences, de petits essaims artificiels à la manière des Candiotes.

Cette ruche en bois a 14 ou 15 pouces de hauteur, 1 pied de profondeur et une largeur déterminée sur le nombre de rayons qu'on désire, à raison de 1 pouce 4 lignes par rayons. La ruche, au lieu de n'être divisée, comme celle à la *Bosc*, qu'en deux parties, l'est en autant de parties qu'il y a de rayons ; de manière que c'est la réunion de huit, dix ou douze cadres de 16 lignes de large, qu'on réunit ou qu'on sépare à volonté, et dont on augmente ou on diminue le nombre. Elle n'a que le défaut de masquer l'ouvrage des abeilles : on lui a donné le nom de ruches à la *Huber* ou en feuillets.

J'ai essayé de lui donner au moins en partie les

avantages de la ruche plate où l'on voit si bien. Pour cet effet, j'ai changé la forme des montans qui composent le cadre.

Ruches à la Huber *modifiées.*

Pour y parvenir, j'ai pris des morceaux de bois de sapin de 1 pouce de large, sur 15 lignes d'épaisseur; j'y ai fait dans toute la longueur de la surface extérieure une feuillure de 6 lignes de large sur 9 de profondeur. J'ai disposé d'autres morceaux de bois de 6 lignes de large et de 9 d'épaisseur, de manière qu'un de ces morceaux pût se placer juste dans la feuillure; j'ai réuni un montant de 15 lignes d'épaisseur avec un de 9 lignes au moyen de deux traverses, l'une dans le haut et l'autre dans le bas, en laissant 4 lignes de distance entre eux, et j'en ai formé un châssis de 22 lignes de large, sur une hauteur déterminée d'après les proportions de la ruche, telle que celle à la *Bosc* dont j'ai donné les dimensions. Ce châssis redressé présente sur le devant, à gauche, la feuillure de 6 lignes de large sur 9 lignes de profondeur, et par derrière, à droite, un vide de 6 lignes sur 9 lignes d'épaisseur. Au milieu une ouverture de 4 lignes de large d'une traverse à l'autre, avec une petite feuillure pour y recevoir la bande de verre.

Après avoir fait seize petits châssis, dont huit ayant 2 pouces de plus en longueur pour la pente de la couverture, je les ai joints deux à deux dans la partie supérieure au moyen de morceaux de bois de 6 pouces de long travaillés comme les premiers, en ayant l'attention de clouer ensemble les montans et les traverses de même dimension. J'ai fait rentrer ces petites traverses en dedans au lieu de les poser sur celles des châssis ; ces traverses étant clouées solidement et faisant un écartement de 6 pouces en dedans, j'ai maintenu l'écartement du bas avec des petites baguettes arrondies, placées au tiers de la hauteur, traversant l'épaisseur des montans et maintenues avec un petit coin de bois.

Cette opération terminée, j'ai eu huit cadres sans fond, ayant un côté à recouvrement pour remplir le vide de la feuillure formée du côté opposé. En rapprochant tous ces cadres, je les ai emboîtés l'un dans l'autre (1) ; le recouvrement étant de 6 lignes a réduit la largeur de chaque châssis à 16 lignes de large. J'ai fait deux autres cadres qui pussent s'appliquer sur les côtés ; je leur ai donné la même épaisseur et 2 pouces de large, et j'ai rempli le vide par un verre placé en dedans. J'ai arrêté tous ces châssis avec des crochets. Je jouis

(1) Cet emboîtement pourroit gêner si on faisoit les feuillures fort justes dans les parties où il y a du frottement. Mais comme il n'y a aucune utilité à le faire, puisque cette partie ne donne ni dans l'intérieur de la ruche où les abeilles pourroient y mettre du propolis, ni en dehors, ce qui donneroit de l'air dans la ruche, on peut éviter le frottement en laissant du jeu. Le point essentiel est que les joints soient bien faits dans les parties où les cadres s'appliquent l'un contre l'autre en dedans et en dehors.

de cette façon de tous les avantages de la ruche à la *Huber*, et de ceux des ruches de verre qui ont plus d'un rayon. On voit qu'au moyen du recouvrement on peut ouvrir les ruches sans briser les rayons, et que les abeilles n'ayant pas à travailler contre le verre ne le salissent pas.

Malgré les commodités de cette ruche, on n'y voit pas si bien que dans celles à un rayon. Mais cette dernière a des inconvéniens qui en dégoûtent les naturalistes ; il est très-difficile d'y introduire un essaim, et on y parvient avec peine, même avec l'usage de manier les abeilles, au lieu que rien n'est si facile dans celle à la *Huber* et dans la mienne.

Les abeilles ne pouvant s'y réunir et y concentrer la chaleur sont exposées à périr l'hiver, et la moindre variation de l'atmosphère peut nuire au couvain. Si, pour sauver la ruche, on la met dans un endroit chaud, si on en a un commode à cet effet, il faut leur donner souvent à manger.

Il peut en résulter une difficulté qui présenteroit quelque intérêt pour l'histoire naturelle. Si les abeilles sont nombreuses, et qu'elles aient des vivres en quantité suffisante, elles pourront faire le rayon entier avant l'hiver, et le composer entièrement en petits alvéoles. Au printemps suivant la mère-abeille, après la ponte des œufs d'ouvrières, pondra des œufs de mâles ; il seroit curieux de savoir si elle voudra pondre ces œufs dans les alvéoles d'ouvrières, ou si les ouvrières en démoliront un certain nombre pour en construire de plus grands. Dans le premier cas on sera à même d'apprécier l'effet qui en résultera pour les mâles, et si les parties de la génération en souffriront.

En parlant des essaims artificiels, je n'ai pas fait mention de la ruche à la *Huber*, parce qu'elle n'a sous ce rapport que les mêmes facilités que celle à la *Bosc*, et que si on la divise en plusieurs parties, on aura beaucoup d'abeilles et de couvain dans les rayons du centre, très-peu dans ceux des côtés, et que tous ces essaims seront trop foibles pour prospérer en France, et ne seront bons que pour des expériences.

Méthode de M. Schirach *pour faire des Essaims artificiels.*

J'en dirai autant des méthodes de MM. *Schirach* et *Duhoux*. Le premier prend un morceau de rayon où il y a du couvain nouveau, comme des œufs ou des vers de trois jours au plus; il le met dans une ruche où il enferme quelques centaines d'abeilles neutres pendant un ou deux jours avec des provisions de miel et d'eau. Ces insectes, voyant des œufs ou des vers propres à devenir mères-abeilles, démolissent autour des alvéoles d'ouvrières, en construisent plusieurs royaux et s'accoutument à la ruche où ils ont l'espoir d'une mère.

Mais quelques centaines d'abeilles ne sont pas en nombre suffisant pour former un bon essaim à la fin de l'année. Avant que les œufs ou les vers soient devenus des mères-abeilles, que ces reines aient été fécondées, et aient commencé à pondre, il se sera écoulé un temps précieux pendant lequel les ouvrières auront diminué ; elles n'auront pu construire un grand nombre d'alvéoles, et ne pourront suffire à nourrir beaucoup d'élèves.

Méthode de M. Duhoux.

M. *Duhoux*, pour faire un essaim artificiel, se procure une mère. Il lui englue les ailes avec du miel pour l'empêcher de voler ; il la place dans une ruche vide qu'il a également frottée avec du miel. Il déplace une ruche qu'il suppose bien garnie d'abeilles, et dont une partie est aux champs ; il l'écarte à une certaine distance, et met sa ruche vide à la place. Les abeilles qui reviennent des champs entrent dans la ruche, en sortent ; et, après avoir inutilement cherché la leur, elles adoptent la nouvelle reine qu'elles nettoient et se mettent à l'ouvrage.

Cette méthode a beaucoup d'inconvéniens. Pour se procurer une reine, il faut la prendre dans une ruche ; ce qui n'est point aisé, à moins qu'on n'en trouve dans les alvéoles, et on s'expose à en détruire beaucoup avant d'en trouver une prête à voler ; ce qui peut faire manquer un essaim naturel dans une ruche pour en faire un artificiel dans une autre.

Si c'est à l'époque des seconds essaims, il est facile de s'en procurer avec de l'attention ; mais ce n'est plus le cas d'enlever une partie des ouvrières d'une ruche qui a essaimé ou a été trop foible pour le faire, ou est sur le point de le faire; car, dans les deux premiers cas, on perd ou on affoiblit considérablement la ruche qui avoit besoin des ouvrières pour nourrir un couvain nombreux; on enlève précisément les ouvrières qui apportoient les provisions nécessaires à ce couvain, et on s'expose, en le privant de sa nourriture, à le faire périr.

Dans la troisième hypothèse, il vaut mieux séparer la ruche en deux si la chose est possible, ou faire un essaim forcé, si l'on craint que les jeunes reines soient détruites, ou enfin attendre l'essaim s'il y a beaucoup d'alvéoles royaux.

Cette méthode a l'inconvénient d'occasionner des combats et des massacres d'ouvrières, lorsque les ruches sont rapprochées. Les abeilles de la ruche déplacée se jettent dans les ruches voisines, où on les attaque. Si on les reçoit, l'essaim est affoibli d'autant.

C'est d'après ces considérations que je n'ai parlé d'aucune de ces méthodes pour faire des essaims artificiels; mais la ruche à la *Huber* n'en est pas moins utile pour les expériences, et on ne peut pas s'en passer quand on en veut faire. La mienne n'en est qu'une copie modifiée qui peut la remplacer.

La ruche plate a, malgré ses défauts, des avantages marqués sous quelques rapports, qui la rendent tellement nécessaire pour l'observateur, qu'il lui est indispensable d'en avoir une quand il veut tout voir par lui-même.

Il seroit à désirer que les Sociétés d'Agriculture des départemens où l'on cultive les abeilles réunissent ces deux espèces de ruches et renouvelassent toutes les expériences utiles qui ont été faites. Les propriétaires et les maires des communes environnantes seroient invités à ces expériences et s'assureroient par eux-mêmes de la vérité des faits, qu'ils traitent aujourd'hui de fables. Ils rapporteroient ces nouvelles connoissances à leurs administrés, leurs enfans et leurs voisins, et l'instruction gagnant d'un canton à l'autre mettroit les cultivateurs plus à même de raisonner sur leurs opérations et de choisir le mode de culture le plus approprié à leurs cantons, le plus avantageux à leurs intérêts, et conséquemment le plus favorable à l'Empire.

Je ne m'étendrai pas sur les expériences qu'on pourroit tenter. Les connoissances à propager, les préjugés à détruire, et les découvertes qui restent encore à faire, guideront mieux que moi ceux qui dirigeront ces expériences. En proposant une marche que les circonstances seules doivent déterminer, et en voulant servir de guide à ceux qui ont dans l'histoire naturelle des abeilles, dans la température de leurs contrées et dans les connoissances des plantes qu'on y cultive, des moyens beaucoup plus sûrs que ceux que je voudrois leur fournir, je pourrois me tromper et leur donner une mauvaise direction. Je terminerai cet essai en émettant un vœu que je crois utile.

Le Gouvernement a établi une chaire d'agriculture à Alfort. M. *Yvart*, qui la remplit, a prouvé combien un pareil établissement pouvoit rendre de services à l'agriculture, quand le professeur réunit la pratique à la théorie. Il est possible que le Gouvernement crée quelques chaires dans les départemens, et y forme des fermes expérimentales.

La culture des abeilles me paroît un article assez intéressant pour qu'on établisse un rucher dans l'établissement destiné à donner les principes de l'agriculture, et que le professeur fasse quelques leçons aux élèves sur la culture de cet insecte.

EXPLICATION DES FIGURES.

Fig. 1. Mère-Abeille ou Reine.

2. Mâle ou Faux-Bourdon.

3. Abeille-Neutre ou Ouvrière.

4. Ruche carrée en bois : elle a 14 pouces de hauteur et 1 pied de largeur et de profondeur. J'ai donné à cette ruche, comme à toutes les autres, 1 pouce pour le pied et la ligne pour le pouce.

5. Ruche d'osier ou de troëne.

6. Ruche en paille d'une seule pièce.

7. Ruche de l'abbé *Bienaimé*, en paille, cylindrique, couchée : les ruches en terre cuite ont les mêmes proportions.

8. Ruche à hausses en bois, à quatre segmens : elle représente trois méthodes de lier les segmens. Les deux segmens supérieurs sont liés ensemble au moyen de deux petites barres transversales, le troisième avec des clous et du fil de fer, le quatrième avec des taquets : le troisième a une ouverture vitrée couverte d'un volet qui est représenté ouvert.

9. Ruche à hausses, en paille : elle a cinq hausses ou segmens.

10. Ruche de M. *Ravenel*, en bois, divisée en trois parties sur la largeur.

11. Ruche de M. *Serain*, en bois, divisée en trois parties sur la profondeur.

12. Ruche villageoise, en paille, divisée en deux parties sur la hauteur. J'ai indiqué les ouvertures du

plancher ; celle du milieu ne doit être ouverte que quand on opère.

13. Ruche à la *Gelieu*, en bois, divisée en deux parties sur la largeur.

14. Ruche de M. *Delatre*, en triangle ou lutrin en bois, divisée en quatre parties sur la largeur.

15. Ruche à la *Bosc*, en bois, rétrécie dans sa partie supérieure, dont la couverture a un peu de pente sur le devant, divisée en deux parties sur la largeur.

16. Cloison pour la ruche 15. A est un gros morceau de fil de fer ployé en trois, contre lequel on a soudé les quatre morceaux de fer-blanc B qui servent à boucher les ouvertures *c* de la cloison.

17. Ruche à expérience, dans les proportions de celle figure 15, placée sur son plateau : elle est divisée en huit parties sur sa largeur. Les quatre divisions du côté C sont vitrées et s'emboîtent ; les quatre autres divisions du côté B ne le sont pas : elles sont seulement appliquées à plat les unes contre les autres, comme dans celles à la *Huber*. Le côté A représente une ouverture vitrée. Cette ruche doit être recouverte par un surtout. Le passage des abeilles est pratiqué dans l'épaisseur du plateau comme dans la figure 15.

18. Ruche à expérience, plate. Le devant et le derrière sont composés de deux grandes vitres.

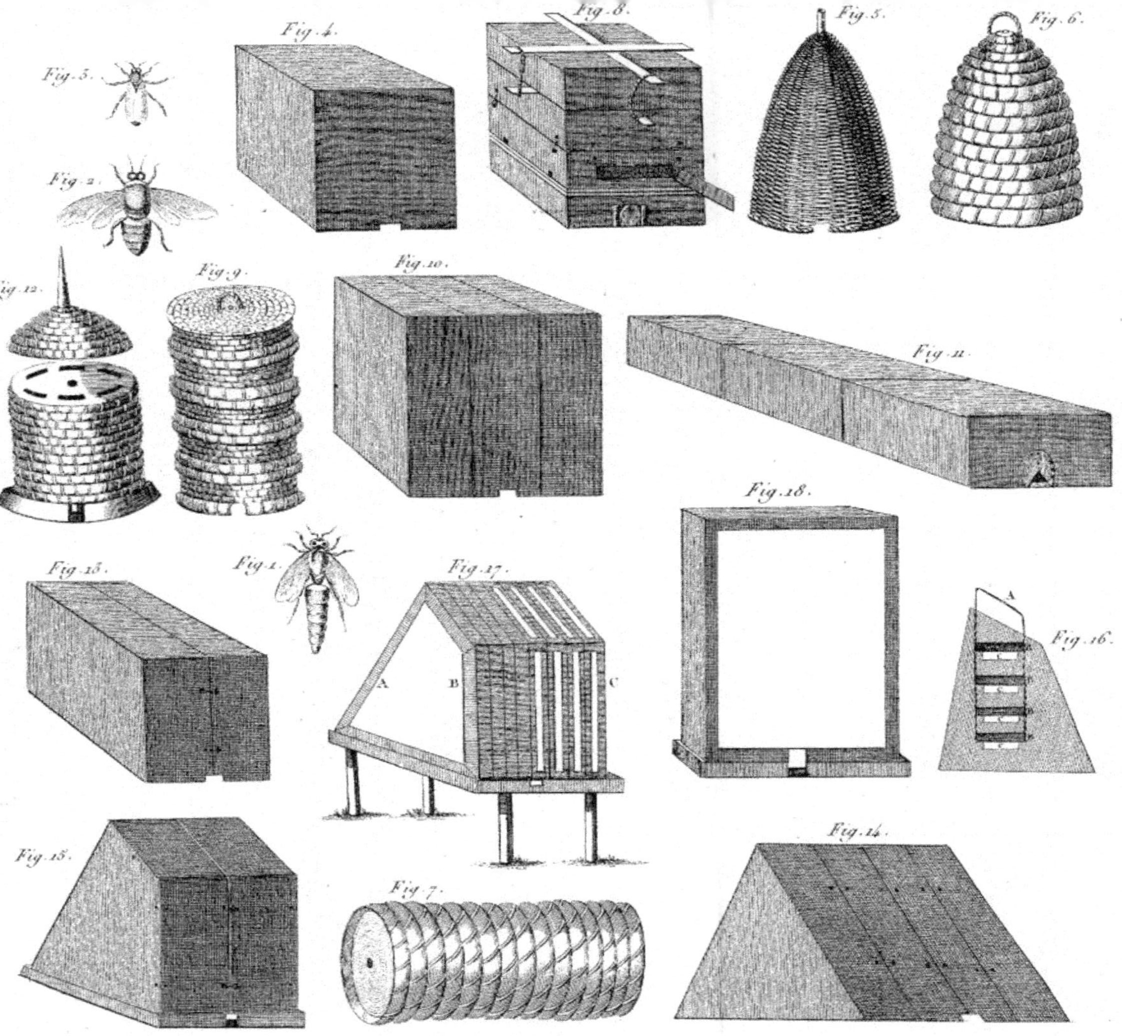
Fig. 3.
Fig. 4.
Fig. 8.
Fig. 5.
Fig. 6.
Fig. 2.
Fig. 12.
Fig. 9.
Fig. 10.
Fig. 11.
Fig. 18.
Fig. 13.
Fig. 1.
Fig. 17.
A
B
C
A
Fig. 16.
Fig. 15.
Fig. 7.
Fig. 14.

TABLE DES MATIÈRES

CONTENUES

DANS CE VOLUME.

DEUXIÈME PARTIE.

ERRATA. (corrigé)

Page 39, ligne 11, grandeur des alvéoles, des ouvrières, etc. *lisez :* grandeur des alvéoles des ouvrières.
Ibid., ligne 18, 8 millimètres $\frac{2}{4}$; *lisez :* 8 millimètres $\frac{3}{4}$.
Page 83, ligne 1, en la chaleur; *lisez :* et la chaleur.
Page 145, ligne 2, à ces ruches; *lisez :* aux ruches simples.
Page 175, ligne 2, 1 pied; *lisez :* 10 pouces 8 lignes.
Ibid., ligne 4, 14 pouces; *lisez :* 12 pouces 8 lignes.
Page 187, ligne 5, pour en faire; *lisez :* pour en faire des plateaux.
Page 266, ligne 7, de très-peu; *lisez :* de très-près.
Page 291, ligne 4, pour le mettre; *lisez :* pour la mettre.
Page 385, ligne 2, plus chère; *lisez :* plus cher.
Page 398, ligne 3, d'une boîte de; *lisez :* d'une boîte de tôle de.

FIN.